Gleichgewichtsgase der Verbrennung und Vergasung

Wärmetechnische Berechnungen

Von

Dr.-Ing. A. Grumbt

München

Mit 88 Abbildungen

Springer-Verlag

Berlin / Göttingen / Heidelberg

1958

ISBN-13: 978-3-642-48067-6   e-ISBN-13: 978-3-642-48066-9
DOI: 10.1007/978-3-642-48066-9

Vorwort

Für die rechnerische Beherrschung zahlreicher Verbrennungsprozesse genügen einfache, auf drei Brennstoffgruppen und auf „vollkommenes Verbrennen" abgestellte Formeln.

Größere Bemühung ist erforderlich, wenn zusätzliche Umstände — etwa die bei hohen Temperaturen zur Geltung kommenden Dissoziationen oder erhöhte Drücke, knappe Luftmengen, starke Feuchtigkeitsgehalte usw. — berücksichtigt werden müssen. Anleitung gebende Hinweise sind zwar in der Literatur zu finden, jedoch verstreut und meist auf Einzelfälle zugeschnitten.

Deshalb wird eine Darstellung willkommen sein, die an vertraute Begriffe (z. B. an die seit MOLLIER verwendeten) anknüpft, die sodann aus den Merkmalen, welche allen Verbrennungsprozessen gemeinsam sind, ein Berechnungsverfahren gewinnt, das die Umgruppierung der beteiligten, von vornherein gegebenen Atome nach den Hauptgesetzen geschehen und die dadurch bedingten Zusammensetzungen mäßig warmer Abgase oder heißer Feuergase ermitteln läßt. Die darauf gegründeten Enthalpien und Entropien der verschiedenen Abgas- oder Feuergasmischungen führen zu aufschlußreichen Überblicken mittels It-, Ix- oder IS-Diagrammen.

Das gleiche Verfahren liefert für die lediglich unter anderen Vorbedingungen begonnenen Vergasungsprozesse die jeweils entstehenden Teilgase sowie deren Gleichgewichtstemperaturen und Enthalpien; sie können in Rechenarbeit sparenden, allgemeinen Generatorgas-Diagrammen zweckmäßig zusammengefaßt werden.

Der wichtigen Rolle, welche die Eigenenergien der beteiligten Brennstoffe in den Verbrennungs- und Vergasungsprozessen spielen, wird durch einen kurzen Einblick in die kennzeichnenden Größen der chemischen Thermodynamik Rechnung getragen.

München, im September 1957

A. Grumbt

Inhaltsverzeichnis

Formelzeichen

A $1/427$ kcal/mgk: Kalorisches Arbeitsäquivalent

a kg Asche/kg Brennstoff

B kmol, kg, Nm³ Brennstoff

C 1 kmol Kohlenstoff

c kg Kohlenstoff/kg Brennstoff

c kmol/m³: Konzentration

CO 1 kmol Kohlenoxyd

$CO^{RT}t$ Raumteile Kohlenoxyd im trockenen Gasgemisch

$CO^{RT}f$ Raumteile Kohlenoxyd im feuchten Gasgemisch

CO^{kmol} Kilomole Kohlenoxyd

C_p, C_v kcal/kmol grd: Molwärmen bei $p = $ konst und $v = $ konst

$[C_p]_0^t$ kcal/kmol grd: Mittlere Wärmen bei $p = $ konst zwischen $0°$ und $t°$

c_p, c_v kcal/kg grad: Spezifische Wärme

F $= U - TS$: Thermodynamisches Potential ($v = $ konst)

$\triangle F$ $F_{vor} - F_{nach} = AL_{max}$ ($v = $ konst): Freie Reaktionsenergie

G kg Gesamtgewicht

G $= I - TS$: Thermodynamisches Potential ($p = $ konst)

$\triangle G$ $G_{vor} - G_{nach} = AL_{max}$ ($p = $ konst): Freie Reaktionsenthalpie

g_i Gewichtsteil des Stoffes i

GT Gewichtsteil

h kg Wasserstoff/kg Brennstoff

$\mathfrak{H}$ kcal/Mengeneinheit: Heizwert

I kcal/kmol: Enthalpie

i kcal/kg: Enthalpie

$\triangle I$ $I_{vor} - I_{nach}$ kcal/kmol: Reaktionsenthalpie

K_p Gleichgewichtskonstante, auf p at bezogen

$\mathfrak{K}_\mathfrak{p}$ Gleichgewichtskonstante, auf $\mathfrak{p}$ Atm bezogen

$°K$ Grad Kelvin, absolute Temperatur

L $\equiv L_t$ kmol, Nm³, kg: Trockene Luftmenge

L_f kmol, Nm³, kg: Feuchte Luftmenge

L_{min} kmol, Nm³, kg: Mindestluftmenge, stöchiometrische Menge

L mkg: Mechanische Arbeit

AL kcal: Mechanische Arbeit

AL_{max} kcal: Maximale Arbeit

M kg/kmol: Molgewicht

m Atome Kohlenstoff in Formel $C_mH_nO_o$

m_{CO} kmol Kohlenoxyd

Σm kmol: Summe aller beteiligten Mole

n Atome Wasserstoff in Formel $C_mH_nO_o$

n kg Stickstoff/kg Brennstoff

Nm^3 $1/22,4$ Mol, Normalkubikmeter (760 mm Hg, $0°$ C)

nm^3 $1/24$ Mol, Normalkubikmeter (1 at, $10°$ C)

N_L Molekelzahl/kmol: LOSCHMIDTsche Konstante

o Atome O in Formel $C_mH_nO_o$

o kg Sauerstoff/kg Brennstoff

$O_{2\,min}$ kmol, Nm³, kg: Mindestsauerstoffmenge

P_{CO} kg/m²: Druck des Kohlenoxydes, Teildruck

p_{CO} kg/cm²: Druck des Kohlenoxydes, Teildruck

$\mathfrak{p}_{CO}$ Atm: Druck des Kohlenoxydes, Teildruck

Σp at: Gesamtdruck

P_C kg/m²: Druck sämtlicher C-Atome („Atomdruck C")

p_C kg/cm²: Druck sämtlicher C-Atome („Atomdruck C")

Q kcal: Wärmemenge, Wärmetönung, Reaktionswärme

R Allgemeine Gaskonstante; 848 mgk/kmol grd; $1,987$ kcal/kmol grd

R_i mgk/kg grd; Gaskonstante des Stoffes i

r_i — Raumteile des Stoffes i

RT — Raumteile

S — kcal/kmol grd: Entropie

s — kcal/kg grd: Entropie

$\triangle S$ — $= S_{vor} - S_{nach}$: Reaktionsentropie

s — kg Schwefel/kg Brennstoff

T — Grad Kelvin, absolute Temperatur

t — Grad Celsius

U — kcal/kmol: Innere Energie

u — kcal/kg: Innere Energie

$\triangle U$ — $= U_{vor} - U_{nach}$: Reaktionsenergie

V — m³: Volumen

V' — kmol, m³: Volumen eines Frischgas-Luftgemisches

V_t — kmol, m³: Volumen einer trockenen Abgasmenge

V_f — kmol, m³: Volumen einer feuchten Abgasmenge

$V_{f\,min}$ — kmol, m³: Volumen einer feuchten, auf $\lambda = 1$ beruhenden Abgasmenge

v_L — RT: Luftgehalt des Abgases

v — m³/kg: Spezifisches Volumen

W — Wasser(dampf)

W_p — kcal: Wärmetönung bei $p = $ konst

w — kg H_2O/kg Brennstoff

x — einer Einheitsmenge beigemischte H_2O- oder Luftmenge: kg Luft/kg C (ix-Diagramme); kg H_2O/kg L_t (MOLLIER-Feuchtluftdiagramm); kmol Luft/kmol C (Vergasung)

x' — kg H_2O/kg L_t (Feuchtluft, Sättigungsmenge)

y — einer Einheitsmenge beigemischte H_2O-Menge: kmol H_2O/kmol C (Vergasung);

y' — kmol H_2O/12/c kg B (Vergasung); kmol H_2O/kmol L_t (Feuchtluft, Sättigungsmenge)

α C — verbrannter Teil des Kohlenstoffes

α_{CO_2} — Dissoziationsgrad des Kohlendioxydes

α_{H_2O} — Dissoziationsgrad des Wasserdampfes

γ — kg/m³: Spezifisches Gewicht, Wichte

ζ — $1/(x + y)$: kmol Kohlenstoff/kmol Vergasungsmittel (Vergasung)

η_G — Generatorwirkungsgrad

λ — Luftverhältnis L/L_{min}

μ — kmol/Σ kmol: Molteil

ν — kmol N_2/kmol C; Kennziffer

ν_i — Molzahl des Stoffes i in Reaktionsgleichungen

π — at/Σ at: Druckteil

ϱ — $= \gamma/g$ kg sek²/m⁴: Spezifische Masse, Dichte ($g = 9{,}81$ m/sek²)

σ — kmol O_2/kmol C; Kennziffer

Σ C — Summe aller beteiligten C-Atome („Summe C")

φ — P_{H_2O}/P'_{H_2O}: Relative Feuchtigkeit der Luft

ψ — x/x': Sättigungsgrad der Luft.

I. Verbrennung

1. Vorbemerkung

Die den Ingenieur interessierenden Verbrennungsvorgänge spielen sich zwischen *Luft* und in sehr verschiedener äußerer Form auftretenden *Brennstoffen* ab, wobei die Kohlenstoff-, Wasserstoff- und Schwefelbestandteile der Brennstoffe mit dem Sauerstoffe der Luft und der Brennstoffe unter Abgabe von Wärme reagieren. Die begehrte Wärme ist um so größer, je ballastfreier der Kohlenstoff und der Wasserstoff im Brennstoffe sind und je besser es gelingt, nur die unbedingt notwendige, mit dem unvermeidlichen Stickstoff ohnehin belastete Luftmenge beteiligt sein zu lassen. Im günstigsten Fall entläßt der Verbrennungsvorgang neben dem Luftstickstoff und u. U. überschüssigem Sauerstoff nur Kohlendioxyd, Wasserdampf und etwas Schwefeldioxyd. Diese Abgase sind das Ergebnis von Prozessen, die an *gasförmige* Partner gebunden sind. Jeder Brennstoff muß deshalb durch vorbereitende, den Hauptprozeß mitunter hemmende Vorgänge in gasförmigen Zustand gebracht werden.

Während der Wasserstoff als nahezu vollkommenes Gas der genannten Vorbedingung bereits entspricht, müssen die großen Atomkomplexe der Kohlenstoffmolekel erst durch vorgeschaltete Glutzustände dahin gelangen, C-Atome zu O-Atomen treffen und den eigentlichen Ausgangsstoff der Kohlenstoffverbre nung, das gasförmige Kohlenoxyd CO, entstehen zu lassen. Je höher die Temperatur und je feinverteilter, oberflächenreicher der Kohlenstoff ist, desto kräftiger geschieht diese Überführung. — Diese summarische Darstellung übergeht allerdings die zahlreichen Zwischenreaktionen der aus besonderen physikalisch-chemischen Untersuchungen [2][1] erkennbaren komplizierten Reaktionsketten, darunter auch die für den Verbrennungsprozeß des Kohlenoxydes CO unentbehrliche Einschaltung von Wasserdampf H_2O. Die beiden Wassergasbestandteile CO und H_2 stehen am Beginn der meisten Verbrennungsprozesse [1].

2. Bezeichnungen und Bezugseinheiten

Der mit der Entbindung und Nutzbarmachung der Reaktionswärme beschäftigte Ingenieur verfolgt den Verbrennungsvorgang mit Rechen-

---

[1] Die in eckigen Klammern, kursiv gesetzten Ziffern verweisen auf das Schrifttum S. 146.

stift und Kontrollinstrumenten. Die hinsichtlich Menge, Zusammensetzung, Temperatur und Energieinhalt in Frage kommenden Beobachtungsgrößen sind

vor der Verbrennung: Brennstoff und Verbrennungsluft,

im Verbrennungsraum: Feuergase,
  (hohe Temperatur)

im Fuchs oder Auspuffrohr: Abgase,
  (niedere Temperatur)

nach der Verbrennung: Asche, Schlacke.

Die untenstehende Abb. 1 gibt eine Übersicht über die in der Literatur [4, 9, 13, 19, 30] häufig verwendeten, auf die Verbrennung fester, flüssiger und gasförmiger Brennstoffe eingestellten Begriffe.

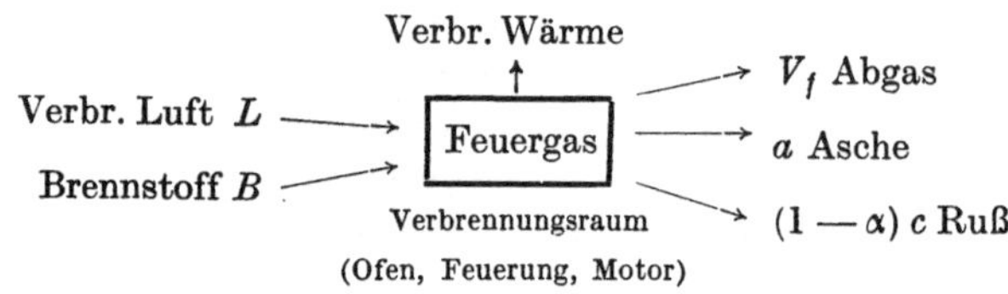

$$B\begin{smallmatrix}1\ \text{kg}\\1\ \text{kmol}\\1\ \text{Nm}^3\end{smallmatrix} + \lambda\,L_{min}\begin{smallmatrix}\text{kg}\\\text{kmol}\\\text{Nm}^3\end{smallmatrix} \rightarrow V_f\begin{smallmatrix}\text{kg}\\\text{kmol}\\\text{Nm}^3\end{smallmatrix} + (1-\alpha)\,c^{\text{kg}} + a^{\text{kg}} + Q^{\text{kcal}}$$

Abb. 1. Schema eines Verbrennungsprozesses

a) Analysenbrennstoffe

Für feste (Holz, Torf, Braunkohle, Steinkohle) und flüssige (gewonnen aus Erdöl, Braun- und Steinkohlenteer), gewichtsmäßig gehandelte Brennstoffe wählt man für die Verbrennungsrechnungen als Mengeneinheit das kg. Die Zusammensetzung wird an tunlichst einwandfrei genommenen Proben mittels der chemischen *Elementaranalyse* oder — zeitsparender — mittels der von Bošnjakovic [3] ausgearbeiteten Methode festgestellt und in Gewichtsteilen (GT oder Gew.-%) angegeben.

1 kg Brennstoff B besteht aus

c	kg Kohlenstoff C,	n	kg Stickstoff N_2,
h	kg Wasserstoff H_2,	w	kg Wasser H_2O,
s	kg Schwefel S,	a	kg Asche,
o	kg Sauerstoff O_2,		

und es ist

$$c + h + s + o + n + w + a = 1 \text{ kg}.$$

Der Anteil s ist meist sehr klein, und häufig ist $n = 0$. — Als Kennbezeichnung wählen wir den Ausdruck „Analysenbrennstoff".

Für 1 kg B wird als stöchiometrische Mindestsauerstoffmenge $O_{2\,min}$ kmol gebraucht

$$O_{2\,min} = \frac{c}{12}\left(1 + 3\,\frac{h - (o - s)/8}{c}\right) = \frac{c}{12}\,\sigma\,\frac{kmol}{kg} \tag{1}$$

(mit der von MOLLIER vorgeschlagenen Kennziffer $\sigma\,\frac{kmol\ O_2}{kmol\ C}$, welche die Mindestsauerstoffmenge als das σ-fache der für den Kohlenstoff benötigten Sauerstoffmenge $\left(\triangleq \frac{c}{12}\right)$ einführt und damit — da c meist in reichlicher und genau zu analysierender Menge im Brennstoff enthalten ist — einen nützlichen, die obigen Analysenbestandteile an den Kohlenstoff bindenden Kennwert darstellt).

Die formelmäßige Verbindung von c und σ charakterisiert den gesamten Brennstoff (vgl. Abb. 2, Quadrant III) und vereinfacht abgeleitete Gleichungen.

Der in σ nicht mitberücksichtigte Stickstoffanteil n veranlaßt die Einführung einer ähnlichen, jedoch seltener gebrauchten (feste und flüssige Brennstoffe enthalten meist keinen Stickstoff) Kennziffer

$$\nu = \frac{n/28}{c/12} = \frac{3\,n}{7\,c}\,\frac{kmol\ N_2}{kmol\ C}\,. \tag{2}$$

In anderen Einheiten gemessene Mindestsauerstoff- und Mindestluftmengen enthält Tabelle 1.

Tabelle 1. $O_{2\,min}$ und L_{min} für Analysenbrennstoffe

	$\dfrac{kmol}{kg}$	$\dfrac{nm^3}{kg}$	$\dfrac{Nm^3}{kg}$	$\dfrac{kg}{kg}$
$O_{2\,min}$	$\dfrac{1}{12}\,c\,\sigma$	$2\,c\,\sigma$	$1{,}87\,c\,\sigma$	$2{,}67\,c\,\sigma$
L_{min}	$0{,}397\,c\,\sigma$	$9{,}52\,c\,\sigma$	$8{,}89\,c\,\sigma$	$11{,}49\,c\,\sigma$

b) Formelbrennstoffe

Flüssige und gasförmige Brennstoffe einheitlichen chemischen Aufbaues ($C_m H_n O_o$, Molgewicht $M = 12\,m + n + 16\,o$) werden durch ihre chemische Formel gekennzeichnet, aus der die Zusammensetzung in beliebigen Einheiten abgeleitet werden kann. Es ist z. B. für Äthylalkohol C_2H_6O gemäß Tab. 2:

Tabelle 2. *Formelbrennstoff Äthylalkohol*

$G_C = 24$ kg	$c =$ 0,5210 GT	$\dfrac{c}{12} =$ 0,0435 kmol C	0,363 RT	8,72 nm³	2 Atome C	$N_L \cdot (2$ Atome C$)$ $\widehat{=} 2$ kmol C
$G_{H_2} = 6$ kg	$h =$ 0,1315 GT	$\dfrac{h}{2} =$ 0,0657 kmol H$_2$	0,547 RT	13,12 nm³	6 Atome H	$N_L \cdot (6$ Atome H$)$ $\widehat{=} 3$ kmol H$_2$
$G_{O_2} = 16$ kg	$o =$ 0,3475 GT	$\dfrac{o}{32} =$ 0,0109 kmol O$_2$	0,090 RT	2,17 nm³	1 Atom O	$N_L \cdot (1$ Atom O$)$ $\widehat{=} \dfrac{1}{2}$ kmol O$_2$
$M = 46$ kg	1,0 kg	0,1201 kmol	1,0 $\dfrac{\text{kmol}}{\text{Nm}^3}$ nm³	24,0 nm³	1 Molekel C$_2$H$_6$O	5,5 $\dfrac{\text{kmol}}{\text{C}_2\text{H}_6\text{O}}$

Als Kennbezeichnung wenden wir den Ausdruck „Formelbrennstoff" an. Mit der Kennziffer

$$\sigma = \frac{m + \dfrac{n}{4} - \dfrac{o}{2}}{m} \tag{3}$$

erhält man in Tab. 3:

Tabelle 3. $O_{2\,min}$ *und* L_{min} *für Formelbrennstoffe*

	$\dfrac{\text{kmol}}{\text{kmol}}$	$\dfrac{\text{nm}^3}{\text{kg}}$	$\dfrac{\text{Nm}^3}{\text{kg}}$	$\dfrac{\text{kg}}{\text{kg}}$
$O_{2\,min}$	$m\,\sigma$	$\dfrac{24}{M}\,m\,\sigma$	$\dfrac{22,4}{M}\,m\,\sigma$	$\dfrac{32}{M}\,m\,\sigma$
L_{min}		$\dfrac{O_{2\,min}}{0,21}$		$\dfrac{137,3}{M}\,m\,\sigma$

c) Gasbrennstoffe

Gasförmige Brennstoffe (Naturgase, Entgasungs- und Vergasungsprodukte) werden vorwiegend nach dem Volumen gehandelt und in Nm³, nm³ oder kmol gemessen. Die Zusammensetzung der aus verschiedenen Einzelgasen (CO′, H$_2'$, CH$_4'$ usw.) bestehenden Brenn- oder Frischgase wird in Raumteilen (RT oder Vol.-%) angegeben und ebenso wie die der Abgase mittels chemischer (Absorption) oder physikalischer (Leitfähigkeit, spezifisches Gewicht) Verfahren ermittelt. Absolute Raum- oder Gewichtsmengen werden besonders angegeben als $CO_2^{\text{nm}^3}$, CO_2^{kg}, m_{CO_2} kmol.

Frischgase mit der Kennbezeichnung „Gasbrennstoffe" werden durch einen Beistrich von den indexfreien, in den Berechnungen häufiger auftretenden *Abgasen* unterschieden:

$$CO' + H_2' + CH_4' + C_2H_4' + O_2' + N_2' + CO_2' + H_2O' = 1 \text{ kmol Frischgas,}$$

$$CO_2 + CO + CH_4 + O_2 + N_2 + H_2 + H_2O = 1 \text{ kmol Abgas.}$$

Die Mindestsauerstoffmenge erhält man aus den stöchiometrischen Grundgleichungen zu

$$O_{2\,min} = 0.5\,CO' + 0.5\,H_2' + 2\,CH_4' + 3\,C_2H_4' - O_2'\frac{RE}{RE}. \qquad (4)$$

Die Kennziffern σ und ν betragen:

$$\sigma = \frac{O_{2\,min}}{CO' + CH_4' + 2\,C_2H_4' + CO_2'} = \frac{O_{2\,min}}{\xi C}, \; {}^1 \qquad (5)$$

$$\nu = \frac{N_2'}{CO' + CH_4' + 2\,C_2H_4' + CO_2'} = \frac{N_2'}{\xi C}. \qquad (6)$$

Wie für jede Gasmischung ist auch für das *Frischgas* errechenbar:

$$
\left.
\begin{array}{lll}
\text{das mittlere Molgewicht} & M_m' = \Sigma\, r_i M_i & \text{kg/kmol,} \\
\text{das spezifische Gewicht} & \gamma' = M_m'/24 & \text{kg/nm}^3, \\
\text{die Dichte} & \varrho' = \gamma'/g & \text{kgs}^2/\text{m}^4, \\
\text{die Gaskonstante} & R' = 848/M_m' & \text{mkg/kg grd,} \\
\text{die Gewichtsanteile} & g_i' = M_i'/M_m' & \text{kg/kg.}
\end{array}
\right\} \qquad (7)
$$

und für das *Frischgas-Luftgemisch* $V' = 1 \text{ kmol } B + \lambda \cdot L_{min} \text{ kmol } L$:

$$
\left.
\begin{array}{ll}
\text{das mittlere Molgewicht} & M_m^* = \dfrac{1}{1+L}M_m' + \dfrac{L}{1+L}\,29 \text{ kg/kmol,} \\[2mm]
\text{die Gaskonstante} & R^* = 848/M_m^* \text{ mkg/kg grd,} \\[2mm]
\text{das Gesamtgewicht} & G = 24 \cdot V' \cdot \gamma^* = M_m' + 29 \cdot L \\
& \qquad\qquad\qquad\quad \text{kg/}(1 + L)\text{ kmol.}
\end{array}
\right\} \qquad (8)
$$

Die je *RE* oder je kg benötigten Mindestsauerstoff- oder Mindestluftmengen enthält Tabelle 4:

Tabelle 4. $O_{2\,min}$ *und* L_{min} *für Gasbrennstoffe*

	$\dfrac{\text{kmol}}{\text{kmol}}$, $\dfrac{\text{Nm}^3}{\text{Nm}^3}$	$\dfrac{\text{kg}}{\text{kg}}$
$O_{2\,min}$	$\xi C\,\sigma$	$\dfrac{32}{M_m'}\,\xi C\,\sigma$
L_{min}	$\dfrac{O_{2\,min}}{0{,}21}$	$\dfrac{137{,}3}{M_m'}\,\xi C\,\sigma$

---

^{1} ξC vgl. S. 10.

d) Verbrennungsluft

Trockene atmosphärische Luft besteht

raummäßig aus   rd. $0{,}21$ RT $O_2 + 0{,}79$ RT N_2,

gewichtsmäßg aus   rd. $0{,}233$ GT $O_2 + 0{,}767$ GT N_2,   (9)

d. h. 1 kmol O_2 und $3{,}76$ kmol N_2 geben $4{,}76$ kmol Luft,

    1 kg O_2 und $3{,}29$ kg N_2 geben $4{,}29$ kg Luft.   (10)

Das Molgewicht beträgt $M = 28{,}96$ kg/kmol, die Gaskonstante $R_L = 29{,}27$ mkg/kg grd. Der Wasserdampfgehalt normal feuchter Luft muß selten berücksichtigt werden; i. M. enthält 75% gesättigte Luft bei 1 at und $10°$ C je nm^3 nur 5 g, je kg nur 6 g H_2O, s. Tabelle 14. Mit den auf S. 12 gemachten Angaben ist jedoch jede Luftfeuchtigkeit leicht in die Berechnungen aufzunehmen. — Die geringen Edelgasanteile können in Verbrennungsrechnungen unberücksichtigt bleiben.

Das Luftverhältnis λ kennzeichnet mit

$$\lambda = \frac{L}{L_{min}} = \frac{O_2}{O_{2\,min}} \tag{11}$$

das Verhältnis der tatsächlich zugeführten Luft- oder Sauerstoffmengen zu den stöchiometrisch benötigten Mengen. Der Verhältniswert ist entweder vorgegeben, oder er muß geschätzt werden, oder er geht aus Abgas-Analysen hervor, die man hinsichtlich des Kohlendioxydgehaltes und/oder des Sauerstoffgehaltes mit trockenem Abgas vornimmt. (Von den aus einer vollkommenen Verbrennung zu erwartenden Abgasen CO_2, H_2O, SO_2, O_2, N_2 kondensiert auf dem Wege zur Gasentnahmestelle der Wasserdampf; das Schwefeldioxyd ist in meist vernachlässigbar geringer Menge vorhanden — es erhöht allenfalls den im Kalilaugengefäß für CO_2 festgestellten Absorptionswert ein wenig.)

Ist der Brennstoff bekannt (σ!), so genügt die Ermittlung von CO_2 RT Kohlendioxyd/RT trockenes Abgas, und man erhält

$$\lambda = \frac{0{,}21}{\sigma}\left(\frac{1}{CO_2} + \sigma - 1 - \nu\right). \tag{12}$$

Verfügt man nicht über die Kennzahl σ, dann kommt man mit Hilfe zweier Analysen mittels

$$\lambda = \frac{1 - CO_2 - O_2}{1 - CO_2 - 4{,}76\,O_2} \tag{13}$$

zum Ziele.

War man wegen einer vermuteten Unvollkommenheit der Verbrennung veranlaßt, im Abgas Kohlenoxyd CO und Ruß $(1 - \alpha)\lessgtr$ C festzustellen, muß

$$\lambda = \frac{0{,}21}{\sigma}\left(\alpha\,\frac{1 - 0{,}5\,CO}{CO_2 + CO} + \sigma - 1 - \nu\right) \tag{14}$$

angewendet werden.

3. Verbrennungskreuz

Eine große Zahl der üblichen, auf die Ermittlung des Luftbedarfs, der Abgasmengen und der Abgaszusammensetzungen — insbesondere bei vollkommener Verbrennung — gerichteten Berechnungen bleibt erspart, wenn man sich einer Kurventafel (Abb. 2) [15] bedient, deren vier Koordinaten mit der Mindestsauerstoffmenge $O_{2\,min}$, der Kennziffer σ und den Abgasgehalten von Kohlendioxyd $CO_2\,RT_t$ und Sauerstoff $O_2\,RT_t$ belegt sind („Verbrennungskreuz"). Von den vier Quadranten I bis IV sind jeweils zwei durch eine gemeinsame Leiter verknüpft. Die den eingezeichneten Kurvenscharen beigeschriebenen Parameter beziehen $CO_{2\,max}$, CO, V_t, c und λ in den Überblick ein. Es ist im einzelnen

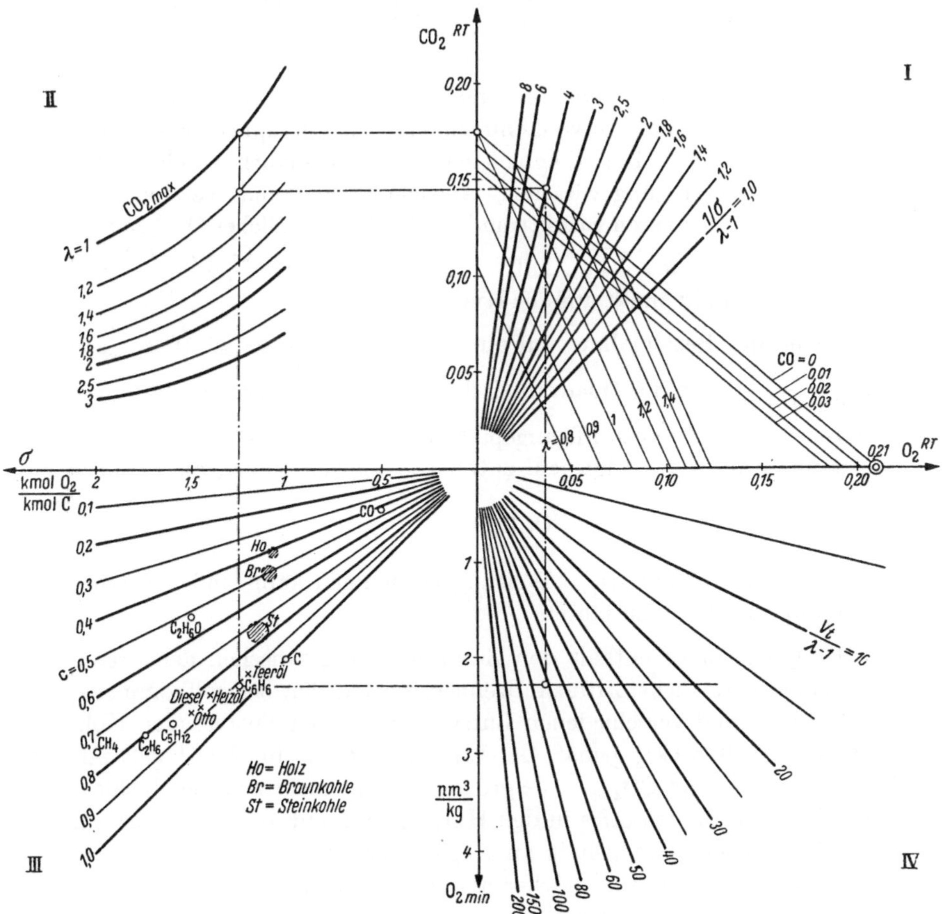

Abb. 2. „Verbrennungskreuz": Zusammenhang zwischen Kennziffer σ, max. Kohlendioxydgehalt $CO_{2\,max}$, stöchiometrischer Sauerstoffmenge $O_{2\,min}$ mit dem Luftverhältnis λ, der trockenen Abgasmenge V_t und deren Kohlendioxydgehalt CO_2, Sauerstoffgehalt O_2 und Kohlenoxydgehalt CO

Quadrant I eine Darstellung des Zusammenhanges zwischen dem Kohlendioxydgehalt CO_2 und dem Sauerstoffgehalt O_2 von Abgasen mit dem Luftverhältnis λ als Parameter nach

$$\frac{CO_2}{\dfrac{(\lambda-1)\,\sigma+0,5}{1,88\,\lambda\,\sigma+0,5}} + \frac{O_2}{\dfrac{(\lambda-1)\,\sigma+0,5}{(4,76\,\lambda-1)\,\sigma+1,5}} = 1 \qquad (15)$$

oder mit dem Kohlenoxydgehalt CO als Parameter nach

$$\frac{CO_2}{\dfrac{0,21-CO\,(0,79\,\sigma-0,185)}{0,79\,\sigma+0,21}} + \frac{O_2}{0,21-CO\,(0,79\,\sigma-0,185)} = 1 \; . \qquad (16)$$

Dieses sog. OSTWALDsche Verbrennungsdreieck enthält somit auf der Hypotenuse die für jedes λ bei der vollkommenen Verbrennung eines gewissen Brennstoffes zutreffenden CO_2- und O_2-Werte, es enthält im Innern die bei unvollkommener Verbrennung außerdem zu gewärtigenden CO-Werte (wenn die ,,Unvollkommenheit" sich hauptsächlich in CO-Bildung auswirkt!). Man erkennt leicht die Unzulänglichkeit einer allein auf CO_2-Analysen angewiesenen Abgaskontrolle und versteht den Wunsch, einen sauberen Schnittpunkt mittels zusätzlicher O_2-Analysen zu beschaffen. Fällt solche Analyse gemäß $O_2 = 0,21\,\dfrac{CO_{2\,max} - CO_2}{CO_{2\,max}}$ aus, so liegt der Schnittpunkt auf der Hypotenuse.

Wegen der Bezugnahme auf einen gewissen Brennstoff $\left(CO_{2\,max} = \dfrac{1}{3,76\,\sigma+1+\nu}\,!\right)$ ist der Quadrant I der einzige Teil des Verbrennungskreuzes, der dem Brennstoffe angepaßt werden muß, was allerdings nicht viel Mühe erfordert. Allgemein zutreffend bleiben jedoch die Strahlen

$$CO_2/O_2 = \frac{1/\sigma}{\lambda-1}\,, \qquad (17)$$

denen man die ökonomische Weisung entnehmen kann, möglichst mit Einstellungen über 2 zu fahren.

Der *Quadrant II* enthält den Zusammenhang zwischen der Brennstoffkenngröße σ stickstofffreier Brennstoffe und den bei vollkommener Verbrennung und verschiedenen Luftverhältnissen λ eintretenden Kohlendioxydgehalten CO_2 gemäß Gl. (12). Die oberste, für $\lambda = 1$ geltende Hyperbelkurve zeigt $CO_{2\,max}$. Je größer σ, desto mehr tritt der Kohlenstoffgehalt des Brennstoffes in den Hintergrund und desto geringer nur kann der Kohlendioxydgehalt im Abgas ausfallen; dies zeigt sich bei kleinen Luftverhältnissen λ stärker als bei großen mit ihrer unvermeidlichen Verdünnungswirkung.

Der *Quadrant III* enthält im nach dem Kohlenstoffgehalt c bezifferten Strahlenbüschel die zwischen σ und $O_{2\,min}$ bestehende Beziehung

$O_{2\,min} = 2\,c\,\sigma$ nm^3/kg. Jedem Brennstoff kommt ein bestimmter Quadrantenpunkt, jeder Brennstoffgruppe (z. B. Steinkohlen) eine begrenzte Quadrantenzone zu. Der unterschiedliche Sauerstoffbedarf tritt sehr anschaulich hervor.

Der *Quadrant IV* vermittelt zwischen der stöchiometrischen Sauerstoffmenge $O_{2\,min}$ und dem im trockenen Abgas V_t schließlich anzutreffenden O_2-Gehalt; es geschieht dies durch das nach $V_t/(\lambda - 1)$ bezifferte Strahlenbüschel mit den in diesen Vergleich selbstverständlich eingreifenden Größen V_t und λ. Auf der·für einen Brennstoff aus Quadrant III festgelegten Horizontalen wandern mit zunehmendem Luftverhältnis λ die Zustände nach rechts, nach kleineren Parameterwerten hin.

Als Ablesebeispiel ist die vollkommene Verbrennung mit $\lambda = 1{,}2$ von 1 kg Benzol ($M = 78$ kg, $c = 0{,}922$ kg/kg, $\sigma = 7{,}5/6 = 1{,}25$, $CO_{2\,max} = 0{,}175$ RT) gewählt und Quadrant I darauf eingerichtet worden. Man entnimmt Quadrant III: $O_{2\,min} = 2{,}30$ nm^3/kg, $L_{min} = 11{,}0$ nm^3/kg.

$$\text{Quadrant II, I: } CO_2 = 0{,}145 \text{ RT.}$$
$$\text{Quadrant I: } O_2 = 0{,}036 \text{ RT;} \quad CO_2/O_2 = 0{,}8/0{,}2 = 4.$$
$$\text{Quadrant IV: } V_t = 64\,(1{,}2 - 1) = 12{,}8 \text{ nm}^3/\text{kg.}$$

4. Umgruppierung von Atomen

Die bisher genannten Unterlagen genügen für die Ermittlung der Anfangs- und Endzustände einer vollkommenen Verbrennung, wo also dank ausreichender Luftzufuhr und sorgfältiger Zumischung und dank unterbliebener Abschreckung der Verbrennungsgase sämtlicher Kohlenstoff C des Brennstoffes zu Kohlendioxyd CO_2, sämtlicher Wasserstoff H_2 zu Wasserdampf H_2O und auch allenfalls vorhandener Schwefel S zu Schwefeldioxyd SO_2 verbrennt, wo ferner das Abgas keine brennbaren, als Verlust zu beklagenden Bestandteile enthält, sonach das Höchstmaß an Verbrennungswärme frei wird.

Die nämlichen Unterlagen geben auch Aufschluß über zu ergreifende Maßnahmen, nachdem die durch einen Fuchs oder ein Auspuffrohr abziehenden Abgase mit Mitteln der chemischen oder physikalischen Analyse bestimmt wurden, selbst wenn dabei eine mäßig unvollkommene Verbrennung vorliegt, bei der einige Kalorien an fehlgehenden Kohlenstoff in Ruß, Schlacke, Asche (es kam nur der Bruchteil α C des Kohlenstoffes zur Reaktion, und der Teil $(1 - \alpha)$ C blieb ungenutzt) oder an restliche Brenngase (CO, H_2, CH_4, C_mH_n) gebunden bleiben.

Ein gründlicheres Eindringen in die Prozesse ist jedoch erforderlich, wenn die in oder nahe den Verbrennungsräumen herrschenden Feuergaszustände erfaßt werden sollen. Willkommenerweise wird die Mühe, die mit der Berechnung der zahlreichen, bei hohen Temperaturen vorhandenen und einander beeinflussenden Teilgase verbunden ist, gemindert, wenn man sich eines allgemeinen Verfahrens bedient, das — die bisher auf 3 Brennstoffarten zugeschnittenen Gleichungsgruppen ablösend — lediglich einige einheitliche Regeln zu beachten verlangt. Es bewährt sich bereits bei der Berechnung einfacher Prozesse und führt in folgerichtigem Ausbau auch zur sicheren Bewältigung der dissoziierten Zustände:

In jedem Verbrennungsprozeß begegnen sich bestimmte Brennstoff- und Luftmengen, d. h. genau vorgegebene Kohlenstoff-, Wasserstoff-, Sauerstoff- und Stickstoffatome aus dem Brennstoff reagieren mit Sauerstoff- und Stickstoffatomen aus der trockenen Luft (plus weiteren Sauerstoff- und Wasserstoffatomen, falls die Luft Feuchtigkeit enthält); und sie erfahren während der „Verbrennung" ungeachtet der vielfältigen kinetischen Zwischenvorgänge lediglich gewisse Umgruppierungen. Der Bestand der vier einzelnen Atomarten bleibt auf Geheiß des Gesetzes der Erhaltung der Masse auf jeden Fall gewahrt; jedesmal liegt gewissermaßen ein aus den Elementen C, H, O, N bestehendes Brutto-Gebilde vor, ein Bruttostoff mit der künstlichen Konstitutionsformel

$$C_{\Sigma C}\, H_{\Sigma H}\, O_{\Sigma O}\, N_{\Sigma N}\, ,$$

deren Fußzeichen ΣC (Summe C), ΣH (Summe H) ... die Anzahl der beteiligten Kohlenstoff-, Wasserstoff- ... atome anzeigen. Dabei sind allerdings weniger die vier absoluten Anzahlen maßgebend, sondern die drei gegenseitigen Verhältnisse, da ja die absolute Menge des Brennstoff/Luftgemisches für den qualitativen Ausfall der Reaktion keine Rolle spielt. Im Verbrennungserzeugnis stehen somit die Kohlenstoffmengen zu den Wasserstoff-, Sauerstoff-, Stickstoffmengen im gleichen Verhältnis wie im Ausgangsgebilde: $\Sigma C/\Sigma H$, $\Sigma C/\Sigma O$, $\Sigma C/\Sigma N$.

Die Gruppierung der einzelnen Atome gehorcht den jeweiligen Bedingungen, so daß also — im Falle vollkommener Verbrennung — nur Kohlendioxyd-, Wasserdampf-, Sauerstoff- und Stickstoffmolekel auftreten; oder — im Falle tatsächlicher Dissoziationen — bestimmte Teilgase sich bilden; oder — im gedachten Falle vollkommener Dissoziation — nur einatomige Kohlenstoff-, Wasserstoff-, Sauerstoff- und Stickstoffgase erscheinen.

Wie für alle vollkommenen Gase sind natürlich auch für die monotonen C-, H-, O-, N-Mengen das Gasgesetz und die Proportionalität von Druckteilen und Raumteilen anwendbar; und sowohl die Zusammensetzung vor als auch jene nach der Verbrennung (= Umgruppierung) kann durch die *Teildrücke*[1] der betreffenden Atomgruppen ausgedrückt werden,

---

[1] Unter Teildruck wird der absolute Druck eines am Gemisch beteiligten Einzelgases verstanden, so daß die Teildrücke p_i zusammen den Gesamtdruck Σp_i bestreiten. — Der zum Gesamtdruck ins Verhältnis gesetzte Teildruck werde, analog zum Raumteil $r_i = V_i/\Sigma V_i$, Molteil $\mu_i = m_i/\Sigma m_i$, mit Druckteil $\pi_i = p_i/\Sigma p_i$ bezeichnet. Bei $\Sigma p_i = 1$ haben Teildruck und Druckteil den gleichen Zahlenwert.

was für die später zu berücksichtigenden Gleichgewichtskonstanten K_p bequem ist. Analog $P_{CO_2} \cdot V = m_{CO_2} \cdot 848 \cdot T$ gilt $\mathsf{P_C} \cdot V = \xi C \cdot 848 \cdot T$ $\left(\dfrac{kg}{m^2}\, m^3 = kmol\, \dfrac{mkg}{kmol\, grd}\, grd \right)$.

Für die im Druckmaßstab gemessenen Kohlenstoff-, Wasserstoff- ... mengen, für die ,Atomdrücke' eines etwa die wirklichen Teildrücke

$$p_{CO_2} + p_{CO} + p_{H_2O} + p_{H_2} + p_{N_2} = \Sigma p \tag{18}$$

aufweisenden Abgasgemisches gilt sonach

$$\left.\begin{aligned}
\mathsf{P_C} &= p_{CO_2} + p_{CO}\,, \\
\mathsf{P_H} &= 2\, p_{H_2O} + 2\, p_{H_2}\,, \\
\mathsf{P_O} &= 2\, p_{CO_2} + p_{CO} + p_{H_2O}\,, \\
\mathsf{P_N} &= 2\, p_{N_2};
\end{aligned}\right\} \tag{19}$$

und zwei p-Werte stehen bei $T = $ konst im selben Verhältnis wie zwei entsprechende ξ-Werte, z. B.

$$\frac{\mathsf{P_C}}{\mathsf{P_O}} = \frac{p_{CO_2} + p_{CO}}{2\, p_{CO_2} + p_{CO} + p_{H_2O}} = \frac{m_{CO_2} + m_{CO}}{2\, m_{CO_2} + m_{CO} + m_{H_2O}} = \frac{\xi C}{\xi O}\,, \tag{20}$$

was jedesmal eine der Bestimmungsgleichungen für die gesuchten Teildrücke beschert.

$$\textit{Ermittlung von}\ \xi C,\ \xi H,\ \xi O,\ \xi N$$

für Analysenbrennstoffe:

$$1\ kg\ B + \lambda\, O_{2\,min}\ kmol\ O_2 + 3{,}76\, \lambda\, O_{2\,min}\ kmol\ N_2 = \cdots \tag{21}$$

$$\left.\begin{aligned}
\xi C &= c/12 & &\equiv c/12\,, \\
\xi H &= 2\,(h/2 + w/18) & &\equiv h + w/9\,, \\
\xi O &= 2 \cdot o/32 + w/18 + 2\lambda\, O_{2\,min} & &\equiv o/16 + w/18 + \frac{\lambda\, \sigma\, c}{6}\,, \\
\xi N &= 2 \cdot n/28 + 2 \cdot 3{,}76\, \lambda\, O_{2\,min} & &\equiv n/14 + \frac{\lambda\, \sigma\, c}{1{,}6}\,.
\end{aligned}\right\} \tag{22}$$

für Formelbrennstoffe:

$$1\ kmol\ C_m H_n O_o + \lambda\, O_{2\,min}\ kmol\ O_2 + 3{,}76\, \lambda\, O_{2\,min}\ kmol\ N_2 = \cdots \tag{23}$$

$$\left.\begin{aligned}
\xi C &= m\,, \\
\xi H &= n\,, \\
\xi O &= o + 2\,\lambda\, O_{2\,min}\,, \\
\xi N &= 3{,}76 \cdot 2\lambda\, O_{2\,min}\,.
\end{aligned}\right\} \tag{24}$$

für Gasbrennstoffe:

$$1 \text{ kmol } B + \lambda\, O_{2\,min} \text{ kmol } O_2 + 3{,}76\,\lambda\, O_{2\,min} \text{ kmol } N_2 = \cdots \qquad (25)$$

$$\left. \begin{aligned}
\mathfrak{C} &= CO' + CH_4' + 2\,C_2H_4' + CO_2', \\
\mathfrak{H} &= 2\,H_2' + 4\,CH_4' + 4\,C_2H_4' + 2\,H_2O', \\
\mathfrak{O} &= CO' + 2\,O_2' + 2\,CO_2' + H_2O' + 2\,\lambda\,O_{2\,min}, \\
\mathfrak{N} &= 2\,N_2' + 3{,}76 \cdot 2\,\lambda\,O_{2\,min}.
\end{aligned} \right\} \qquad (26)$$

Die auf O_{2min} gestützten Luftmengen beziehen sich auf *trockene* Luft L_t.

Die Mole Wasserdampf m_{H_2O} *feuchter* Luft L_f — welche Luft bei $t\,°C$ mit dem Sättigungsgrad ψ je kg Trockenluft eine H_2O-Menge von $x = \psi\,x'$ kg enthält ($x' =$ Sättigungsmenge kg H_2O/kg Trockenluft, vgl. Tabelle 14) — fänden Berücksichtigung, wenn zu den drei oben angeführten linken Seiten der Verbrennungsgleichungen (21), (23), (25) hinzugefügt würde

$$\frac{29}{18} \cdot x \cdot \lambda \cdot L_{min} = 1{,}61 \cdot x \cdot \lambda \cdot L_{min} \text{ kmol } H_2O; \qquad (27)$$

es wären jeweils zu vergrößern

$$\mathfrak{O} \text{ um } 1{,}61 \cdot x \cdot \lambda \cdot L_{min} \qquad \text{und} \qquad \mathfrak{H} \text{ um } 2 \cdot 1{,}61 \cdot x \cdot \lambda \cdot L_{min}. \qquad (28)$$

5. Einheitlicher Rechengang für alle $B + L$-Gemische

a) Vollkommene Verbrennung mit Luftüberschuß, ohne Dissoziation

Für den einfachen Fall einer vollkommenen, bei Σp at mit Luftüberschuß und ohne Dissoziation erfolgenden, nur CO_2, H_2O, O_2 und N_2 liefernden Verbrennung ergibt sich der für alle Brennstoffe übereinstimmende Rechengang aus den für die vier unbekannten Teildrücke p_{CO_2}, p_{H_2O}, p_{O_2}, p_{N_2} zur Verfügung stehenden vier Gleichungen

$$\left. \begin{aligned}
p_{CO_2} + p_{H_2O} + p_{O_2} + p_{N_2} &= \Sigma p, \\
\frac{p_{CO_2}}{2\,p_{H_2O}} &= \frac{\mathfrak{C}}{\mathfrak{H}}, \\
\frac{p_{CO_2}}{2\,p_{CO_2} + p_{H_2O} + 2\,p_{O_2}} &= \frac{\mathfrak{C}}{\mathfrak{O}}, \\
\frac{p_{CO_2}}{2\,p_{N_2}} &= \frac{\mathfrak{C}}{\mathfrak{N}}.
\end{aligned} \right\} \qquad (29)$$

Die gesuchten Teildrücke betragen

$$\left. \begin{aligned}
p_{CO_2} &= \Sigma p \frac{2\,\mathfrak{C}}{0{,}5\,\mathfrak{H} + \mathfrak{O} + \mathfrak{N}} \text{ at}, \\
p_{H_2O} &= \Sigma p \frac{\mathfrak{H}}{0{,}5\,\mathfrak{H} + \mathfrak{O} + \mathfrak{N}} \text{ at}, \\
p_{O_2} &= \Sigma p \frac{\mathfrak{O} - 2\,\mathfrak{C} - 0{,}5\,\mathfrak{H}}{0{,}5\,\mathfrak{H} + \mathfrak{O} + \mathfrak{N}} \text{ at}, \\
p_{N_2} &= \Sigma p \frac{\mathfrak{N}}{0{,}5\,\mathfrak{H} + \mathfrak{O} + \mathfrak{N}} \text{ at}.
\end{aligned} \right\} \qquad (30)$$

Aus den Teildrücken ist wegen

$$P_i\,V = m_i\,848\,T \quad \text{und} \quad \frac{m_i}{p_i} = \frac{\varSigma m}{\varSigma p} = \frac{\Sigma\mathrm{C}}{\mathsf{P_C}} = \cdots \tag{31}$$

die *Menge* der verschiedenen Abgase in kmol

$$m_i = p_i\,\frac{\Sigma\mathrm{C}}{\mathsf{P_C}} \tag{32}$$

oder (nach Multiplikation mit 24) in nm³ oder (gemäß $G_i = m_i\,M_i$) in kg errechenbar.

In einfachen, durch keine Gleichgewichtsbeziehungen komplizierten Fällen kann man die kmol-Mengen unmittelbar gewinnen aus

$$\left.\begin{aligned}
m_{\mathrm{CO_2}} &= \Sigma\mathrm{C}\ \text{kmol}\,,\\
m_{\mathrm{H_2O}} &= \Sigma\mathrm{H}/2\ \text{kmol}\,,\\
m_{\mathrm{O_2}} &= \Sigma\mathrm{O}/2 - \Sigma\mathrm{C} - \Sigma\mathrm{H}/4\ \text{kmol}\,,\\
m_{\mathrm{N_2}} &= \Sigma\mathrm{N}/2\ \text{kmol}\,,\\
\varSigma m_i &= \frac{\Sigma\mathrm{H}/2 + \Sigma\mathrm{O} + \Sigma\mathrm{N}}{2} = \varSigma p_i\,\frac{\Sigma}{\mathsf{p}}\ \text{kmol}\,.
\end{aligned}\right\} \tag{33}$$

Die *Raumteile* betragen $r_i = \dfrac{p_i}{\varSigma p_i} = \dfrac{m_i}{\varSigma m_i}$, und die *Gewichtsteile* folgen mit $M = \varSigma r_i\,M_i$ zu $g_i = r_i\,\dfrac{M_i}{M}$. Die gesamte *Abgasmenge* besteht aus $V_f = \varSigma m_i$ kmol.

Bei $\lambda = 1$ vereinfachen sich die Gleichungen infolge des im Abgas fehlenden Sauerstoffes.

Die aus dem Verbrennungskreuz bereits bekannte Benzolverbrennung diene als Zahlenbeispiel: Mit $\sigma = 1{,}25$, $m = 6$, $n = 6$, $\mathrm{O_{2\,min}} = m\,\sigma = 7{,}5$ kmol, $L_{min} = 35{,}75$ kmol und $\lambda = 1{,}2$ erhält man

$$\Sigma\mathrm{C} = 6,\quad \Sigma\mathrm{H} = 6,\quad \Sigma\mathrm{O} = 18,\quad \Sigma\mathrm{N} = 67{,}68$$

und weiter

$$\begin{aligned}
m_{\mathrm{CO_2}} &= \Sigma\mathrm{C} = 6{,}0\ \text{kmol}\,,\\
m_{\mathrm{H_2O}} &= \Sigma\mathrm{H}/2 = 3{,}0\ \text{kmol}\,,\\
m_{\mathrm{O_2}} &= 9 - 6 - 1{,}5 = 1{,}5\ \text{kmol}\,,\\
m_{\mathrm{N_2}} &= \Sigma\mathrm{N}/2 = 33{,}84\ \text{kmol}\,,\\
\varSigma m_i &= \frac{3 + 18 + 67{,}68}{2} = 44{,}34\ \text{kmol} = V_f\,,
\end{aligned}$$

$$41{,}34\ \text{kmol} = V_t \mathrel{\hat=} 12{,}75\ \text{nm}^3/\text{kg}\,,$$

$$\begin{aligned}
m_{\mathrm{CO_2}}/V_t &= 6/41{,}34 = 0{,}145\ \text{RT}\,,\\
m_{\mathrm{O_2}}/V_t &= 1{,}5/41{,}34 = 0{,}036\ \text{RT}\,.
\end{aligned}$$

b) Unvollkommene Verbrennung mit Luftmangel, ohne Dissoziation

Liegt mäßiger Luftmangel vor, so enthält das rußfreie Abgas (etwaiger in Rußform dem Prozeß entzogener Kohlenstoff kann durch $\alpha\,\zeta C$ berücksichtigt werden; s. S. 95, auch S. 43) außer CO_2, H_2O, N_2 noch CO und H_2 wobei sich das Verhältnis von CO_2, CO, H_2O, H_2 nach dem sogenannten *Wassergasgleichgewicht*

$$K_W = \frac{p_{CO}\, p_{H_2O}}{p_{CO_2}\, p_{H_2}} = \frac{K_{CO}}{K_{H_2}} \tag{34}$$

einstellt (vgl. Tabellen 5 und 16), welches die für die nunmehr fünf Unbekannten benötigte fünfte Gleichung liefert. Man darf annehmen, bei den üblichen Abgastemperaturen eine Zusammensetzung anzutreffen, die etwa einem Gleichgewichtswert $K_W = 1$ zugehört, was einem sich bis auf rd. 810° C langsam abkühlenden Feuergas entspricht; bei rascher Abkühlung stellen sich die Gleichgewichte nur zögernd ein, die Abschreckung läßt sie auf einem der heißeren Vorhertemperatur entsprechenden Werte beharren, sie bleiben „eingefroren".

Für die fünf Teilgase eines nicht dissoziierten, unter Luftmangel entstandenen Abgases stehen somit folgende fünf Gleichungen bereit:

$$
\left.
\begin{aligned}
p_{CO_2} + p_{CO} + p_{H_2O} + p_{H_2} + p_{N_2} &= \Sigma p\,, \\[2mm]
\frac{p_{CO_2} + p_{CO}}{2\,p_{H_2O} + 2\,p_{H_2}} &= \frac{\zeta C}{\zeta H}\,, \\[2mm]
\frac{p_{CO_2} + p_{CO}}{2\,p_{CO_2} + p_{CO} + p_{H_2O}} &= \frac{\zeta C}{\zeta O}\,, \\[2mm]
\frac{p_{CO_2} + p_{CO}}{2\,p_{N_2}} &= \frac{\zeta C}{\zeta N}\,, \\[2mm]
\frac{p_{CO}\cdot p_{H_2O}}{p_{CO_2}\cdot p_{H_2}} &= K_W\,,
\end{aligned}
\right\} \tag{35}
$$

aus denen die Teildrücke nach folgendem Rechengange gewonnen werden können:

$$
\left.
\begin{aligned}
(p_{CO_2} + p_{CO}) &= \Sigma p\,\frac{2\,\zeta C}{2\,\zeta C + \zeta H + \zeta N}\,, \\[2mm]
(p_{H_2O} + p_{H_2}) &= \Sigma p\,\frac{\zeta H}{2\,\zeta C + \zeta H + \zeta N} = (p_{CO_2} + p_{CO})\frac{\zeta H}{2\,\zeta C}\,, \\[2mm]
p_{N_2} &= \Sigma p\,\frac{\zeta N}{2\,\zeta C + \zeta H + \zeta N} = (p_{CO_2} + p_{CO})\frac{\zeta N}{2\,\zeta C}\,.
\end{aligned}
\right\} \tag{36}
$$

Nunmehr wird geschätzt p_{CO}/p_{CO_2}; damit gewinnt man

$$
\left.
\begin{aligned}
p_{CO_2} &= \frac{p_{CO_2} \dotplus p_{CO}}{1 + p_{CO}/p_{CO_2}}, \\[4pt]
p_{CO} &= (p_{CO_2} + p_{CO}) - p_{CO_2}, \\[4pt]
p_{H_2O} &= (p_{CO_2} + p_{CO}) \frac{\xi O}{\xi C} - 2\,p_{CO_2} - p_{CO}, \\[4pt]
p_{H_2} &= (p_{H_2O} + p_{H_2}) - p_{H_2O}.
\end{aligned}
\right\} \tag{37}
$$

Schließlich prüft man zwei Schätzungen mit Hilfe von

$$p_{CO}/p_{CO_2} : p_{H_2}/p_{H_2O} = K_W$$

und holt aus einem Interpolationsdiagramm (Abb. 3) das richtige Verhältnis p_{CO}/p_{CO_2}, mit dem die endgültigen Teildrücke berechnet werden.

Ist man über die Anfangsschätzung p_{CO}/p_{CO_2} zu unsicher, mag p_{CO_2} unmittelbar aus der quadratischen Gleichung gewonnen werden:

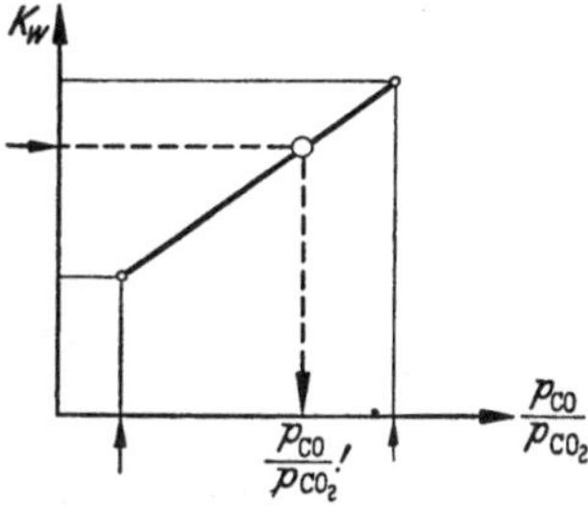

Abb. 3. Interpolation von p_{CO}/p_{CO_2}

$$
p_{CO_2}^2 (K_W - 1) + p_{CO_2}\left(K_W\,\frac{2\,\xi C + \xi H - 2\,\xi O}{Nr} + \frac{2\,\xi O}{Nr}\right) - \frac{4\,\xi C\,(\xi O - \xi C)}{Nr^2} = 0
$$

$$(Nr \equiv 2\,\xi C + \xi H + \xi N). \tag{38}$$

c) Vollkommene Verbrennung mit Luftüberschuß nebst CO_2- und H_2O-Dissoziation

Wenn trotz reichlicher, aber offensichtlich schlecht beigemischter Luft die Abgase rußig sind und obendrein Kohlenoxyd enthalten, liegt geringer Anlaß vor, solche Ausnahmeprozesse eingehend zu berechnen; man wird die groben Mißstände tunlichst beseitigen. Das Kohlenoxyd und etwaiger Wasserstoff sind weniger Dissoziationsprodukte (die Verbrennungstemperatur der mangelhaften Prozesse erreicht kaum Dissoziationshöhen) als vielmehr mit Sauerstoff unversorgt gebliebene Gemischbestandteile.

Die nämlichen sechs Abgase CO_2, H_2O, O_2, N_2, CO, H_2 treten jedoch in mit ausreichender und zuweilen vorgewärmter Luft versorgten Verbrennungsprozessen auf, wenn deren Temperaturen wenig über $2000°$ K hinausreichen, so daß als Dissoziationsgase vorwiegend CO und etwas H_2 erwartet werden können. Die zur Verfügung stehenden sechs Gleichungen lauten:

$$\left.\begin{aligned}
p_{CO_2} + p_{CO} + p_{H_2O} + p_{H_2} + p_{O_2} + p_{N_2} &= \Sigma p, \\[4pt]
\frac{p_{CO_2} + p_{CO}}{2\,p_{H_2O} + 2\,p_{H_2}} &= \frac{\mathfrak{C}}{\mathfrak{H}}, \\[4pt]
\frac{p_{CO_2} + p_{CO}}{2\,p_{CO_2} + p_{CO} + p_{H_2O} + 2\,p_{O_2}} &= \frac{\mathfrak{C}}{\mathfrak{O}}, \\[4pt]
\frac{p_{CO_2} + p_{CO}}{2\,p_{N_2}} &= \frac{\mathfrak{C}}{\mathfrak{N}}, \\[4pt]
\frac{p_{CO}}{p_{CO_2}\,p_{O_2}^{-1/2}} &= K_{CO}, ^{[1]} \\[4pt]
\frac{p_{H_2}}{p_{H_2O}\,p_{O_2}^{-1/2}} &= K_{H_2}. ^{[1]}
\end{aligned}\right\} \qquad (39)$$

Man wählt p_{O_2}; der Schätzwert ist in der Nähe zu finden von

$$p_{O_2} \approx \frac{\mathfrak{O} - \mathfrak{H}/2 - 2\,\mathfrak{C}}{\mathfrak{H}/2 + \mathfrak{O} + \mathfrak{N}}.$$

Sodann ist

$$\left.\begin{aligned}
p_{CO_2} &= \frac{(\Sigma p - p_{O_2})}{(1 + K_{CO}\,p_{O_2}^{-1/2})} \cdot \frac{2\,\mathfrak{C}}{2\,\mathfrak{C} + \mathfrak{H} + \mathfrak{N}}, \\[4pt]
p_{CO} &= p_{CO_2}\,K_{CO}\,p_{O_2}^{-1/2}, \\[4pt]
p_{N_2} &= (p_{CO_2} + p_{CO_2})\frac{\mathfrak{N}}{2\,\mathfrak{C}}.
\end{aligned}\right\} \qquad (40)$$

Mit Hilfe von

$$(p_{H_2O} + p_{H_2}) = (p_{CO_2} + p_{CO})\frac{\mathfrak{H}}{2\,\mathfrak{C}}$$

ergibt sich weiter

$$p_{H_2O} = \frac{(p_{CO_2} + p_{CO})\,\mathfrak{H}}{(1 + K_{H_2}\,p_{O_2}^{-1/2})\,2\,\mathfrak{C}},$$

$$p_{H_2} = p_{H_2O}\,K_{H_2}\,p_{O_2}^{-1/2}.$$

Man prüft zwei Schätzungen mit Hilfe des noch nicht benutzten Verhältnisses $p_C/p_O = \mathfrak{C}/\mathfrak{O}$ und gewinnt aus einem Interpolationsdiagramm $p_C/p_O : p_{O_2}$ (Abb. 4) den richtigen Ausgangswert p_{O_2} für die Schlußrechnung. — In Übereinstimmung mit tatsächlich durchgeführten Analysen ist bei mäßigen Temperaturen p_{H_2} oft verschwindend klein; p_{O_2} liegt meist im Bereich 0,05 bis 0,10.

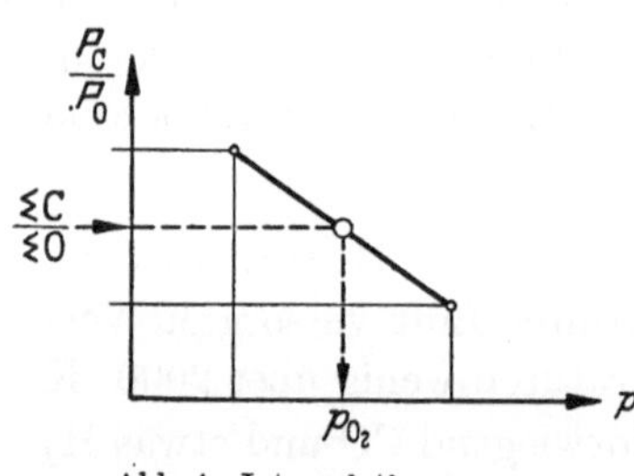

Abb. 4. Interpolation von p_{O_2}

---

[1] Vgl. S. 21.

6. Gleichgewichtswerte

Bei hohen Temperaturen aufeinander einwirkende Molekelgruppen — z. B. Wasserstoff, Sauerstoff und Wasserdampf in der Reaktion $2\,H_2 + O_2 = 2\,H_2O$ — erfahren zufolge der häufigen Zusammenstöße in der einen Richtung eine Vereinigung, eine Assoziation von H_2 und O_2 zu H_2O, in der anderen Richtung jedoch einen Zerfall, eine Dissoziation von H_2O in H_2 und O_2, ja bei besonders hohen Temperaturen sogar in OH und H und O. Beide Vorgänge kommen, wenn die Temperatur konstant bleibt, schließlich bei einer gewissen Zusammensetzung insofern zum chemischen, kinetischen Gleichgewicht, als dann ebensoviel assoziiert wie dissoziiert. In dem eindeutigen Streben zum zufolge hemmender Faktoren manchmal nicht völlig erreichten, asymptotisches Ziel bleibenden Gleichgewichtszustand kommt der zweite Hauptsatz der Wärmelehre zur Geltung.

Während die Heftigkeit, die energetische Wirksamkeit der Stöße nur durch den Energiegehalt, die Temperatur, bedingt ist, hängt das Ausmaß, die Zahl der erfolgenden Reaktionen von der relativen Menge (Konzentration, Teildruck) der anwesenden Molekel ab. Mit den von der mittleren Molekelgeschwindigkeit, also von der Temperatur abhängigen Proportionalitätskonstanten k gibt es somit bei der Hinreaktion $k_{hin}\,p_{H_2}p_{H_2}$ p_{O_2}, bei der Rückreaktion $k_{rück}\,p_{H_2O}\,p_{H_2O}$ wirksame Stöße. Im Gleichgewicht trifft zu $k_{hin}\,p_{H_2}^2\,p_{O_2} = k_{rück}\,p_{H_2O}^2$ oder

$$\frac{p_{H_2}^2\,p_{O_2}}{p_{H_2O}} = K_p = f(T)\,, \tag{41}$$

d. h. der gleichen Temperatur gleichzeitig ausgesetzte Wasserstoff-, Sauerstoff- und Wasserdampfmengen zeigen im Gemisch jeweils solche Teildrücke, daß die Bedingung Gl. (41) erfüllt wird. — Massenwirkungsgesetz, GULDBERG-WAAGE 1867.

Einer geänderten Schreibweise der chemischen Reaktion folgt natürlich die Formel für die Gleichgewichtskonstante, z. B.

$$2\,H_2 + O_2 = 2\,H_2O \quad \text{entspricht} \quad K_a = \frac{p_{H_2}^2\,p_{O_2}}{p_{H_2O}^2}\,,$$

$$H_2 + O_2/2 = H_2O \quad \text{entspricht} \quad K_b = \frac{p_{H_2}\,p_{O_2}^{+1/2}}{p_{H_2O}} = \sqrt{K_a}\,,$$

$$H_2O - O_2/2 = H_2 \quad \text{entspricht} \quad K_c = \frac{p_{H_2O}\,p_{O_2}^{-1/2}}{p_{H_2}} = \frac{1}{K_b} = \frac{1}{\sqrt{K_a}}\,; \tag{42}$$

desgleichen muß man sich über die für die Teildrücke benutzte Maßeinheit vergewissern, z. B. entweder p at oder $\mathfrak{p}$ Atm. Mit $p \triangleq 1{,}0333\,\mathfrak{p}$

ergibt sich (vgl. S. 67 f)

$$K_p = 1{,}0333^{(\nu_A + \nu_B) - (\nu_C + \nu_D)} \cdot \mathfrak{K}_p . \qquad (43)$$

Für den Prozeß $CO = CO_2 - O_2/2$ ist

$$K_{CO} = 1{,}0333^{1/2}\, \mathfrak{K}_{CO} = 1{,}0165\, \mathfrak{K}_{CO} ,$$

ebenso ist

$$\left.\begin{aligned}
K_{H_2} &= 1{,}0165\, \mathfrak{K}_{H_2} , & K_C &= 1{,}0333\, \mathfrak{K}_C , \\
K_{OH} &= 1{,}009\, \mathfrak{K}_{OH} , & K_H &= 1{,}025\, \mathfrak{K}_H , \\
K_{NO} &= \mathfrak{K}_{NO} , & K_O &= 1{,}0165\, \mathfrak{K}_O , \\
& & K_N &= 1{,}0165\, \mathfrak{K}_N .
\end{aligned}\right\} \qquad (44)$$

Die K- bzw. $\mathfrak{K}$-Werte sind für die in Betracht kommenden Reaktionen versuchsmäßig ermittelt oder auch errechnet worden [20, 23, 30]. Man entnimmt sie Zahlentafeln oder graphischen Darstellungen als K/T oder $\log K/T$, Tabelle 5 und Abb. 5.

Tabelle 5. *Gleichgewichtskonstanten K_p und $\mathfrak{K}_p$*

T	t	$\begin{array}{c}K_{CO}\ (\mathfrak{K}_{CO})\\ \dfrac{p_{CO}}{p_{CO_2}\,p_{O_2}^{-1/2}}\\ \text{at}^{1/2}\end{array}$	$\begin{array}{c}K_{H_2}\ (\mathfrak{K}_{H_2})\\ \dfrac{p_{H_2}}{p_{H_2O}\,p_{O_2}^{-1/2}}\\ \text{at}^{1/2}\end{array}$	$\begin{array}{c}K_{OH}\ (\mathfrak{K}_{OH})\\ \dfrac{p_{OH}}{p_{H_2O}^{1/2}\,p_{O_2}^{1/4}}\\ \text{at}^{1/4}\end{array}$	$\begin{array}{c}K_{NO}\ (\mathfrak{K}_{NO})\\ \dfrac{p_{NO}}{p_{O_2}^{1/2}\,p_{N_2}^{1/2}}\\ \text{at}^{0}\end{array}$
°K	°C				
1500	1227	$5{,}15 \cdot 10^{-6}$ $(5{,}07 \cdot 10^{-6})$	$1{,}92 \cdot 10^{-6}$ $(1{,}89 \cdot 10^{-6})$	$8{,}00 \cdot 10^{-4}$ $(7{,}93 \cdot 10^{-4})$	$3{,}15 \cdot 10^{-3}$ $(3{,}15 \cdot 10^{-3})$
1773	1500	$1{,}58 \cdot 10^{-4}$ $(1{,}55 \cdot 10^{-4})$	$4{,}17 \cdot 10^{-5}$ $(4{,}10 \cdot 10^{-5})$	$4{,}90 \cdot 10^{-3}$ $(4{,}86 \cdot 10^{-3})$	$9{,}50 \cdot 10^{-3}$ $(9{,}50 \cdot 10^{-3})$
2000	1727	$1{,}39 \cdot 10^{-3}$ $(1{,}37 \cdot 10^{-3})$	$2{,}90 \cdot 10^{-4}$ $(2{,}85 \cdot 10^{-4})$	$1{,}70 \cdot 10^{-2}$ $(1{,}69 \cdot 10^{-2})$	$1{,}95 \cdot 10^{-2}$ $(1{,}95 \cdot 10^{-2})$
2273	2000	$1{,}00 \cdot 10^{-2}$ $(0{,}98 \cdot 10^{-2})$	$1{,}73 \cdot 10^{-3}$ $(1{,}70 \cdot 10^{-3})$	$5{,}00 \cdot 10^{-2}$ $(4{,}95 \cdot 10^{-2})$	$3{,}80 \cdot 10^{-2}$ $(3{,}80 \cdot 10^{-2})$
2500	2227	$3{,}86 \cdot 10^{-2}$ $(3{,}80 \cdot 10^{-2})$	$5{,}98 \cdot 10^{-3}$ $(5{,}88 \cdot 10^{-3})$	$1{,}09 \cdot 10^{-1}$ $(1{,}08 \cdot 10^{-1})$	$5{,}86 \cdot 10^{-2}$ $(5{,}86 \cdot 10^{-2})$
2773	2500	$1{,}33 \cdot 10^{-1}$ $(1{,}31 \cdot 10^{-1})$	$1{,}87 \cdot 10^{-2}$ $(1{,}84 \cdot 10^{-2})$	$2{,}20 \cdot 10^{-1}$ $(2{,}18 \cdot 10^{-1})$	$8{,}80 \cdot 10^{-2}$ $(8{,}80 \cdot 10^{-2})$
3000	2727	$3{,}25 \cdot 10^{-1}$ $(3{,}20 \cdot 10^{-1})$	$4{,}42 \cdot 10^{-2}$ $(4{,}35 \cdot 10^{-2})$	$3{,}70 \cdot 10^{-1}$ $(3{,}67 \cdot 10^{-1})$	$1{,}21 \cdot 10^{-1}$ $(1{,}21 \cdot 10^{-1})$
3273	3000	$8{,}00 \cdot 10^{-1}$ $(7{,}87 \cdot 10^{-1})$	$1{,}04 \cdot 10^{-1}$ $(1{,}02 \cdot 10^{-1})$	$6{,}30 \cdot 10^{-1}$ $(6{,}25 \cdot 10^{-1})$	$1{,}61 \cdot 10^{-1}$ $(1{,}61 \cdot 10^{-1})$
$K/\mathfrak{K}$		$1{,}0165$	$1{,}0165$	$1{,}009$	$1{,}0$

Bei der Berechnung teilgasreicher Feuergase kommen die verschiedenen Gleichgewichtskonstanten entscheidend zur Geltung; sie liefern die zusätzlich benötigten Bestimmungsstücke in den jeweiligen Gleichungssystemen.

7. Feuergase

a) Allgemeingültiges Schema für $B + L$-Gemische mit Dissoziation

Es ist anschaulich, wenigstens in Gedanken aus dem Bruttogebilde $C_{\xi C} H_{\xi H} O_{\xi O} N_{\xi N}$ vorerst die der vollkommenen Verbrennung entsprechenden Gruppierungen CO_2, H_2O, O_2, N_2 entstehen zu lassen und daraus die unter Beachtung der Gleichgewichtsbedingungen im Feuergas möglichen Neugruppierungen abzuleiten. Stellt man die Berechnung auf 12 unbekannte Teilgase oder Teildrücke ab:

$$p_{CO_2} + p_{H_2O} + p_{O_2} + p_{N_2} + p_{CO} + p_{H_2} + p_{OH} + p_{NO}$$
$$+ p_C + p_H + p_O + p_N = \Sigma p , \quad (45)$$

(K_p bezogen auf p at, $\mathfrak{K}_p$ bezogen auf $\mathfrak{p}$ Atm)

K_C ($\mathfrak{K}_C$) $\dfrac{p_C}{p_{CO_2}\, p_{O_2}^{-1}}$ at^1	K_H ($\mathfrak{K}_H$) $\dfrac{p_H}{p_{H_2O}^{1/2}\, p_{O_2}^{-1/4}}$ at$^{3/4}$	K_O ($\mathfrak{K}_O$) $\dfrac{p_O}{p_{O_2}^{1/2}}$ at$^{1/2}$	K_N ($\mathfrak{K}_N$) $\dfrac{p_N}{p_{N_2}^{1/2}}$ at$^{1/2}$	K_W ($\mathfrak{K}_W$) $\dfrac{p_{CO}\, p_{H_2O}}{p_{CO_2}\, p_{H_2}}$ at^0
$1{,}59 \cdot 10^{-14}$ ($1{,}54 \cdot 10^{-14}$)	$2{,}40 \cdot 10^{-8}$ ($2{,}34 \cdot 10^{-8}$	$4{,}69 \cdot 10^{-6}$ ($4{,}61 \cdot 10^{-6}$)	$4{,}50 \cdot 10^{-10}$ ($4{,}42 \cdot 10^{-10}$)	$2{,}68$ ($2{,}68$)
$2{,}25 \cdot 10^{-12}$ ($2{,}18 \cdot 10^{-12}$)	$1{,}80 \cdot 10^{-6}$ ($1{,}76 \cdot 10^{-6}$)	$8{,}00 \cdot 10^{-5}$ ($7{,}87 \cdot 10^{-5}$)	$4{,}00 \cdot 10^{-8}$ ($3{,}93 \cdot 10^{-8}$)	$3{,}78$ ($3{,}78$)
$4{,}73 \cdot 10^{-11}$ ($4{,}63 \cdot 10^{-11}$)	$2{,}80 \cdot 10^{-5}$ ($2{,}73 \cdot 10^{-5}$)	$7{,}00 \cdot 10^{-4}$ ($6{,}89 \cdot 10^{-4}$)	$7{,}50 \cdot 10^{-7}$ ($7{.}38 \cdot 10^{-7}$)	$4{,}81$ ($4{,}81$)
$7{,}10 \cdot 10^{-10}$ ($6{,}87 \cdot 10^{-10}$)	$3{,}90 \cdot 10^{-4}$ ($3{,}80 \cdot 10^{-4}$)	$4{,}50 \cdot 10^{-3}$ ($4{,}42 \cdot 10^{-3}$)	$1{,}20 \cdot 10^{-5}$ ($1{,}18 \cdot 10^{-5}$)	$5{,}79$ ($5{,}79$)
$6{,}02 \cdot 10^{-9}$ ($5{,}83 \cdot 10^{-9}$)	$2{,}00 \cdot 10^{-3}$ ($1{,}95 \cdot 10^{-3}$)	$1{,}60 \cdot 10^{-2}$ ($1{,}57 \cdot 10^{-2}$)	$6{,}80 \cdot 10^{-5}$ ($6{,}69 \cdot 10^{-5}$)	$6{,}46$ ($6{,}46$)
$4{,}00 \cdot 10^{-8}$ ($3{,}87 \cdot 10^{-8}$)	$1{,}02 \cdot 10^{-2}$ ($0{,}99 \cdot 10^{-2}$)	$5{,}20 \cdot 10^{-2}$ ($5{,}12 \cdot 10^{-2}$)	$3{,}90 \cdot 10^{-4}$ ($3{,}84 \cdot 10^{-4}$)	$7{,}10$ ($7{,}10$)
$1{.}43 \cdot 10^{-7}$ ($1{,}38 \cdot 10^{-7}$)	$3{,}32 \cdot 10^{-2}$ ($3{,}24 \cdot 10^{-2}$)	$1{,}22 \cdot 10^{-1}$ ($1{,}20 \cdot 10^{-1}$)	$1{,}37 \cdot 10^{-3}$ ($1{,}35 \cdot 10^{-3}$)	$7{,}35$ ($7{,}35$)
$5{,}50 \cdot 10^{-7}$ ($5{,}33 \cdot 10^{-7}$)	$1{,}08 \cdot 10^{-1}$ ($1{,}05 \cdot 10^{-1}$)	$2{,}85 \cdot 10^{-1}$ ($2{,}80 \cdot 10^{-1}$)	$4{,}80 \cdot 10^{-3}$ ($4{,}72 \cdot 10^{-3}$)	$7{,}70$ ($7{,}70$)
$1{,}033$	$1{,}025$	$1{,}0165$	$1{,}0165$	$1{,}0$

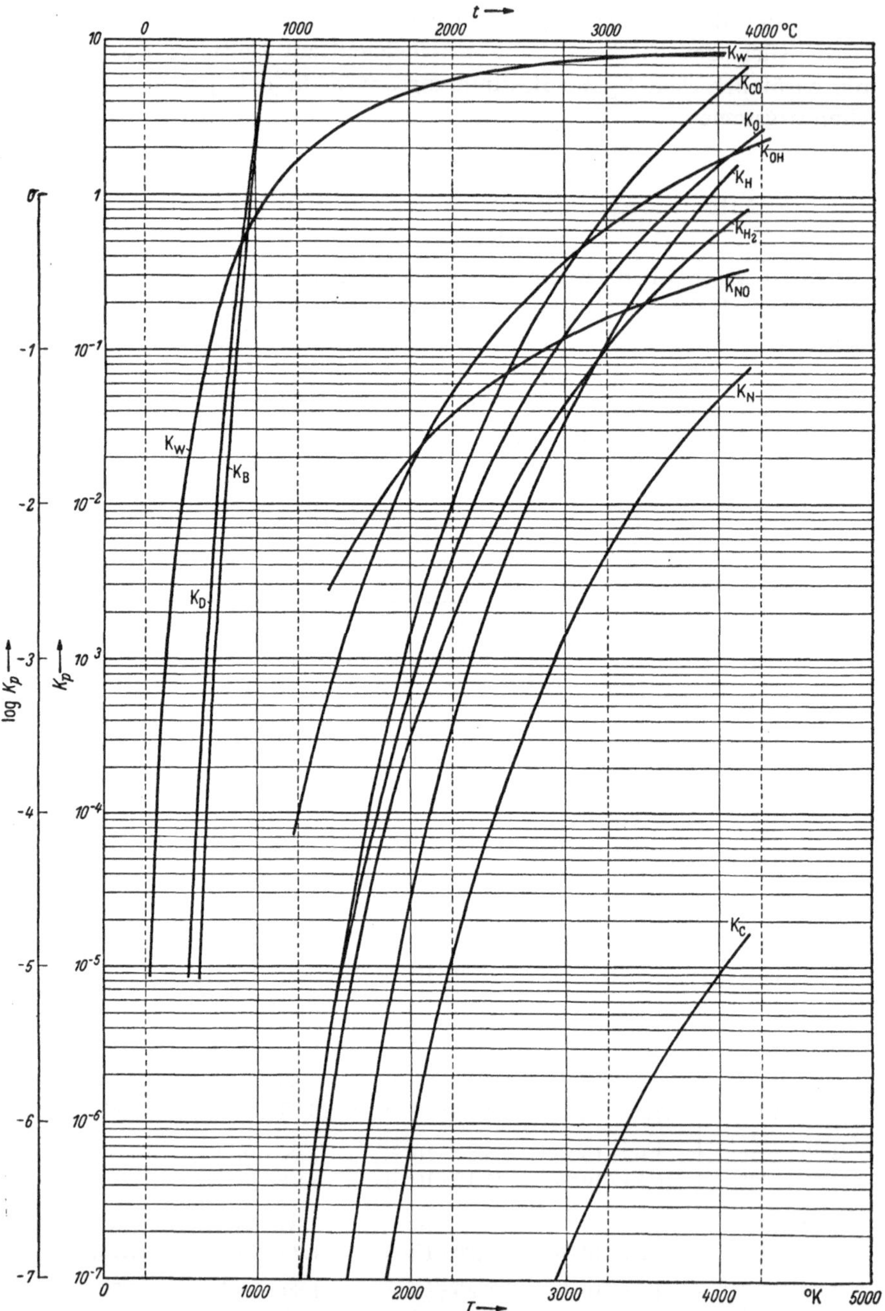

Abb. 5. Gleichgewichtskonstanten log K_p über T und t

so sind folgende acht sich nur auf CO_2, H_2O, O_2, N_2 stützende Reaktionen und dazu gehörende Gleichgewichtskonstanten zu berücksichtigen:

$$CO = CO_2 - O_2/2 + 67\,640 \text{ kcal}, \, [1] \qquad K_{CO} = \frac{p_{CO}}{p_{CO_2}\, p_{O_2}^{-1/2}}, \qquad (46)$$

$$H_2 = H_2O - O_2/2 + 57\,800 \text{ kcal}, \qquad K_{H_2} = \frac{p_{H_2}}{p_{H_2O}\, p_{O_2}^{-1/2}}, \qquad (47)$$

$$HO = H_2O/2 + O_2/4 + 38\,200 \text{ kcal}, \qquad K_{HO} = \frac{p_{HO}}{p_{H_2O}^{1/2}\, p_{O_2}^{1/4}}, \qquad (48)$$

$$NO = N_2/2 + O_2/2 + 21\,700 \text{ kcal}, \qquad K_{NO} = \frac{p_{NO}}{p_{N_2}^{1/2}\, p_{O_2}^{1/2}}, \qquad (49)$$

$$C = CO_2 - O_2 + 94\,050 \text{ kcal}, \qquad K_{C} = \frac{p_{C}}{p_{CO_2}\, p_{O_2}^{-1}}, \qquad (50)$$

$$H = H_2O/2 - O_2/4 + 80\,700 \text{ kcal}, \qquad K_{H} = \frac{p_{H}}{p_{H_2O}^{1/2}\, p_{O_2}^{-1/4}}, \qquad (51)$$

$$O = O_2/2 + 59\,100 \text{ kcal}, \qquad K_{O} = \frac{p_{O}}{p_{O_2}^{1/2}}, \qquad (52)$$

$$N = N_2/2 + 85\,450 \text{ kcal}, \qquad K_{N} = \frac{p_{N}}{p_{N_2}^{1/2}}. \qquad (53)$$

Diese Einteilungsweise erlaubt, ein übersichtliches Schema (Tabelle 6) aufzustellen, das die Verflechtung der zwölf Feuergasteildrücke gut erkennen läßt [35]: Die waagerechten Zeilen zeigen, wie die neuen Teildrücke p_i zu den erwähnten, auf die undissoziierten Grundkomponenten zugeschnittenen, gedachten Teildrücken p_{CO_2}, p_{H_2O}, p_{O_2}, p_{N_2} beitragen würden; die senkrechten Kolonnen zeigen, in welcher Gleichgewichtsverknüpfung die neuen Teildrücke p_i mit den verbliebenen Teildrücken p_{CO_2}, p_{H_2O}, p_{O_2}, p_{N_2} der Grundkomponenten stehen. Man entnimmt den ober- und unterhalb aufgeschriebenen, das Schema ausdeutenden Gleichungen, nämlich

einer Gesamtdruckbeziehung,

acht Gleichgewichtsbeziehungen,

drei Atomverhältnissen,

daß für zwölf Unbekannte in der Tat zwölf Bestimmungsgleichungen zur Verfügung stehen.

b) Rechengang für zwölf Teilgase

Durch den klaren Überblick wird freilich das aufkommende Unbehagen, an die Ermittlung der zwölf Unbekannten gehen zu sollen, wenig gemindert. (Einer modernen elektronischen Rechenmaschine dürften die aus dem Schema ersichtlichen, einander kreuzenden und zum ‚Ein-

---

[1] Bezugstemperatur 300° K

rasten' auffordernden Verknüpfungen besonders gut liegen.) Das Schema gibt aber Fingerzeige, wie die Aufgabe verhältnismäßig bequem gelöst werden kann: Man muß die Rechnung mit *zwei angenommenen* Werten, mit p_{H_2O} und p_{O_2}, beginnen [7]. Dann erhält man aus der zweiten Zeile

Tabelle 6. *Verflechtung der Teildrücke*

1 GESAMTDRUCKBEZIEHUNG:

$$\Sigma p = p_{CO_2} + p_{H_2O} + p_{O_2} + p_{N_2} + p_{CO} + p_{H_2} + p_{OH} + p_{NO} + p_C + p_H + p_O + p_N$$

$$p_{CO_2} = +p_{CO_2} \qquad + p_{CO} \qquad + p_C$$

$$p_{H_2O} = +p_{H_2O} \qquad + p_{H_2} + \tfrac{1}{2} p_{OH} \qquad + \tfrac{1}{2} p_H$$

$$p_{O_2} = +p_{O_2} \qquad -\tfrac{1}{2} p_{CO} - \tfrac{1}{2} p_{H_2} + \tfrac{1}{4} p_{OH} + \tfrac{1}{2} p_{NO} - p_C - \tfrac{1}{4} p_H + \tfrac{1}{2} p_O$$

$$p_{N_2} = +p_{N_2} \qquad + \tfrac{1}{2} p_{NO} \qquad + \tfrac{1}{2} p_N$$

8 GLEICHGEWICHTE:

$$p_{CO} = K_{CO}\, p_{CO_2}\, p_{O_2}^{-1/2}$$
$$p_{H_2} = K_{H_2}\, p_{H_2O}\, p_{O_2}^{-1/2}$$
$$p_{HO} = K_{HO}\, p_{H_2O}^{1/2}\, p_{O_2}^{1/4}$$
$$p_{NO} = K_{NO}\, p_{O_2}^{1/2}\, p_{N_2}^{1/2}$$
$$p_C = K_C\, p_{CO_2}\, p_{O_2}^{-1}$$
$$p_H = K_H\, p_{H_2O}^{1/2}\, p_{O_2}^{-1/4}$$
$$p_O = K_O\, p_{O_2}^{1/2}$$
$$p_N = K_N\, p_{N_2}^{1/2}$$

3 ATOMVERHÄLTNISSE:

$$P_C/P_H = \begin{cases} P_C = P_{CO_2} & = p_{CO_2} + p_{CO} + p_C \\ P_H = 2P_{H_2O} & = 2p_{H_2O} + 2p_{H_2} + p_{OH} + p_H \end{cases} = \Sigma C/\Sigma H$$

$$P_H/P_O = \begin{cases} P_O = 2P_{CO_2} + P_{H_2O} + 2P_{O_2} & = 2p_{CO_2} + p_{CO} + p_{H_2O} + p_{OH} + 2p_{O_2} + p_{NO} + p_O \end{cases} = \Sigma H/\Sigma O$$

$$P_O/P_N = \begin{cases} P_N = 2P_{N_2} & = 2p_{N_2} + p_{NO} + p_N \end{cases} = \Sigma O/\Sigma N$$

sämtliche H-behafteten Teildrücke und zufolge der von der dritten Zeile nach den Zeilen eins und vier bestehenden ‚Kolonnenbeziehungen' auch noch die drei Teildruckverhältnisse p_{CO}/p_{CO_2}, p_C/p_{CO_2}, $p_{NO}/p_{N_2}^{1/2}$. Dies verschafft die beiden Verhältnisse P_C/P_H und P_N/P_H und mit ihnen die letzten der zwölf Teildrücke; welche zwölf Werte allerdings nur dann richtig sind, wenn die beiden Annahmen p_{H_2O} und p_{O_2} von vornherein richtig waren. Man prüft dies an den beiden unbenutzt gelassenen Bestimmungsgrößen $\mathcal{E}O/\mathcal{E}H$ und Σp_i und ändert, geleitet durch Interpolationen, die beiden Schätzwerte p_{H_2O} und p_{O_2} so oft, bis die Prüfung ausreichende Übereinstimmung ergibt.

Meistens wird man die Berechnungen für runde Temperaturen durchführen dürfen; Zwischenwerte der Teildrücke für andere Temperaturen können zuverlässig interpoliert werden.

Die *Berechnung* nimmt folgenden Verlauf:

Zwei Teildrücke werden geschätzt: $\qquad\qquad p_{H_2O}$,

Damit erhält man vier Teildrücke und drei Quotienten: $\qquad p_{O_2}$.

$$p_{OH} = K_{OH} \cdot p_{H_2O}^{+1/2} \cdot p_{O_2}^{+1/4} \quad \ldots \qquad p_{OH},$$

$$p_{H_2} = K_{H_2} \cdot p_{H_2O} \cdot p_{O_2}^{-1/2} \quad \ldots \qquad p_{H_2},$$

$$p_{H} = K_{H} \cdot p_{H_2O}^{+1/2} \cdot p_{O_2}^{-1/4} \quad \ldots \qquad p_{H},$$

$$p_{O} = K_{O} \cdot p_{O_2}^{+1/2} \quad \ldots \qquad p_{O},$$

$$p_{CO}/p_{CO_2} = K_{CO} \cdot p_{O_2}^{-1/2},$$

$$p_{NO}/p_{N_2}^{1/2} = K_{NO} \cdot p_{O_2}^{+1/2},$$

$$p_{C}/p_{CO_2} = K_{C} \cdot p_{O_2}^{-1}.$$

Nunmehr stehen zur Verfügung

$$\mathsf{P_H} = 2\,p_{H_2O} + 2\,p_{H_2} + p_{OH} + p_{H},$$

$$\mathsf{P_C} = \frac{\mathcal{E}C}{\mathcal{E}H}\,\mathsf{P_H},$$

$$\mathsf{P_N} = \frac{\mathcal{E}N}{\mathcal{E}H}\,\mathsf{P_H},$$

und es können berechnet werden mit Hilfe von

$$\mathsf{P_C}/p_{CO_2} = 1 + p_{CO}/p_{CO_2} + p_{C}/p_{CO_2}$$

die C-bestimmten Teildrücke

$$p_{CO_2} = \frac{\mathsf{P_C}}{1 + p_{CO}/p_{CO_2} + p_{C}/p_{CO_2}} \quad \ldots \qquad p_{CO_2},$$

$$p_{CO} = (p_{CO}/p_{CO_2})\,p_{CO_2} \quad \ldots \qquad p_{CO},$$

$$p_{C} = (p_{C}/p_{CO_2})\,p_{CO_2} \quad \ldots \qquad p_{C},$$

und mit Hilfe von

$$0{,}5\,\mathsf{P_N} = p_{N_2} + 0{,}5\,K_{N}\,p_{N_2}^{1/2} + 0{,}5\,K_{NO}\,p_{O_2}^{1/2}\,p_{N_2}^{1/2}$$

zwei N-bestimmte Teildrücke

$$p_{N_2}^{1/2} = -0{,}25\,(K_{N} + K_{NO}\,p_{O_2}^{1/2})$$
$$\qquad + \sqrt{[0{,}25\,(K_{N} + K_{NO}\,p_{O_2}^{1/2})]^2 + 0{,}5\,\mathsf{P_N}} \quad \ldots \qquad p_{N_2},$$

$$p_{NO} = (p_{NO}/p_{N_2}^{1/2})\,p_{N_2}^{1/2} \quad \ldots \qquad p_{NO},$$

und schließlich der letzte N-bestimmte Teildruck

$$p_{N} = K_{N}\,p_{N_2}^{1/2} \quad \ldots \qquad p_{N}.$$

$$(54)$$

Die *Prüfung* der Schätzwerte erfolgt mittels

$$\Sigma p_i = \Sigma p \,,$$
$$\frac{\mathsf{P_O}}{\mathsf{P_H}} = \frac{2\,p_{\mathrm{CO_2}} + 2\,p_{\mathrm{O_2}} + p_{\mathrm{H_2O}} + p_{\mathrm{OH}} + p_{\mathrm{CO}} + p_{\mathrm{NO}} + p_{\mathrm{O}}}{\mathsf{P_H}} = \frac{\mathfrak{z}\mathrm{O}}{\mathfrak{z}\mathrm{H}} \cdot \qquad \left.\right\} \quad (55)$$

Bei der Deutung der Probierrechnungen ist ein Hilfsbild (Abb. 6) nützlich: Dem Hauptquadranten $p_{\mathrm{O_2}}/p_{\mathrm{H_2O}}$ eines Koordinatenkreuzes werden
zwei Nebenquadranten $\Sigma p/p_{\mathrm{H_2O}}$ und $\mathsf{P_O}/\mathsf{P_H}/p_{\mathrm{O_2}}$ zugeordnet, entsprechend

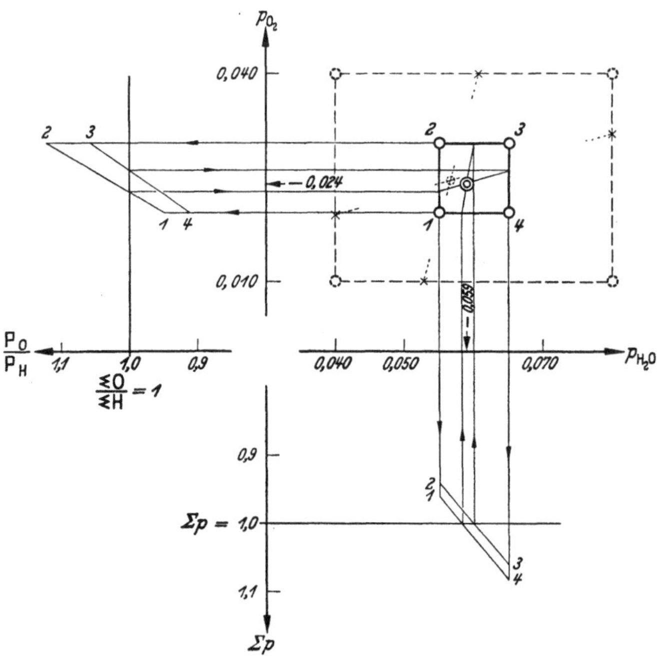

Abb. 6. Interpolationsdiagramm für Rechenbeispiel $\mathrm{C_1H_4O_4N_{15,04}}$

den über dem Hauptquadranten errichtbaren Flächen $\Sigma p = f_1\,(p_{\mathrm{O_2}},\ p_{\mathrm{H_2O}})$
und $\mathsf{P_O}/\mathsf{P_H} = f_2\,(p_{\mathrm{O_2}},\ p_{\mathrm{H_2O}})$. Hält man $p_{\mathrm{H_2O}}$ konstant (Punkte 1 und 2,
3 und 4), so wirkt sich die mit $p_{\mathrm{O_2}}$ vorgenommene Änderung hauptsächlich auf $\mathsf{P_O}/\mathsf{P_H}$ aus: Erwies sich $\mathsf{P_O}/\mathsf{P_H}$ als zu klein, so war $p_{\mathrm{O_2}}$ zu klein.
Andererseits beeinflussen bei konstantem $p_{\mathrm{O_2}}$ veränderte $p_{\mathrm{H_2O}}$-Werte stark
den Gesamtdruck Σp: Erwies sich Σp als zu klein, so war $p_{\mathrm{H_2O}}$ zu klein.
Die graphische Darstellung leitet bald in die Nähe des richtigen Wertepaares $p_{\mathrm{O_2}}$, $p_{\mathrm{H_2O}}$. Grenzte man das Wertepaar schließlich durch vier
Punkte 1 bis 4 in nicht zu großen Abständen ein, so führen geradlinige
Interpolationen zum Ziel.

Tabelle 7. *Feuergaszusammensetzung für* $CH_4 + L_{min}$

aktionsgleichung: $CH_4 + \lambda \cdot 2\,(O_2 + 3{,}76\,N_2)$; $\lambda = 1$.   Bruttoformel: $C_1H_4O_4N_{15{,}04}$

mischtemp.: $3000°$ C. Gesamtdruck: 1 at. $\dfrac{\xi C}{\xi H} = 0{,}25$; $\dfrac{\xi N}{\xi H} = 3{,}76$; $\dfrac{\xi O}{\xi H} = 1$

$K_{OH} = 0{,}630$ $K_H = 0{,}108$ $K_{CO} = 0{,}800$ $K_C = 5{,}5 \cdot 10^{-7}$

$K_{H_2} = 0{,}104$ $K_O = 0{,}285$ $K_{NO} = 0{,}161$ $K_N = 0{,}0048$

	+1	−1	+1/2	−1/2	+1/4	−1/4		+1	−1	+1/2	−1/2	+1/4	−1/4
p_{O_2}	0,020	50,0	0,141	7,08	0,376	2,66		0,024	41,7	0,155	6,46	0,394	2,54
	0,030	33,3	0,173	5,77	0,416	2,41							
p_{H_2O}	0,055	/	0,235	/	/	/		0,059	/	0,243	/	/	/
	0,065		0,255										

$\overset{2—3}{\underset{1—4}{)_2}}$ $p_{H_2O} \rightarrow$

	①	②	③	④	at	kmol
p_{O_2}	0,020	0,030	0,030	0,020	0,024	0,296
p_{H_2O}	0,055	0,055	0,065	0,065	0,059	0,728
$p_{OH} = K_{OH}\,p_{H_2O}^{+1/2}\,p_{O_2}^{+1/4}$	0,056	0,062	0,067	0,060	0,060	0,740
$p_{H_2} = K_{H_2}\,p_{H_2O}\,p_{O_2}^{-1/2}$	0,041	0,033	0,040	0,048	0,040	0,494
$p_H = K_H\,p_{H_2O}^{+1/2}\,p_{O_2}^{-1/4}$	0,067	0,061	0,067	0,073	0,067	0,827
$p_O = K_O\,p_{O_2}^{+1/2}$	0,040	0,049	0,049	0,040	0,044	0,542
$p_{CO}/p_{CO_2} = K_{CO}\,p_{O_2}^{-1/2}$	5,66	4,61	4,61	5,66	5,17	
$p_{NO}/p_{N_2}^{1/2} = K_{NO}\,p_{O_2}^{+1/2}$	0,0227	0,0278	0,0278	0,0227	0,0250	
$p_C/p_{CO_2} = K_C\,p_{O_2}^{-1}$	~	~	~	~	~	
$2\,p_{H_2O}$	0,110	0,110	0,130	0,130	0,118	
p_{OH}	0,056	0,062	0,067	0,060	0,060	
$2\,p_{H_2}$	0,082	0,066	0,080	0,096	0,080	
p_H	0,067	0,061	0,067	0,073	0,067	
P_H	0,315	0,299	0,344	0,359	0,325	
$P_C = P_H\,\dfrac{\xi C}{\xi H}$	0,079	0,075	0,086	0,090	0,081	
$P_N = P_H\,\dfrac{\xi N}{\xi H}$	1,185	1,124	1,294	1,351	1,222	
$p_{CO_2} = P_C/(1 + p_{CO}/p_{CO_2})$	0,012	0,014	0,015	0,014	0,013	0,161
$p_{CO} = p_{CO_2} \cdot p_{CO}/p_{CO_2}$	0,067	0,061	0,070	0,076	0,068	0,839
$p_C = p_{CO_2} \cdot p_C/p_{CO_2}$	~	~	~	~	~	~
$p_{N_2}^{1/2} = -\left[\dfrac{K_N + K_{NO}\,p_{O_2}^{1/2}}{4}\right] + \sqrt{[\ ]^2 + \dfrac{P_N}{2}}$	0,762	0,742	0,795	0,815	0,775	
p_{N_2}	0,582	0,550	0,632	0,665	0,602	7,42
$p_{NO} = p_{N_2}^{1/2}\,p_{NO}/p_{N_2}^{1/2}$	0,017	0,021	0,022	0,019	0,019	0,24
$p_N = K_N\,p_{N_2}^{1/2}$	0,004	0,004	0,004	0,004	0,004	0,05
$\sum p$	0,961	0,940	1,061	1,084	1,000	12,34

Fortsetzung von *Tabelle 7*

$2\,p_{O_2}$	0,040	0,060	0,060	0,040	0,048
p_{H_2O}	0,055	0,055	0,065	0,065	0,059
p_{OH}	0,056	0,062	0,667	0,060	0,060
p_O	0,040	0,049	0,049	0,040	0,044
$2\,p_{CO_2}$	0,024	0,028	0,030	0,028	0,026
p_{CO}	0,067	0,061	0,070	0,076	0,068
p_{NO}	0,017	0,021	0,022	0,019	0,019
p_O	0,299	0,336	0,363	0,328	0,324
p_O/p_H	0,949	1,124	1,057	0,911	**1,00**

Für 1 kmol $CH_4 + 9{,}52\,\lambda$ kmol L, d. h. für $C_1\,H_4\,O_{4\,\lambda}\,N_{15{,}04\,\lambda}$, hervorgegangen aus $C_m H_n + \lambda\,(m + n/4)(O_2 + 3{,}76\,N_2)$, ist die bei $\lambda = 1$ und $t = 3000^\circ$ C sich einstellende Feuergaszusammensetzung in Tabelle 7 angegeben. Die Interpolation in Abb. 6 führte zu $p_{O_2} = 0{,}024$ at und zu $p_{H_2O} = 0{,}059$ at. Hätte man für p_{O_2} den größeren Bereich 0,010 bis 0,040 und für p_{H_2O} ebenfalls die breitere Zone 0,040 bis 0,080 gewählt (gestrichelt), so wäre auch in diesem unsicherer tastenden Falle der von den Interpolationsgeraden gezeigte Schnittpunkt $p_{O_2} = 0{,}0245$ und $p_{H_2O} = 0{,}057$ den richtigen Werten recht nahe gekommen.

c) Einfache Grenzfälle: C + Luft und H_2 + Luft

Die beiden Grenzfälle, in denen der Brennstoff nur C oder nur H_2 enthält, ergeben sich leicht aus dem allgemeinen Schema.

$$C + 4{,}76\,\lambda\,L_{min} \;\text{---}\; C + \lambda\,(O_2 + 3{,}76\,N_2) \;\text{---}\; C_1\,O_{2\,\lambda}\,N_{7{,}52\,\lambda}$$

$\lambda \geqq 1$, ohne Dissoziation:

$$\left.\begin{aligned}
p_{CO_2} + p_{O_2} + p_{N_2} &= \Sigma p\,, \\
p_{CO_2} &= \Sigma p\,\frac{2\,\zeta C}{\zeta O + \zeta N}\,, \\
p_{O_2} &= \Sigma p\,\frac{\zeta O - 2\,\zeta C}{\zeta O + \zeta N}\,, \\
p_{N_2} &= \Sigma p\,\frac{\zeta N}{\zeta O + \zeta N}\,.
\end{aligned}\right\} \tag{56}$$

$\lambda < 1$, ohne Dissoziation:

$$\left.\begin{aligned}
p_{CO_2} + p_{CO} + p_{N_2} &= \Sigma p\,, \\
p_{CO_2} &= \Sigma p\,\frac{2\,(\zeta O - \zeta C)}{2\,\zeta C + \zeta N}\,, \\
p_{CO} &= \Sigma p\,\frac{2\,(2\,\zeta C - \zeta O)}{2\,\zeta C + \zeta N}\,, \\
p_{N_2} &= \Sigma p\,\frac{\zeta N}{2\,\zeta C + \zeta N}\,.
\end{aligned}\right\} \tag{57}$$

$\lambda \gtrless 1$, mit Dissoziation:

$$p_{CO_2} + p_{O_2} + p_{N_2} + p_{CO} + p_{NO} + p_C + p_O + p_N = \Sigma p \, .$$

Zwei Teildrücke werden geschätzt: $\qquad p_{O_2},$

Damit erhält man drei Teildrücke und zwei Quotienten: $\qquad p_{N_2}.$

$$p_O \; = K_O \, p_{O_2}^{1/2} \; \cdot \; \ldots \ldots \ldots \ldots \ldots \cdot \; p_O \, ,$$

$$p_{NO} = K_{NO} \, p_{O_2}^{1/2} \, p_{N_2}^{1/2} \cdot \ldots \ldots \ldots \ldots \cdot \; p_{NO},$$

$$p_N \; = K_N \cdot p_{N_2}^{1/2} \; \cdot \; \ldots \ldots \ldots \ldots \cdot \; p_N \, ,$$

$$p_{CO}/p_{CO_2} = K_{CO} \, p_{O_2}^{-1/2},$$

$$p_C/p_{CO_2} \; = K_C \, p_{O_2}^{-1}.$$

Nunmehr stehen zur Verfügung

$$\mathsf{P_N} = 2 \, p_{N_2} + p_{NO} + p_N \, ,$$

$$\mathsf{P_C} = \frac{\mathfrak{C}}{\mathfrak{N}} \, \mathsf{P_N} \, ,$$

und man erhält wie oben

$$p_{CO_2} = \frac{\mathsf{P_C}}{1 + p_{CO}/p_{CO_2} + p_C/p_{CO_2}} \; \ldots \ldots \ldots \cdot \; p_{CO_2} \, ,$$

$$p_{CO} = (p_{CO}/p_{CO_2}) \, p_{CO_2} \; \cdot \ldots \ldots \ldots \cdot \; p_{CO} \, ,$$

$$p_C \; = (p_C/p_{CO_2}) \, p_{CO_2} \cdot \ldots \ldots \ldots \cdot \; p_C \, .$$

Die *Prüfung* erfolgt mittels

$$\frac{\mathsf{P_O}}{\mathsf{P_C}} = \frac{2 \, p_{CO_2} + 2 \, p_{O_2} + p_{CO} + p_{NO} + p_O}{\mathsf{P_C}} = \frac{\mathfrak{C}}{\mathfrak{O}} \; \text{und} \; \Sigma \, p_i.$$

$$\left. \right\} \quad (58)$$

$$\mathrm{H_2 + 2{,}38 \, \lambda \, L_{min} - H_2 + \lambda/2 \cdot (O_2 + 3{,}76 \, N_2) - H_2 \, O_\lambda \, N_{3{,}76 \, \lambda}}$$

$\lambda \geqq 1$, ohne Dissoziation:

$$p_{H_2O} + p_{O_2} + p_{N_2} = \Sigma p \, ,$$

$$p_{H_2O} = \Sigma p \, \frac{\mathfrak{H}}{0{,}5 \, \mathfrak{H} + \mathfrak{O} + \mathfrak{N}} \, ,$$

$$p_{O_2} = \Sigma p \, \frac{\mathfrak{O} - 0{,}5 \, \mathfrak{H}}{0{,}5 \, \mathfrak{H} + \mathfrak{O} + \mathfrak{N}} \, ,$$

$$p_{N_2} = \Sigma p \, \frac{\mathfrak{N}}{0{,}5 \, \mathfrak{H} + \mathfrak{O} + \mathfrak{N}} \, .$$

$$\left. \right\} \quad (59)$$

$\lambda < 1$, ohne Dissoziation:

$$p_{H_2O} + p_{H_2} + p_{N_2} = \Sigma p \, ,$$

$$p_{H_2O} = \Sigma p \, \frac{2 \, \mathfrak{O}}{\mathfrak{H} + \mathfrak{N}} \, ,$$

$$p_{H_2} = \Sigma p \, \frac{\mathfrak{H} - 2 \, \mathfrak{O}}{\mathfrak{H} + \mathfrak{N}} \, ,$$

$$p_{N_2} = \Sigma p \, \frac{\mathfrak{N}}{\mathfrak{H} + \mathfrak{N}} \, .$$

$$\left. \right\} \quad (60)$$

$\lambda \gtrless 1$, mit Dissoziation:

$$p_{H_2O} + p_{O_2} + p_{N_2} + p_{OH} + p_{NO} + p_{H_2} + p_H + p_O + p_N = \Sigma p \,.$$

Zwei Teildrücke werden geschätzt: $\qquad p_{O_2}\,,$

Damit erhält man vier Teildrücke und einen Quotienten: $\qquad p_{H_2O}\,.$

$$p_{OH} = p_{OH_2}\, K_{H_2}\, p_{O_2}^{1/4}\, p_{H_2O}^{1/2} \ \cdot \ldots \ldots \ldots \quad p_{OH}\,,$$

$$p_{H_2} = K_{H_2}\, p_{O_2}^{-1/2}\, p_{H_2O} \ \cdot \ldots \ldots \ldots \quad p_{H_2}\,,$$

$$p_H = K_H\, p_{O_2}^{-1/4}\, p_{H_2O}^{1/2} \ \cdot \ldots \ldots \ldots \quad p_H\,,$$

$$p_O = K_O\, p_{O_2}^{1/2} \ \cdot \ldots \ldots \ldots \ldots \quad p_O\,,$$

$$p_{NO}/p_{N_2}^{1/2} = K_{NO}\, p_{O_2}^{1/2} \,.$$

Nunmehr stehen zur Verfügung

$$\mathsf{P_H} = 2\,p_{H_2O} + 2\,p_{H_2} + p_{OH} + p_H \,,$$

$$\mathsf{P_N} = \frac{\xi N}{\xi H}\,\mathsf{P_H}\,,$$

$\qquad\qquad\qquad\qquad\qquad\qquad\qquad\qquad\qquad\qquad (61)$

und man erhält wie oben

$$p_{N_2}^{1/2} = -0{,}25\,(K_N + K_{NO}\,p_{O_2}^{1/2})$$
$$+ \sqrt{[0{,}25\,(K_N + K_{NO}\,p_{O_2}^{1/2})]^2 + 0{,}5\,\mathsf{P_N}} \ \ldots \ldots \quad p_{N_2}\,,$$

$$p_{NO} = (p_{NO}/p_{N_2}^{1/2})\,p_{N_2}^{1/2} \ \cdot \ldots \ldots \ldots \quad p_{NO}\,,$$

$$p_N = K_N\, p_{N_2}^{1/2} \cdot \ldots \ldots \ldots \ldots \quad p_N\,.$$

Die *Prüfung* erfolgt mittels

$$\frac{\mathsf{P_O}}{\mathsf{P_H}} = \frac{2\,p_{O_2} + p_{H_2O} + p_{OH} + p_{NO} + p_O}{\mathsf{P_H}} = \frac{\xi O}{\xi H}\ \text{und}\ \Sigma p_i\,.$$

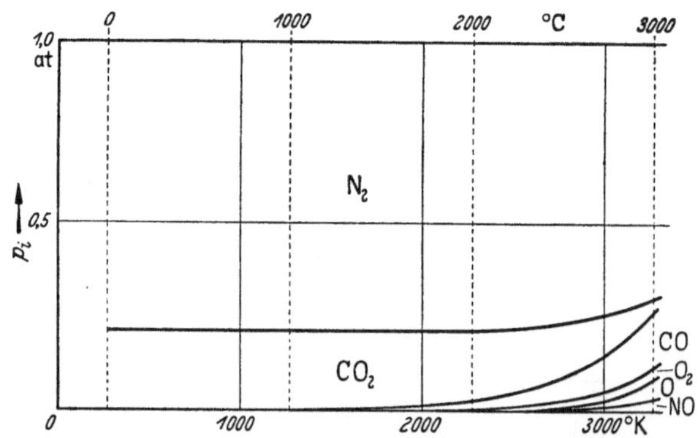

Abb. 7. Teildrücke für $\Sigma p = 1$ at der aus C + 4,76 L entstandenen Feuergase

Ein Überblick über die Teildruckveränderungen einiger bei 1 at und $\lambda = 1$ geschehenden Verbrennungen wird von Abb. 7 für C + 4,76 L, von Abb. 8 für $H_2 = 2,38\ L$ und von Abb. 9 für die aus 1 kg Dieselöl + 3,37 kg O_2 entstehenden Feuergase [35] gegeben: während von rd.

$2000°$ K bis etwa $3300°$ K die Teildrücke der von den Dissoziations-
vorgängen herrührenden Gase stetig zunehmen auf Kosten der ursprünglich vorherrschenden Grundgasteildrücke p_{CO_2}, p_{H_2O}, p_{N_2}, schwinden bei
über $3300°$ K liegenden Temperaturen die Drücke p_{H_2}, p_{OH}, p_{O_2}, p_{CO} der

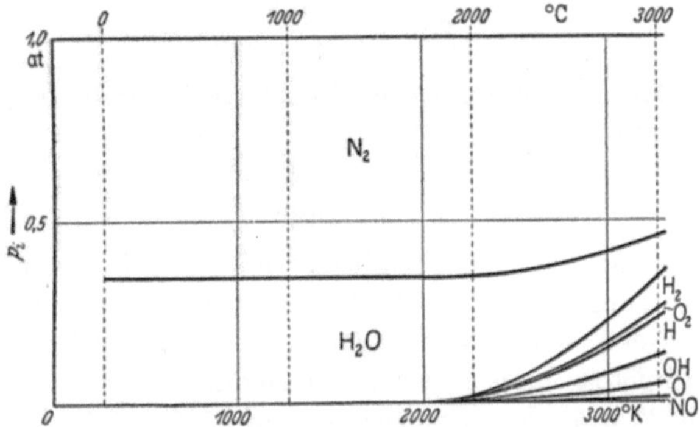

Abb. 8. Teildrücke für $\Sigma p = 1$ at der aus $H_2 + 2{,}38\,L$ entstandenen Feuergase

zweiatomigen Dissoziationsgase allmählich wieder, bis schließlich bei sehr
hohen Temperaturen ($> 10000°$ K) die Teildrücke nur von den Atomen
C, H, O, N bestritten werden.

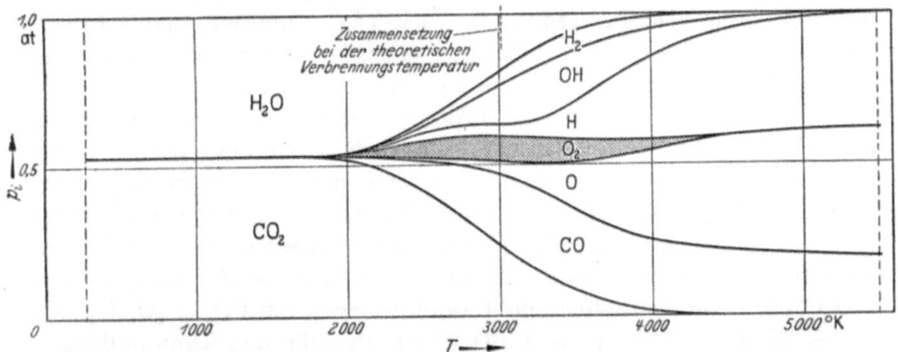

Abb. 9. Teildrücke für $\Sigma p = 1$ at der aus 1 kg Dieselöl $+ 3{,}37$ kg O_2 entstandenen Feuergase

Aus eigener Energie vermag das mit Sauerstoff verbrennende Dieselöl
der Abb. 9 allerdings nur rd. $3050°$ K zu erreichen.

Bei höheren Drücken wandert die Temperatur des Aufspaltungs-
beginnes nach rechts; bei 10 at rd. $2200°$ K, bei 100 at rd. $2700°$ K.

d) Ergänzung für $V = $ konst

Verbrennungsvorgänge erfolgen entweder bei konstantem Druck
(meist Amosphärendruck) oder bei konstantem Volumen (Verbrennungs-

kammern). In den obigen Rechengängen ist der Fall $\Sigma p = \text{konst}$ berücksichtigt worden. Sollen die Teildrücke für den Fall $V = \text{konst}$ berechnet werden, dann wird die Bedingungsgleichung $p_{CO_2} + p_{H_2O} + \cdots = \Sigma p$ ersetzt durch

$$\frac{\Sigma O}{P_0}\,\frac{848\,T}{10^4} = V \, , \qquad (62)$$

und im Interpolationsdiagramm Abb. 6 tritt an die Stelle der Σp-Koordinate die V-Koordinate.

8. Enthalpie

Die nach den vorstehenden Verfahren ermittelten Feuergas- und Abgaszusammensetzungen benötigt der Wärmeingenieur, um die wichtigen Enthalpien solcher Gemische zu finden. Für einen durch hohe Temperatur gekennzeichneten Zustand ist es gleichgültig, ob die den Zustand herbeiführende Wärme dem Gemisch von außen zugeführt wurde oder ob sie, der praktisch häufigere Fall, dem Prozeß selbst entstammt. Jedes Teilgas beansprucht gemäßt der ihm eigentümlichen *spezifischen Wärme* eine bestimmte fühlbare Wärmemenge, um auf die gewisse Temperatur zu kommen. Geschehen, wie bei der Verbrennung üblich, bei diesem Vorgang Energie freigebende oder bindende Molekelumgruppierungen, so müssen die solchen Reaktionen zugehörenden *Reaktionswärmen* berücksichtigt werden. Dies kann bei einfachen, mäßig heiße, wenig dissoziierte Gase enthaltenden Gemischen durch nachträgliches Hinzufügen der für die Einzeldissoziationen benötigten Wärmen geschehen. Bei zahlreichen und stark dissoziierten Teilgasen empfiehlt es sich, auf die Vorstellung von den Grundgasen CO_2, H_2O, O_2, N_2 zurückzugreifen — deren Reaktionswärme bei der Bezugstemperatur gewissermaßen erschöpft ist — und für jedes aus ihnen abgeleitete Teilgas die diesem Gase eigentümliche Reaktionswärme von vornherein in seine Enthalpiekurve einzubeziehen. Es ist also *bei der Bezugstemperatur 300° K* die Enthalpie von 1 kmol gasförmigem CO_2, H_2O, O_2, N_2 gleich Null; die von 1 kmol CO gleich der für den Umwandlungsprozeß $CO = CO_2 - O_2/2 + Q_{CO}$ maßgeblichen Reaktionswärme $Q_{CO} = 67\,640$ kcal; die von 1 kmol H_2 gemäß $H_2 = H_2O - O_2/2 + Q_{H_2}$ gleich $Q_{H_2} = 57\,800$ kcal usw. Wie bei der Erzeugung von 1 kmol CO_2 aus CO und $O_2/2$ an Wärme $67\,640$ kcal frei wurden, so sind bei der Spaltung von 1 kmol CO_2 in CO und $O_2/2$ ebensoviel Kalorien erforderlich.

Bei höheren Temperaturen T treten dazu noch die Produkte mit den *mittleren Molwärmen C_p*:

$$I_T = Q_{300} + [C_p]_{300}^T\,(T - 300)\,\text{kcal oder}\; I_t = Q_{300} + [C_p]_0^t\,t - [C_p]_0^{27}\,27\,\text{kcal.} \qquad (63)$$

Die Enthalpiekurven der Einzelgase, s. Abb. 10 und Tabelle 8, gehen somit von den Bezugswerten Q_{300} aus und wachsen von da ab gemäß den mittleren spezifischen Wärmen (Tabelle 9). Die Enthalpie I

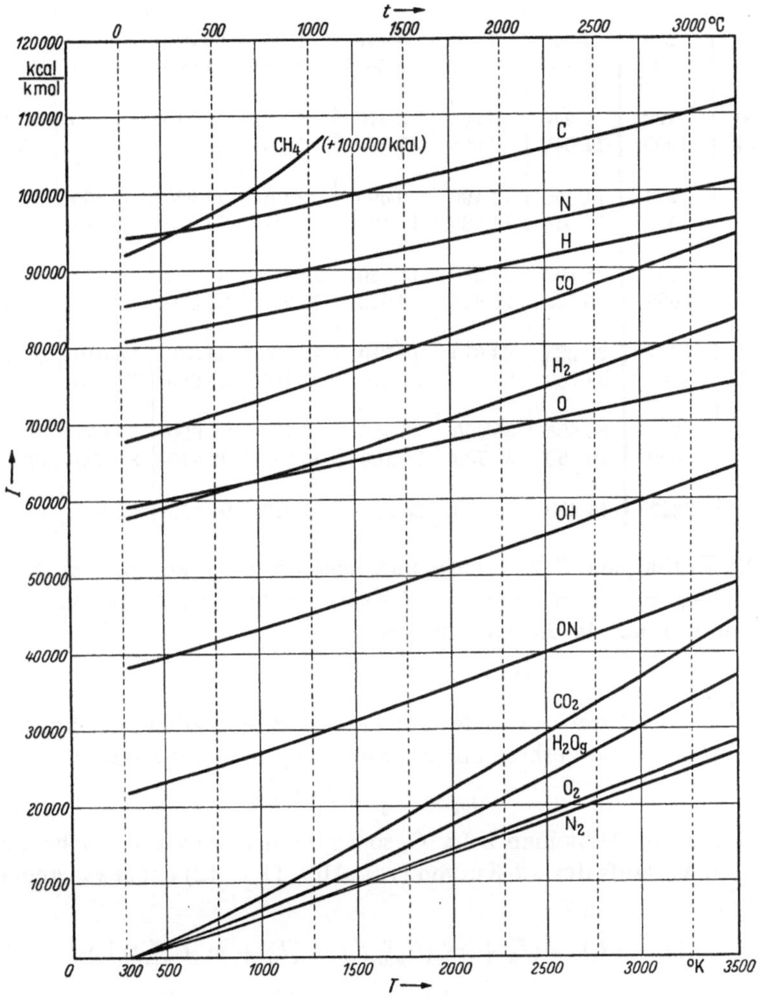

Abb. 10. Enthalpien I kcal/kmol über der Temperatur

eines aus $\Sigma\, m_i$ bestehenden Gasgemisches erhält man durch Summierung der $m_i\, I_i$-Beträge der anteiligen Einzelgase. — Für vollkommene Teilgase dürfen zufolge der Druckunabhängigkeit der spezifischen Wärmen auch bei höheren Drücken die gleichen Enthalpiekurven benutzt werden; realen Gasen kämen druckbedingte höhere Enthalpiewerte zu.

Tabelle 8. *Enthalpien (kcal) für*

T	t	CO_2	H_2O	O_2	N_2	CO	H_2	OH
273	0					67 450	57 600	38 000
300	27	0	0	0	0	67 640	57 800	38 200
500	227	1 970	1 640	1 440	1 400	69 040	59 195	39 620
773	500	5 150	4 060	3 560	3 390	71 060	61 120	41 500
1000	727	7 970	6 200	5 410	5 120	72 810	62 730	43 190
1273	1000	11 640	9 000	7 730	7 310	75 030	64 735	45 220
1500	1227	14 750	11 490	9 690	9 170	76 920	66 460	46 990
1773	1500	18 610	14 585	12 100	11 480	79 230	68 515	49 170
2000	1727	21 890	17 380	14 140	13 410	81 190	70 440	51 040
2273	2000	25 760	20 625	16 640	15 770	83 570	72 675	53 350
2500	2227	29 225	23 670	18 710	17 750	85 560	74 610	55 280
2773	2500	33 200	27 000	21 370	20 160	87 980	76 965	57 640
3000	2727	36 695	30 200	23 420	22 160	89 990	78 950	59 640
3273	3000	40 750	33 700	26 100	24 590	92 410	81 395	62 040
3500	3227	44 260	36 930	28 220	26 610	94 450	83 400	64 110

Die Enthalpien I' und I *vor* und *nach* einer bei konstantem Druck (Normalfall $p = 1$ at oder $\mathfrak{p} = 1$ Atm) erfolgenden Reaktion unterscheiden sich um die *Reaktionswärme*

$$Q_p = \triangle I = (I' - I) \text{ kcal} . \tag{64}$$

Die bei $0°$ C frei werdende und auf die Brennstoffeinheit kg, kmol oder Nm³ bezogene Verbrennungswärme pflegt man mit *Heizwert*

$$\mathfrak{H}_{p_0} = (I'_0 - I_0) \text{ kcal} \tag{65}$$

zu bezeichnen. Mißt man bei $t°$ C, so ergibt sich wegen des nicht äquidistanten Verlaufs der I/t-Kurven (vgl. Abb. 11 u. 12) ein etwas anderer Heizwert

$$\mathfrak{H}_{p_t} = (I'_t - I_t) = (I'_0 + m' \, [C'_p]_0^{t'} \, t') - (I_0 + m \, [C_p]_0^{t} \, t) \text{ kcal} . \tag{66}$$

Geschieht die Verbrennung in einem geschlossenen Raum, so können die entstehenden Abgase keine Ausdehnungsarbeit leisten, und aus

$$Q_v = \triangle U = (U' - U) \text{ kcal} \tag{67}$$

ergibt sich eine kleinere, bei den üblichen Brennstoffen aber von Q_p wenig abweichende Reaktionswärme Q_v. Es ist $Q_p = Q_v + A P \, (V' - V)$.

Bei wasserstoffhaltigen Brennstoffen entscheidet die Endtemperatur darüber, welche von zwei Reaktionswärmen wirksam wird, je nachdem

1 kmol Gas (Nullniveau vgl. S. 30)

NO	$C_{gr.}$	C_{am}	H	O	N	CH_4	Luft
21 500	93 620	96 600	80 500	59 000	85 200	191 700	
21 700	94 050	97 000	80 700	59 100	85 450	192 000	0
23 140	95 620	98 470	81 690	60 130	86 490	194 200	1 409
25 200	96 400	99 350	83 190	61 550	87 770	197 480	3 423
27 000	96 870	99 820	84 180	62 640	88 990	200 680	5 178
29 270	98 400	101 350	85 550	64 100	90 300	205 960	7 392
31 190	99 610	102 560	86 660	65 140	91 460		9 284
33 560	101 300	104 250	88 050	66 550	92 760		11 600
35 520	102 570	105 520	89 145	67 630	93 940		13 570
37 940	104 200	107 150	90 500	69 000	95 260		16 050
39 940	105 600	108 550	91 630	70 110	96 430		18 000
42 410	107 200	110 150	93 000	71 500	97 700		20 410
44 410	108 690	111 640	94 110	72 610	98 910		22 400
46 840	110 250	113 200	95 500	73 950	100 150		24 910
48 920	111 790	114 740	96 600	75 130	101 400		27 300

ob das gebildete H_2O dampfförmig bleibt oder flüssig wird und beim Flüssigwerden seine früher aufgenommene Verdampfungswärme als *Kondensationswärme* zur Verfügung stellt. Dieser sogen. *obere* Heizwert $\mathfrak{H}_o$ (= Verbrennungswärme im allgemeinen Sinne) ist um eben die Kondensationswärme größer als der *untere* Heizwert $\mathfrak{H}_u$ (= Heizwert im besonderen Sinne). Für 1 kmol Wasserstoff, bei dessen vollkommener Verbrennung 1 kmol H_2O entsteht, ist bei $T = 300°$ K:

$$\mathfrak{H}_o = 68\,320 \text{ kcal/kmol},$$
$$\mathfrak{H}_u = 68\,320 - 10\,520 = 57\,800 \text{ kcal/kmol}. \tag{68}$$

Für jedes Kilogramm im Abgas enthaltenes, aus dem Wasserstoffgehalt oder der Feuchtigkeit des Brennstoffes stammendes H_2O ist bei 27° C die Verdampfungswärme 583 kcal von $\mathfrak{H}_o$ abzuziehen, um $\mathfrak{H}_u$ zu erhalten:

$$\mathfrak{H}_u = \mathfrak{H}_o - 583 \cdot H_2O^{kg} \text{ kcal}. \tag{69}$$

Liegen keine experimentell gewonnenen Werte vor, so können die Heizwerte fester und flüssiger Brennstoffe in leidlicher Näherung mit Hilfe der *Verbandsformel* berechnet werden:

$$\mathfrak{H}_u = 8100\,c + 28000\,(h-o/8) + 2500\,s - 600\,w \text{ kcal/kg}, \tag{70}$$

deren einfache Form allerdings die zum Heizwert beitragenden Bildungs-
wärmen des Brennstoffes unberücksichtigt läßt.

Tabelle 9. *Mittlere Molwärmen* $[C_p]_0^t \dfrac{\text{kcal}}{\text{kmol grd}}$ *technischer Gase zwischen* $0\ °C$ *und* $t\ °C$ *bei niederem Druck*

$$\left([C_v]_0^t = [C_p]_0^t - 1{,}987\,\frac{\text{kcal}}{\text{kmol grd}} \ ; \quad [c_p]_0^t = \frac{1}{M}\,[C_p]_0^t\,\frac{\text{kcal}}{\text{kg grd}}\right)$$

t	CO_2	H_2O	O_2	N_2	CO	H_2	OH	NO	Luft	CH_4	C_2H_2	C_2H_4
0	8,62	8,00	6,99	6,96	6,96	6,84	7,16	7,16	6,95	8,27	10,13	10,02
27	8,78	8,02	7,01	6,96	6,96	6,85	7,15	7,16	6,95	8,42	10,40	10,40
100	9,17	8,06	7,06	6,97	6,97	6,88	7,12	7,15	6,97	8,85	11,00	11,27
200	9,61	8,15	7,16	6,99	7,00	6,93	7,09	7,17	7,00	9,45	11,67	12,46
300	10,02	8,26	7,27	7,02	7,05	6,94	7,08	7,22	7,05	10,12	12,25	13,55
400	10,37	8,38	7,38	7,08	7,12	6,96	7,07	7,30	7,12	10,81	12,70	14,57
500	10,69	8,51	7,49	7,14	7,19	6,98	7,08	7,38	7,19	11,48	13,10	15,49
600	10,98	8,65	7,59	7,20	7,28	7,00	7,09	7,46	7,27	12,12	13,47	16,33
700	11,22	8,79	7,68	7,28	7,36	7,02	7,11	7,54	7,34	12,75	13,80	17,08
800	11,46	8,94	7,77	7,36	7,44	7,05	7,15	7,62	7,42	13,33	14,12	17,90
900	11,65	9,08	7,85	7,42	7,50	7,08	7,18	7,70	7,48	13,87	14,40	18,46
1000	11,85	9,22	7,92	7,49	7,57	7,12	7,22	7,76	7,56	14,40	14,67	19,08
1100	12,02	9,37	7,98	7,56	7,64	7,16	7,26	7,83	7,62	14,89		
1200	12,18	9,51	8,04	7,61	7,70	7,19	7,30	7,89	7,68	15,33		
1300	12,32	9,64	8,10	7,67	7,75	7,24	7,35	7,94	7,73			
1400	12,45	9,78	8,15	7,72	7,80	7,28	7,40	7,99	7,79			
1500	12,57	9,91	8,19	7,77	7,86	7,32	7,44	8,03	7,84			
1600	12,69	10,04	8,24	7,84	7,90	7,36	7,49	8,08	7,90			
1700	12,79	10,16	8,28	7,87	7,94	7,41	7,53	8,12	7,93			
1800	12,88	10,28	8,33	7,90	7,99	7,46	7,58	8,15	7,97			
1900	12,98	10,39	8,37	7,94	8,02	7,50	7,62	8,10	8,01			
2000	13,06	10,50	8,41	7,98	8,06	7,54	7,67	8,22	8,04			
2100	13,11	10,60	8,44	8,01	8,09	7,58	7,71	8,26	8,08			
2200	13,16	10,69	8,48	8,04	8,12	7,62	7,75	8,29	8,11			
2300	13,21	10,78	8,51	8,07	8,15	7,66	7,79	8,31	8,14			
2400	13,26	10,87	8,54	8,10	8,18	7,70	7,82	8,34	8,17			
2500	13,31	10,97	8,58	8,14	8,21	7,74	7,86	8,36	8,20			
2600	13,39	11,06	8,62	8,17	8,24	7,78	7,89	8,38	8,23			
2700	13,47	11,14	8,65	8,20	8,26	7,82	7,92	8,40	8,26			
2800	13,55	11,22	8,68	8,22	8,28	7,86	7,95	8,42	8,29			
2900	13,62	11,30	8,71	8,24	8,30	7,89	7,99	8,44	8,31			
3000	13,69	11,38	8,74	8,26	8,32	7,92	8,02	8,45	8,32			
$M =$	44,01	18,02	32,00	28,02	28,01	2,016	17,01	30,01	28,964	16,04	26,04	28,05

9. *It*-Diagramme und Verbrennungstemperaturen

Die eben erörterten Zusammenhänge übersieht man gut in *It*-Diagrammen, die für jedes Gemisch gezeichnet werden können, z. B. Abb. 11 für $CO + 2,88\,L$ und Abb. 12 für $H_2 + 2,88\,L$. Diesen Diagram-

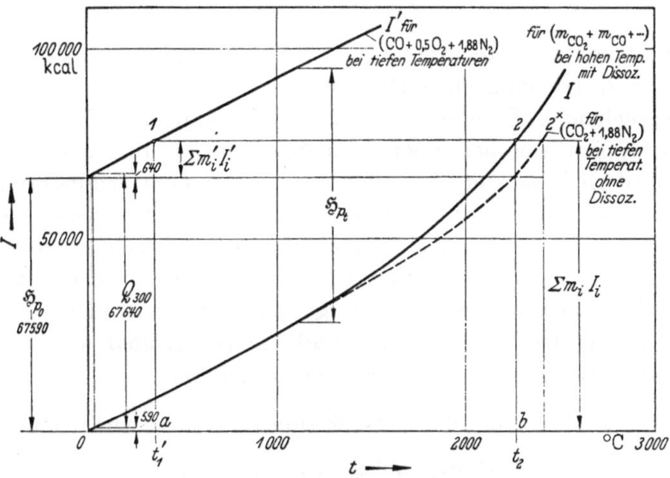

Abb. 11. *It*-Diagramm für $CO + 2,38\,L$

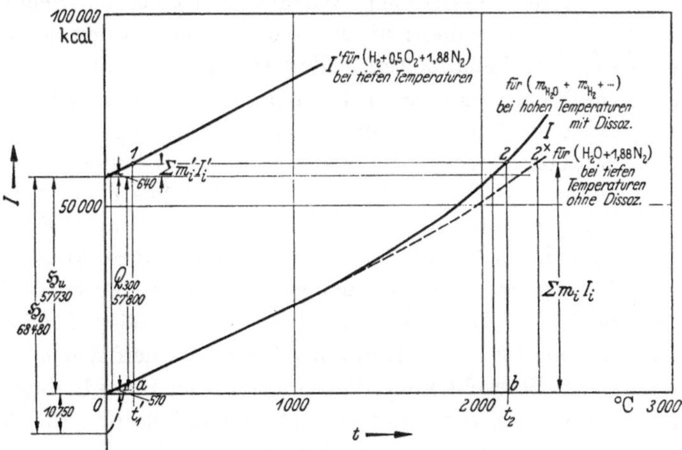

Abb. 12. *It*-Diagramm für $H_2 + 2,38\,L$

men sind auch die *theoretischen Verbrennungstemperaturen* t_2 °C zu entnehmen, auf die das Feuergas infolge der frei werdenden Reaktionswärme gelangt; denn es muß ja die im Brennstoff-Luftgemisch bei der Ausgangstemperatur t'_1 steckende Energie ungeschmälert im Feuergas enthalten sein:

$$I'_1 = I_2. \tag{71}$$

Will man die Zeichnung des Diagrammes vermeiden, dann muß man immerhin t_2 erst einmal schätzen, um rechnerisch den Verlauf der I-Kurve in der Nähe des Punktes 2 zu bekommen. Man entnimmt den Diagramm-Ordinaten die Gleichheit der Strecken $a - 1 = b - 2$, d. h.

$$\mathfrak{H}_u + \Sigma m_i' I_i' = \Sigma m_i I_i , \tag{72}$$

und es muß die zum Heizwert addierte Summe der durch die Anfangstemperatur t_1' bestimmten Enthalpien der Ausgangsstoffe gleich sein der entsprechenden Summe der Erzeugnisenthalpien. Entnimmt man diese Enthalpien, was bei hohen Temperaturen und dissoziierten Feuergasen erforderlich ist, der Abb. 10, so ist der temperaturmindernde Einfluß der Dissoziation berücksichtigt. Da ein Teil der Dissoziationswärmen beim späteren Temperaturrückgang zufolge der einsetzenden exothermen Molekelgruppierungen zurückkommt, ist mit der Dissoziation zwar eine Verschleppung der Wärmeentbindung, zugleich aber auch eine Vergleichmäßigung der Wärmeabgabe und ein (manchmal willkommenes) Abschneiden der Temperaturspitzen herbeigeführt.

Mit Vernachlässigung der Dissoziation kann man aus der Gleichung

$$\mathfrak{H}_u + t_1' \, \Sigma m_i' \, [C_p']_0^{t_1'} = t_2 \, \Sigma m_i \, [C_p]_0^{t_2} , \tag{73}$$

das für die mittleren spezifischen Wärmen beiläufig als Schätzwert einzuführende t_2 herausrechnen; die m_i sind natürlich in den beiden mit und ohne Dissoziation behandelten Fälle verschieden groß.

Feuergase mit nicht zu starker Dissoziation, die aus mit *Luft* (!) verbrannten Brennstoffen stammen, enthalten vorwiegend CO_2, H_2O und N_2. Man fand [*32, 33*], daß die beiden Grenzfälle: Feuergas aus C $+$ 4,76 L und Feuergas aus $H_2 + 2{,}88\, L$ je kmol Feuergas bei $0°$ C nahezu die gleiche Enthalpie haben ($94\,560/4{,}76 = 19\,850$ kcal/kmol F; $57730/$ $2{,}88 = 20\,040$ kcal/kmol F), daß zur Erwärmung eines kmol beider Feuergase fast die gleichen Wärmemengen gebraucht werden (z. B. bis $2000°$ C: $85\,060/4{,}76 = 17\,870$ kcal/kmol F; $50\,325/2{,}88 = 17\,470$ kcal/ kmol F), ja daß auch für die auftretenden Dissoziationen Wärmebeträge ähnlicher Größe in Betracht kommen — so daß bei Inkaufnahme einer rd. $\pm 2\%$ ausmachenden Streuung für diese Grenzfälle und für die aus ihnen bestrittenen Mischungen ein und dieselbe I/t-Abgaskurve benutzt werden kann, Abb. 13.

Da aus dem beteiligten kmol Brennstoff B die Wärmemenge $\mathfrak{H}_u$ kcal/ kmol B beigesteuert wird, liegt je kmol Feuergas F ein Wärmeinhalt

$$I = \mathfrak{H}_u/V_f \quad \text{kcal/kmol } B \,/\, \text{kmol } F/\text{kmol } B \tag{74}$$

vor, der eine bestimmte, aus eben dieser Gleichung und der I/t-Kurve Abb. 13 zu gewinnende Temperatur t_2 bedingt.

Nimmt man zu dieser Enthalpiekurve, die allen mit $\lambda = 1$ verbrennenden technischen Brennstoffen zugehört, die Enthalpiekurve der Luft ($\lambda = \infty$) hinzu, so finden zwischen diesen beiden durch die *Luftgehalte* $v_L = 0$ und $v_L = 1$ gekennzeichneten Kurven die Enthalpiekurven der mit *Luftüberschuß* entstandenen Feuergase ihren in den

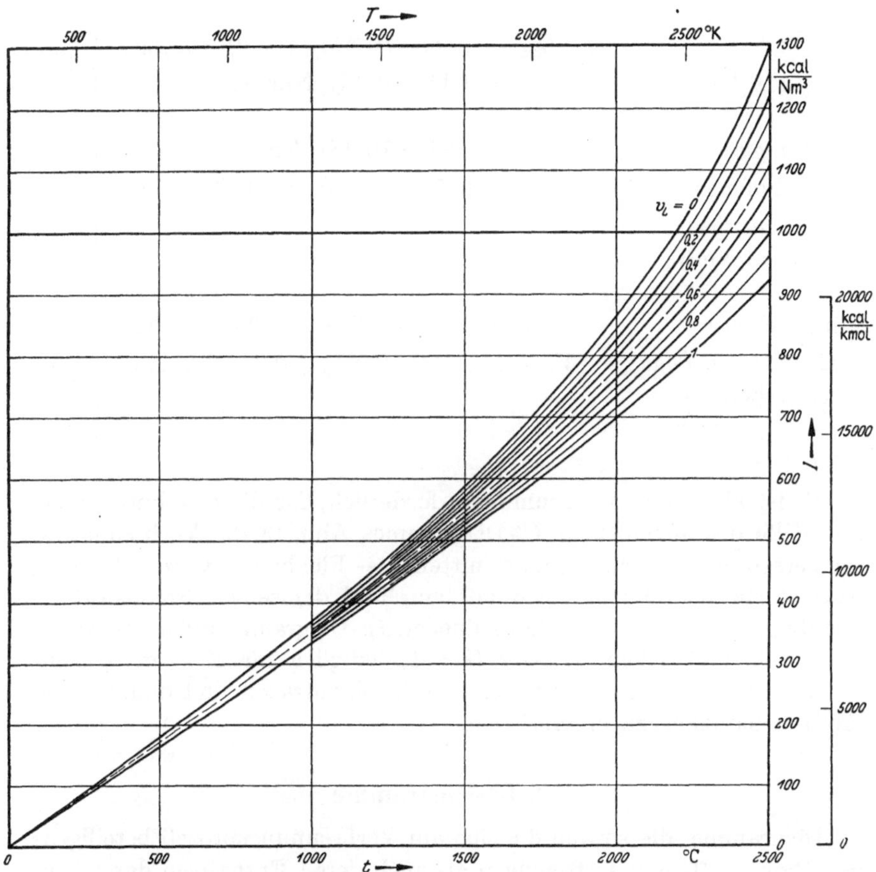

Abb. 13. Allgemeines *It*-Diagramm, gültig für 1 Nm³ Feuergas aus ($B + L$)

Ordinaten gleichabständig unterteilten Platz. Zwischen λ und v_L besteht die Beziehung

$$v_L \, V_f = (\lambda - 1) \, L_{min} \, . \tag{75}$$

Wie Rosin und Fehling zeigten [*28*], kann man empirisch gefundene Beziehungen zwischen $\mathfrak{H}_u$ und den bei $\lambda = 1$ erscheinenden Luft- und Feuergasvolumen L_{min} und $V_{f\,min}$ (wobei $V_f = V_{f\,min} + (\lambda - 1) \, L_{min}$ ist) benutzen, um bei Überschlagsrechnungen ohne Kenntnis der Brennstoffzusammensetzung die Enthalpie des Feuergases und sodann die Verbrennungstemperatur zu finden. Es ließen sich folgende linearen Beziehungen aufstellen:

Für feste Brennstoffe
$$L_{min} = (1{,}01 \cdot 10^{-3}\, \mathfrak{H}_u + 0{,}5)\ \mathrm{Nm^3/kg},$$
($\mathfrak{H}_u$ kcal/kg)
$$V_{f\,min} = (0{,}89 \cdot 10^{-3}\, \mathfrak{H}_u + 1{,}65)\ \mathrm{Nm^3/kg}. \tag{76}$$

Für Öle
$$L_{min} = (0{,}85 \cdot 10^{-3}\, \mathfrak{H}_u + 2{,}0)\ \mathrm{Nm^3/kg},$$
($\mathfrak{H}_u$ kcal/kg)
$$V_{f\,min} = 1{,}11 \cdot 10^{-3}\, \mathfrak{H}_u\ \mathrm{Nm^3/kg}. \tag{77}$$

Für Armgase
$$L_{min} = 0{,}875 \cdot 10^{-3}\, \mathfrak{H}_u\ \mathrm{Nm^3/Nm^3},$$
(Hochofengas,
$$V_{f\,min} = (0{,}725 \cdot 10^{-3}\, \mathfrak{H}_u + 1{,}0)\ \mathrm{Nm^3/Nm^3}.$$
Generatorgas, Wassergas).
($\mathfrak{H}_u$ kcal/Nm³)
$$\tag{78}$$

Für Reichgase
$$L_{min} = (1{,}09 \cdot 10^{-3}\, \mathfrak{H}_u - 0{,}25)\ \mathrm{Nm^3/Nm^3},$$
(Leuchtgas, Ölgas,
$$V_{f\,min} = (1{,}14 \cdot 10^{-3}\, \mathfrak{H}_u + 0{,}25)\ \mathrm{Nm^3/Nm^3}.$$
Koksofengas).
($\mathfrak{H}_u$ kcal/Nm³)
$$\tag{79}$$

Es ist also wenig Rechenmühe erforderlich, für die erwähnten Fälle mit Hilfe des allgemeinen I/t-Diagrammes Abb. 13 die Verbrennungstemperaturen überschlägig zu ermitteln. — Für häufig vorzunehmende wärmetechnische Rechnungen mit ein- und demselben Brennstoff ist allerdings ratsam, in einem individuellen I/t-Diagramm außer der Kurve des stöchiometrischen Abgases ($\lambda = 1$) lediglich die Kurven benachbarter Luftverhältnisse (etwa bis $\lambda = 3$) einzutragen und dadurch die Ablesegenauigkeit zu unterstützen.

10. Ix-Diagramme

Diagramme, die sowohl die sich am Verbrennungsprozeß beteiligenden Brennstoff- und Luftmengen als auch deren Enthalpien darstellen, ermöglichen einen besonders guten Einblick in die erörterten Verhältnisse. Sie gehören zur Gruppe der ix-Diagramme, deren Nützlichkeit seit der Einführung des MOLLIER-Diagrammes für Wasserdampf-Luftgemische [25, 26] oft bestätigt wurde; vgl. S. 86.

Zu jeweils 1 kg Brennstoff kommen als *Abszisse* x kg Luft. Die Enthalpien der $(1 + x)$ kg Feuergas werden für runde Temperaturen als *Ordinate* i aufgetragen. Der Verlauf der Isothermen wird durch die spezifischen Wärmen der Feuergase und durch die bei hohen Temperaturen stattfindenden Dissoziationen beeinflußt.

a) ix-Diagramm für C + Luft ($C_1\,O_{2\lambda}\,N_{7,52\lambda}$)
(Abb. 14)

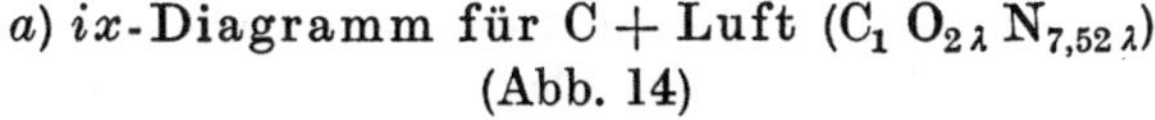

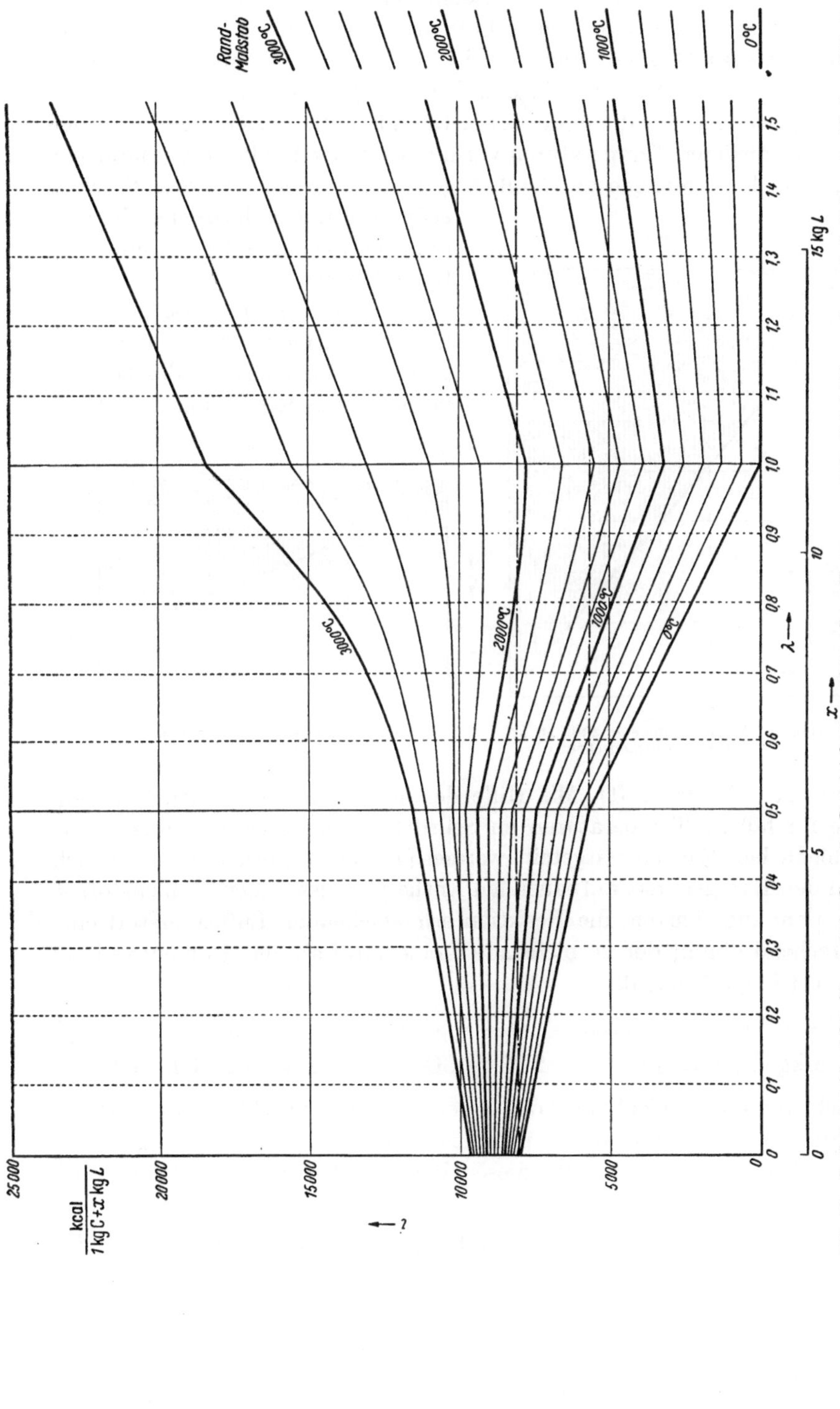

Abb. 14. Enthalpien i kcal für die aus (1 kg C + x kg L) entstehenden Abgase bzw. Feuergase mit Berücksichtigung der veränderlichen spezifischen Wärmen und der Dissoziationswärmen

Zu 1 kg Kohlenstoff (Staub) werden x kg Luft gegeben; es entstehen $(1 + x)$ kg Gemisch lufthaltigen Kohlenstaubes. Mit allmählich vergrößertem x trifft man auf die Sonderfälle der *CO-Erzeugung* bei dem Luftverhältnis $\lambda = 0{,}5$ (ideales Luftgas: 0,347 CO + 0,653 N_2) und der *vollkommenen Verbrennung* bei $\lambda = 1{,}0$ (reines Kohlendioxydabgas: 0,21 CO_2 + 0,79 N_2). Die beiden Sonderfälle teilen das Diagramm in drei x-Bereiche, für die in den Abb. 15 und 16 die Beziehungen zwischen den bei niederen Temperaturen vor und nach der Reaktion vorhandenen kg- und kmol-Mengen anschaulich gemacht werden. Die drei Bereiche erfordern unterschiedliche Berechnung der für das ix-Diagramm wichtigen Isothermen.

$0 < \lambda < 0{,}5$. Den Bezugspunkt für den Wärmeinhalt gibt der Heizwert $\mathfrak{H}_u = 8080$ kcal/kg des bei 0°C vorhandenen Kilogrammes Kohlen-

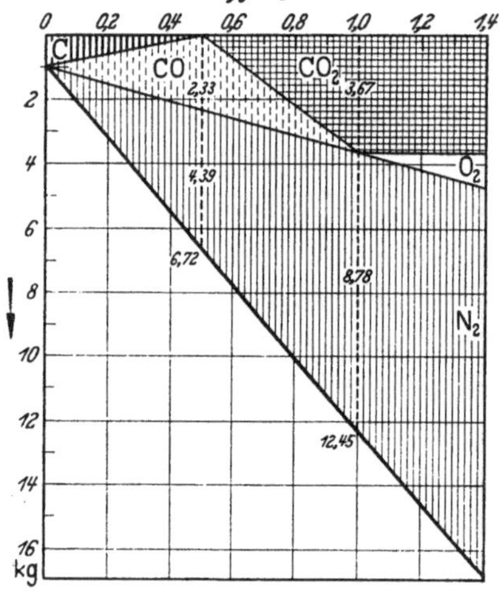

Abb. 15. Abgaszusammensetzung in kg von (C + L)-Gemischen

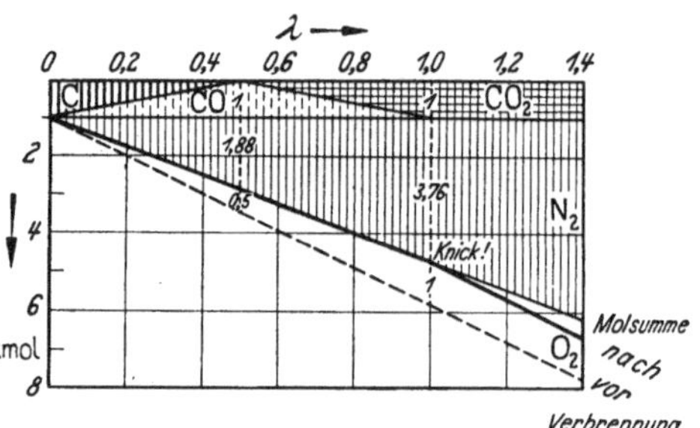

Abb. 16. Abgaszusammensetzung in kmol von (C + L)-Gemischen

stoff (Kokskohlenstoff). Mit Hilfe der mittleren spezifischen Wärmen, die für höhere Temperaturen im Schrifttum allerdings in etwas unterschiedlichen Werten mitgeteilt werden [19, 29, 30], erhält man die sich auf den Bezugspunkt aufbauenden Enthalpien des reinen Kohlenstoffes.

Dem zugeführten, die Reaktion ermöglichenden Luftsauerstoff entsprechend nimmt der verbleibende Kohlenstoff ab, das Kohlenoxyd zu, bis bei $\lambda = 0{,}5$ gemäß

$$\left.\begin{aligned}
\text{C} + 0{,}5\,(O_2 + 3{,}76\,N_2) &= \text{CO} + 1{,}88\,N_2 + 29\,300 \text{ kcal}, \\
1\text{ kg C} + 5{,}72\text{ kg Luft} &= 2{,}33\text{ kg CO} + 4{,}39\text{ kg } N_2 + 2440\text{ kcal}
\end{aligned}\right\} \quad (80)$$

nach Hergabe von 2440 kcal der in den 2,33 kg CO verbleibende Rest der 8080 kcal mit 5640 kcal zu finden ist; (der Heizwert von 1 kg CO ist 5640/2,33 = 2420 kcal). Auf diesen Wert 5640 stützen sich bei $\lambda = 0{,}5$ die Enthalpien:

$$i = (G_{\text{CO}}\,[c_{p\,\text{co}}]_0^t + G_{N_2}\,[c_{p\,N_2}]_0^t) \cdot t + 5640 \text{ kcal}. \tag{81}$$

0,5 < λ < 1,0. Außer dem mit CO abnehmenden Heizwert ist die die Feuergaszusammensetzung beeinflussende *Dissoziation* zu beachten, und zwar nicht nur die herkömmliche des CO_2 und O_2, die nur in einem kleinen Temperaturbereich die Alleinherrschaft ausübt, sondern auch die zur Bildung von O, NO führende. Für die Berechnung der bei Luftmangel vorliegenden mäßig warmen Abgase stehen die Gl. (57) zur Verfügung, während die heißen Feuergase aus den Gl. (58) hervorgehen.

1,0 < λ. Wenn das Kilogramm Kohlenstoff völlig aufgebraucht ist, kann die Enthalpie außer durch Dissoziationseinwirkungen nur noch durch zusätzlich zugegebene Luft beeinflußt werden. Das bei niederen Temperaturen gewichtsmäßig gleichbleibende CO_2 nimmt räumlich immer geringeren Anteil am durch die Überschußluft verdünnten Abgas. Die Abgaszusammensetzung wird mit Hilfe von Gl. (56), die Feuergaszusammensetzung mit Hilfe des Verfahrens Gl. (58) berechnet.

Das Diagramm wird durch einen *Randmaßstab* ergänzt, der — auf den Koordinatenursprung bezogen — die Enthalpiezunahme reiner Luft bei den angeschriebenen Temperaturen angibt; der Anstieg ist proportional zu x und berücksichtigt die Temperaturabhängigkeit der spezifischen Wärmen der Luft. Durch Hinzufügen nullgrädiger Luft herbeigeführte Zustände liegen auf waagerechten Geraden. Die für Diagramme dieser Art bekannten Grundregeln (Ermittlung der Abkühlungs- oder Erwärmungswärmen auf Ordinaten $x =$ konst; Auffinden des Mischzustandes auf einer nach der Mischungsregel unterteilten Verbindungsgeraden; Projizierung der Wärmestrecken auf gewünschte x-Ordinaten usw.) gelten ebenso wie bei den verwandten $i\,x$-Diagrammen. Im mittleren x-Bereich macht sich die Dissoziation an den Isothermen „aufbiegend" bemerkbar, und zwar bereits bei um so niedrigeren Temperaturen, je höher der CO_2-Gehalt ist.

Das Diagramm beantwortet leicht Fragen nach den *theoretischen Verbrennungstemperaturen*, die sich einstellen wenn z. B. miteinander reagieren (Abb. 17)

$$1 \text{ kg C} \qquad (0° \text{C}) \text{ und } 5{,}72 \text{ kg } L \,(0° \text{C}) : 1320° \text{ C},$$
$$1 \text{ kg C} \qquad (0° \text{C}) \text{ und } 11{,}45 \text{ kg } L \,(0° \text{C}) : 2050° \text{ C},$$
$$6{,}72 \text{ kg Luftgas} \,(0° \text{C}) \text{ und } 5{,}72 \text{ kg } L \,(0° \text{C}) : 1630° \text{ C},$$

oder mit auf 400° vorgewärmter Luft

$$1 \text{ kg C} \qquad (0° \text{C}) \text{ und } 5{,}72 \text{ kg } L \,(400° \text{C}) : 1600° \text{ C},$$
$$1 \text{ kg C} \qquad (0° \text{C}) \text{ und } 11{,}45 \text{ kg } L \,(400° \text{C}) : 2190° \text{ C},$$
$$6{,}72 \text{ kg Luftgas} \,(400° \text{C}) \text{ und } 5{,}72 \text{ kg } L \,(400° \text{C}) : 1870° \text{ C}.$$

Um mit dem nullgrädigen Luftgas die gleiche theoretische Verbrennungstemperatur (2050°) zu erreichen wie mit der vollkommenen C-Verbrennung, müßten die zuzuführenden 5,72 kg Luft auf 1550° vorgewärmt werden. Andererseits müßte man Luftgas auf 1320° vorwärmen, um mit nullgrädiger Luft schließlich 2050° zu bekommen. Die Vorwärmung *beider* Partner auf rd. 750° ließe das gleiche Ziel erreichen.

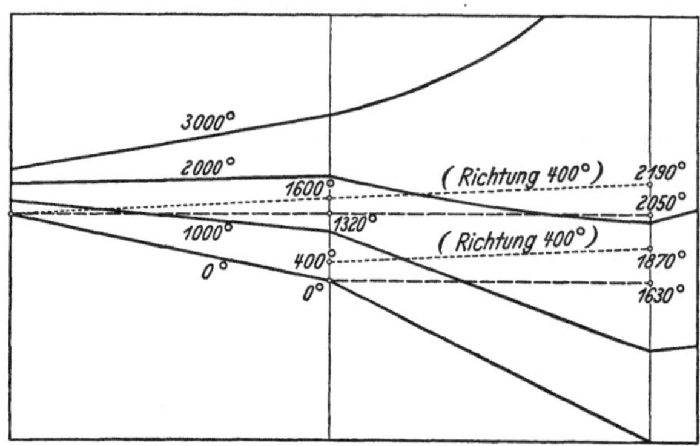

Abb. 17. Ermittlung verschiedener theoretischer Verbrennungstemperaturen von (C + L)-Prozessen

Sowohl für die Kohlenstoff- als auch für die Luftgas-Verbrennung erhält man (Abb. 18) die *Höchsttemperaturen* (2050° und 1630°) bei $\lambda = 1$. In beiden Fällen kann man unter dem Höchstwert liegende Temperaturen einmal mit Luftmangel erzielen, weil nicht alle Wärme frei wird, zum andern mit Luftüberschuß, weil die volle Wärme auf größere Feuergasmengen verteilt wird. — Die Temperaturzunahme bei stufenweis vorgenommener Zufuhr nullgrädiger Luft geschieht in den verschiedenen x-Bereichen mit verschiedener Intensität. Wendet man bei der C-Verbrennung vorgewärmte Luft (1000°) an, so rücken natürlich die Temperaturen höher, das Maximum kommt *vor* $\lambda = 1$ zu liegen und wird ziemlich breit; auch die Einsattelung bei $\lambda = 0,5$ wird milder.

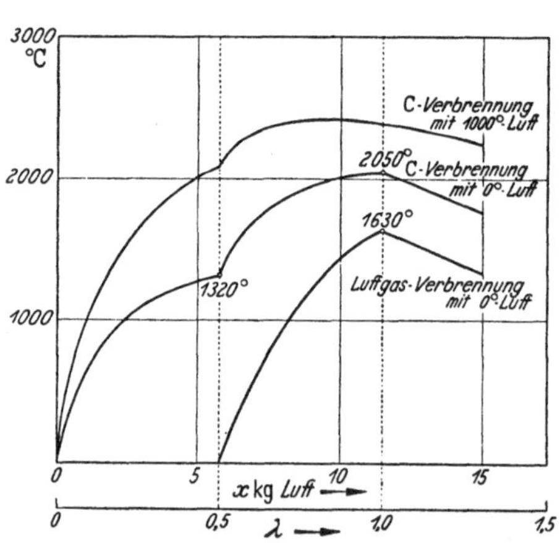

Abb. 18. Abhängigkeit verschiedener Verbrennungstemperaturen vom Luftverhältnis

Begegnen sich (Abb. 19) in einer mit theoretisch ausreichender Luft $(\lambda = 1)$ versorgten Feuerung infolge schlechter Mischung Rauchgassträhnen, für die $\lambda = 0,8$ und $t = 1000°$ C zutrifft, mit solchen, die durch

$\lambda = 1,2$ und $t = 1000°$ C beschrieben werden, so finden 0,933 kg CO doch noch die zur Nachverbrennung benötigten 0,533 kg O_2 und lassen die Temperatur auf 1330° C steigen. — Mit 2,3 kg *Frischluft* (0°C), zugeführt zu dem 0,933 kg CO enthaltenden Rauchgas, wären allerdings 1455° C zu erreichen infolge des Fortfalls von CO_2- und N_2-Ballast. Die Temperaturschädigung durch überstarke Luftzufuhr ist vor allem in höheren Temperaturbereichen deutlich erkennbar. Noch schädlicher ist das Zumischen luftreicherer „Gemische", da jede Mischgerade wegen der großen mitzuerwärmenden Ballastmengen nach rechts abfällt.

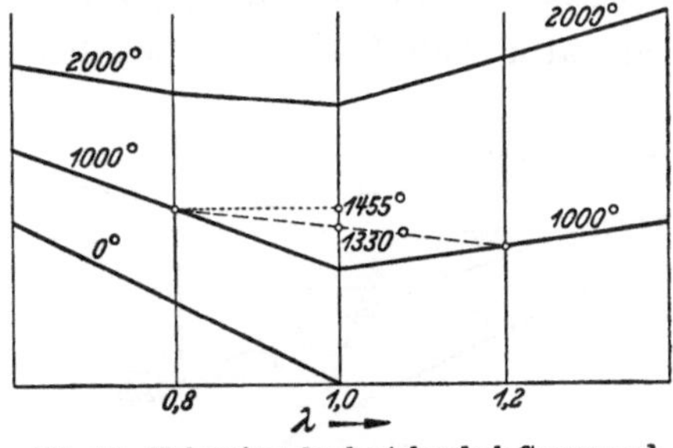

Abb. 19. Nebeneinander bestehende luftarme und luftreiche Rauchgassträhne

Tritt *Ruß* im Abgas auf, so mögen (Abb. 20) örtliche Abkühlungen Zustände unter $\lambda = 0,5$ haben entstehen lassen, Punkt ①. War die Bruttoluft für einen Mischzustand M bei $\lambda = 1$ ausreichend, so hat der luftarme Zustand ① luftreichere Zustände bei ② mit $\lambda = 1,1$ zur Folge, und es bestehen 0,145 Gewichtsteile ① neben 0,855 Gewichtsteilen ②:

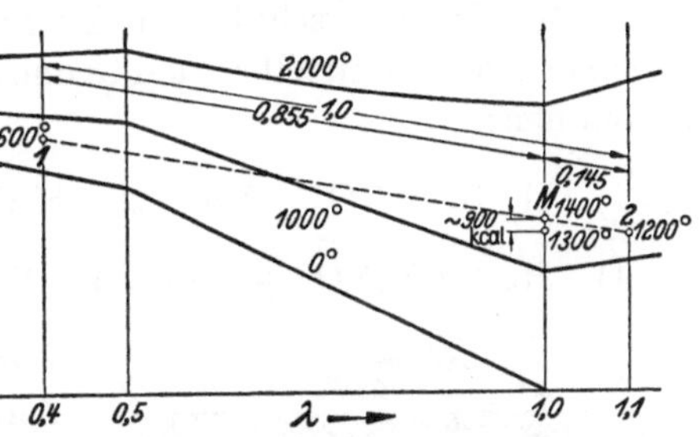

Abb. 20. Nebeneinander bestehende rußhaltige und luftreiche Rauchgaszonen

$0,145 \times 0,2$ kg C $= 0,03$ kg C	$0,855 \times 3,67$ kg $CO_2 = 3,13$ kgCO_2
$0,145 \times 1,9$ kg CO $= 0,27$ kg CO	$0,855 \times 0,30$ kg O_2 $= 0,25$ kg O_2
$0,145 \times 3,4$ kg $N_2 = 0,49$ kg N_2	$0,855 \times 9,70$ kg N_2 $= 8,27$ kg N_2

zusammen

$$\begin{array}{lll}
0,03 \text{ kg C} & = & 0,2 \text{ Gew.-}\% \\
0,27 \text{ kg CO} & = & 2,2 \quad ,, \\
3,13 \text{ kg } CO_2 & = & 25,2 \quad ,, \\
0,25 \text{ kg } O_2 & = & 2,2 \quad ,, \\
8,76 \text{ kg } N_2 & = & 70,2 \quad ,, \\
\hline
12,46 \text{ kg} & = & 100,0 \text{ Gew.-}\%,
\end{array}$$

d. h. die Störung des Verbrennungsablaufes hat 0,2 Gew.-% Ruß und 2,2 Gew.-% CO entstehen lassen. Der 600grädige rußige Teil ① und der 1200grädige luftige Teil ② geben gemischt natürlich nicht den 1400grädigen M-Zustand; es sei denn, C und CO verbrennen nachträglich unter Aufbrauch der 0,25 kg O_2 und Nachlieferung von 906 kcal.

Soll einem zur Verbrennung gebrachten Luftgas die Gesamtwärme (rd. 3300 kcal/6,72 kg) in Stufen (Abb. 21) entzogen werden, deren Höchsttemperaturen unter 1000° C bleiben müssen, weil die hohe Endtemperatur 1630° C aus irgendwelchen Gründen nicht angewendet werden darf, dann sind dem Diagramm die Abstimmung auf Zwischenstufen und der sich dabei einstellende Temperaturverlauf entnehmbar.

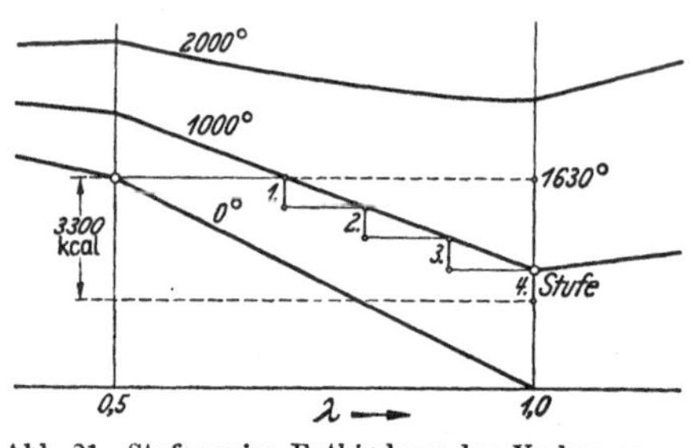

Abb. 21. Stufenweise Entbindung der Verbrennungswärme

b) ix-Diagramm für H_2+Luft
($H_2 O_\lambda N_{3,76\,\lambda}$)
(Abb. 22)

Die für undissoziiertes Abgas zutreffenden Zusammensetzungen werden für Luftüberschuß und Luftmangel nach den Gl. (59) u. (60) berechnet oder unmittelbar den Grundgleichungen oder den Abb. 23, 24 entnommen:

$$(\lambda > 1) \quad H_2 + \lambda(0,5\,O_2 + 1,88\,N_2) = H_2O + (\lambda-1)\,0,5\,O_2 + 1,88\,\lambda\,N_2, \quad (82)$$

$$(\lambda < 1) \quad H_2 + \lambda(0,5\,O_2 + 1,88\,N_2) = H_2O + (1-\lambda)\,H_2 + 1,88\,\lambda\,N_2. \quad (83)$$

Zur vollkommenen Verbrennung der dem ix-Diagramm zugrunde gelegten Brennstoffmenge von 1 kg H_2 werden 34,3 kg Luft gebraucht. Die Enthalpien der undissoziierten Abgase werden mit Hilfe der mittleren spezifischen Wärmen berechnet[1]. Die Zusammensetzung der auf hö-

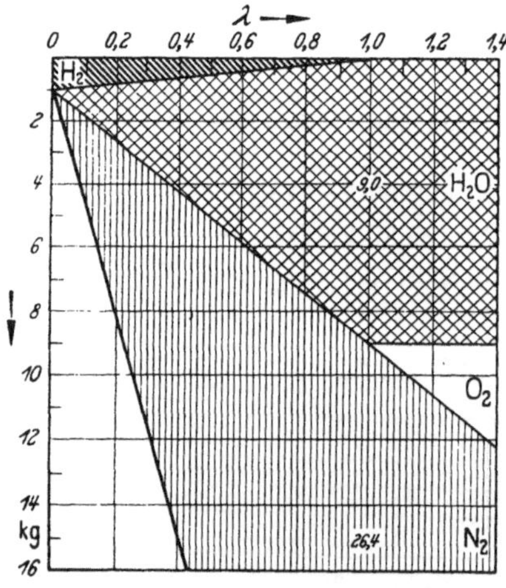

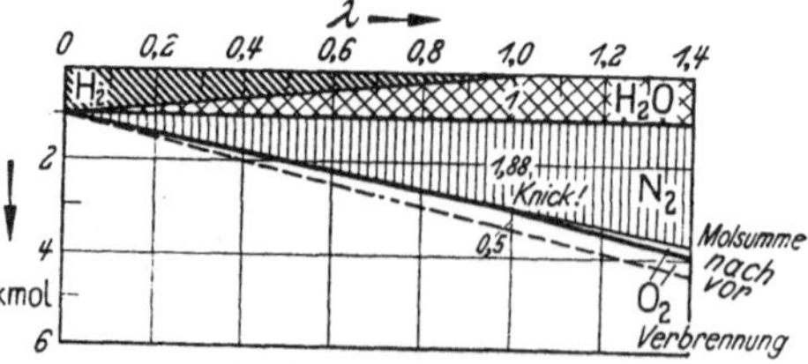

Abb. 23. Abgaszusammensetzung in kg von ($H_2 + L$)-Gemischen

Abb. 24. Abgaszusammensetzung in kmol von ($H_2 + L$)-Gemischen

[1] Da Abgastemperaturen unter 100° C kaum in Betracht kommen, wird das Diagramm durch die Annahme eines bis 0° C reichenden *Gas*zustandes des H_2O vereinfacht. Im Bedarfsfalle können die entsprechenden Kondensationswärmen leicht hinzugefügt werden.

herer Temperatur befindlichen Feuergase stützt sich auf den Rechengang (61); es treten neben H_2O, H_2, O_2, N_2 noch HO, NO, H und O auf.

Für die Handhabung des Diagramms (samt Randmaßstab) gelten dieselben Regeln, wie sie für das C + Luft-Diagramm angegeben wur-

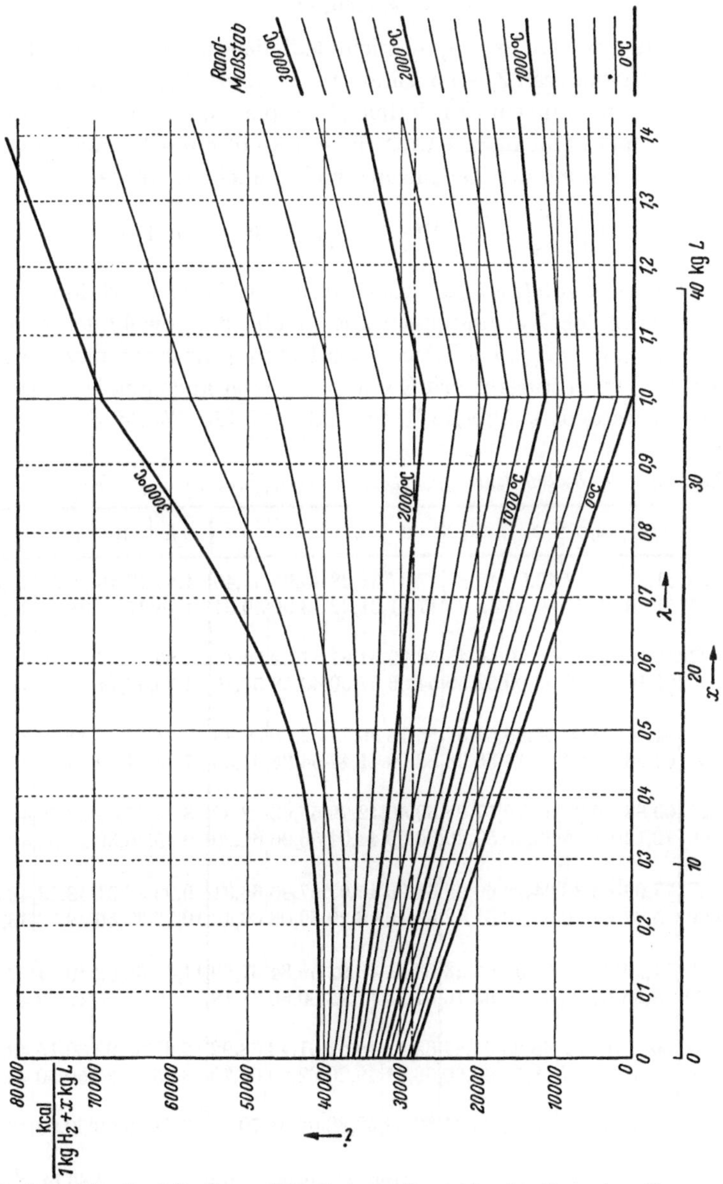

Abb. 22. Enthalpien i kcal für die aus (1 kg H_2 + x kg L) entstehenden Abgase bzw. Feuergase unter Berücksichtigung der veränderlichen spezifischen Wärmen und der Dissoziationswärmen

den. Die theoretische Verbrennungstemperatur der mit 0° C bzw. 400°C in den Prozeß eintretenden Partner ergibt sich zu 2060° C bzw. 2190° C. Man erkennt deutlich, wie stark die Dissoziation hemmt, höhere Temperaturen zu erreichen.

11. Entropie

Werden die heißen Feuergase nicht lediglich als Wärmespender benutzt, sondern weiteren Zustandsänderungen (z. B. Entspannung in Düsen) unterworfen, dann sind Enthalpie/Entropie-Diagramme von Nutzen.

Die Entropie kann nach GIBBS für ein kmol eines homogenen Gasgemisches als Summe der Teilgasentropien berechnet werden:

$$S = \Sigma \left(\frac{m_i}{\Sigma m_i} \cdot S_i \right) = \Sigma \left(\frac{p_i}{\Sigma p_i} \cdot S_i \right) \qquad \text{kcal/kmol grd} . \qquad (84)$$

Die benötigten *Absolutwerte* der Entropiezustandsgrößen S_i können für die einzelnen Molekelverbindungen aus Tafeln, die gewöhnlich den Bezugswert $S_{298,15}$ oder S_{300} bei 1 Atm oder 1 at und die Entropiezunahmen je 100 Grad Temperatursteigerung enthalten, oder auch aus Diagrammen entnommen werden; s. Tabelle 10 und Abb. 25 [*18, 20, 23, 30, 37*].

Tabelle 10. *Absolute Entropien [kcal/kmol grd] für 1 kmol Gas bei 1 at*

T °K	t °C	CO_2	H_2O	O_2	N_2	CO	H_2	OH	ON	C_{gr}	H	O	N	Luft
298,15	25	51,13	45,17	49,07	45,83	47,37	31,28	43,95	50,40	1,43	27,46	38,53	36,68	
300	27	51,18	45,22	49,11	45,87	47,41	31,32	43,99	50,54	1,44	27,49	38,56	36,71	46,50
500	227	56,18	49,40	52,79	49,45	50,99	34,87	47,62	54,11	2,85	30,02	41,19	39,20	50,20
773	500	61,10	53,10	56,00	52,50	54,06	37,90	50,58	57,26	4,55	32,14	43,30	41,40	53,26
1000	727	64,40	55,66	58,26	54,57	56,18	39,77	52,55	59,43	5,91	33,47	44,68	42,68	55,43
1273	1000	67,48	58,05	60,15	56,38	58,00	41,47	54,28	61,35	7,13	34,60	45,87	43,80	57,13
1500	1227	69,88	59,94	61,72	57,85	59,50	42,79	55,63	62,82	8,12	35,48	46,70	44,62	58,73
1773	1500	72,12	61,84	63,10	59,20	60,09	44,04	56,96	64,20	9,15	36,30	47,50	45,46	60,06
2000	1727	73,99	63,33	64,28	60,29	61,96	45,07	57,95	65,31	9,93	36,91	48,13	46,08	61,10
2273	2000	75,87	64,90	65,48	61,42	63,10	46,20	59,08	66,40	10,77	37,60	48,78	46,75	62,25
2500	2227	77,26	66,14	66,32	62,23	63,91	46,92	59,84	67,29	11,42	38,02	49,24	47,25	63,15
2773	2500	78,85	67,25	67,30	63,16	64,85	47,92	60,80	68,18	12,10	38,56	49,78	47,78	64,05
3000	2727	80,16	68,52	68,03	63,84	65,52	48,51	61,43	68,92	12,67	38,92	50,15	48,18	64,75
3273	3000	81,33	69,57	68,74	64,60	66,21	49,20	62,20	69,70	13,25	39,35	50,50	48,50	65,53
3500	3227	82,34	70,40	69,32	65,21	66,89	49,88	62,81	70,30	13,71	39,69	50,93	48,80	66,05

Für vollkommene Gase gelten bei höheren Drücken p um $\triangle S = 1{,}986 \ln \frac{p}{1}$ kleinere Werte; z. B. bei 1 Atm um 0,065 kleinere.

Sind die temperaturbedingten Enthalpien eines Gemisches bekannt, so gewinnt man für die den Gemischenthalpien zugrunde liegende Mengeneinheit die Entropie aus

$$S_2 - S_1 = \int\limits_{T_1}^{T_2} \frac{1}{T}\, dI: \tag{85}$$

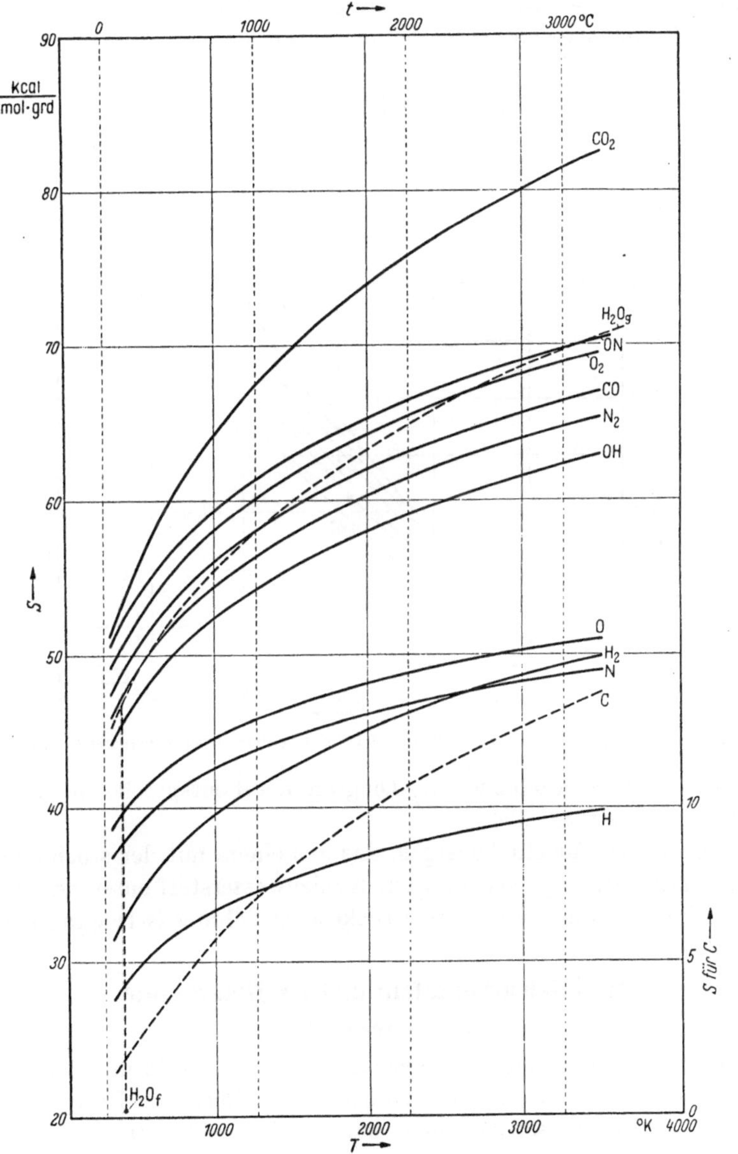

Abb. 25. Kurven der Entropien S kcal/kmol grd über der Temperatur

Über den Abszissen I werden die Ordinaten $1/T$ aufgetragen, und den unter der Kurve liegenden Flächen wird der zwischen zwei markierten Zustandspunkten erfolgende Entropiezuwachs entnommen. Durch ausreichend große Maßstäbe und mit Hilfe der ziemlich zuverlässig (Planimeter oder SIMPSONsche Regel) gewinnbaren Flächenwerte erhält man befriedigend genaue Ergebnisse.

Liegt für ein Gemisch der Verlauf der spezifischen Wärmen als Funktion der Temperatur vor, so verhelfen die Beziehung

$$S_2 - S_1 = \int\limits_{T_1}^{T_2} C_p \, d \ln T \tag{86}$$

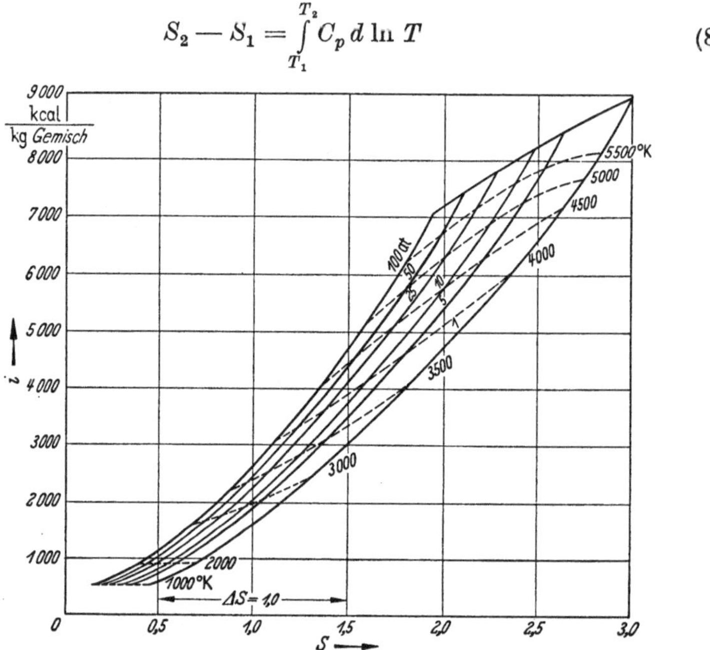

Abb. 26. is-Diagramm des aus (1 kg Dieselöl + 3,37 kg O_2) entstandenen Feuergases $C_1H_{1,82}O_{2,904}$

und das über $\ln T$ gezeichnete C_p-Diagramm auf entsprechende Weise zu den Entropiewerten.

Abb. 26 zeigt für ein Feuergas, das aus einem mit der stöchiometrischen Sauerstoffmenge verbrannten Kohlenwasserstoff entstand, ein bis auf sehr hohe Temperaturen und Drücke ausgedehntes is-Diagramm [35].

12. IS-Kurventafeln und IS-Diagramme

a) Vorbemerkung

Obwohl man mit den angegebenen Formeln über ein nützliches Verfahren verfügt, die Zusammensetzungen, Enthalpien und Entropien von Abgasen und Feuergasen zu finden, kann die Vielzahl der für die mannigfaltigen $(B + L)$-Kombinationen erforderlich werdenden Berechnungen den Wärmeingenieur schrecken; und er mag befürchten, dem Wunsche nicht immer nachgeben zu können, in die Verbrennungsprozesse mittels der bei den Wasserdampfprozessen als so nützlich erkannten *IS*-Diagramme einzudringen. An veröffentlichten Diagrammen stehen nicht viele zur Verfügung, zu denen der Zugang mitunter durch anzupassende Koeffizienten, Nebendiagramme usw. erschwert wird. — Willkommenerweise ergab sich aus vielen durchgeführten Rechengängen, daß alle normalen Fälle bis zu hohen Temperaturen hinauf hinsichtlich ihrer Enthalpien und Entropien bei $\lambda \geqq 1$ so gut proportional sind, daß ein „*Modellabgas*" jede Neuberechnung überflüssig zu machen vermag; auch bei $\lambda < 1$ kommen erleichternde Beziehungen zu Hilfe, die das Individuelle jedes Falles leicht berücksichtigen lassen. — Der folgende Abschnitt beschäftigt sich mit den einschlägigen *IS*-Kurventafeln und *IS*-Diagrammen.

Eine *IS-Kurventafel* [*IS*]

enthält die *IS*-Werte *verschiedener* Abgasgewichtsmengen, die *entweder* verschiedenen Brennstoffen B

bei $P =$ konst und $\lambda =$ konst

   (Abb. 27a)

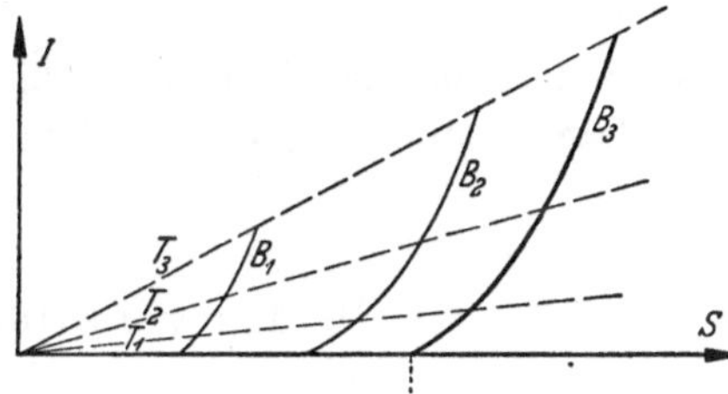

oder einem bestimmten Brennstoffe B bei $P =$ konst und $\lambda =$ variabel zugehören.

   (Abb. 27b)

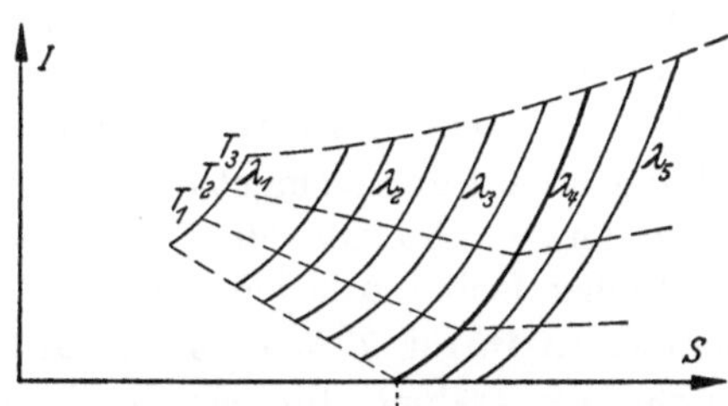

Ein *IS-Diagramm* (*IS*)

ist auf eine *bestimmte* Abgasgewichtsmenge ($B =$ konst und $\lambda =$ konst, aber $P =$ variabel) abgestellt, deren Zustandsänderungen im Diagramm verfolgbar sind.

   (Abb. 27c).

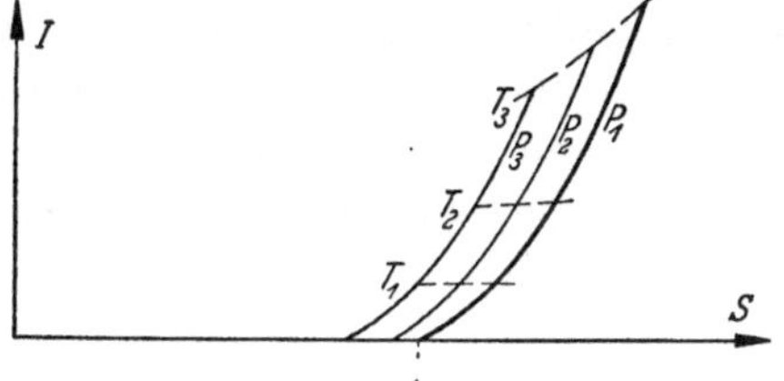

Abb. 27. Skizzen zur Definition von *IS*-Kurventafeln [*IS*] und von *IS*-Diagrammen (*IS*)

Als Mengen kommen in Betracht:

a) G kg Abgas $= \Sigma m$ kmol $\cdot M_d$ kg/kmol [1],
welche aus 1 kmol $B + x$ kmol L hervorgegangenen Σm kmol Abgas
bei den verschiedenen Temperaturen T ein Volumen $V = \dfrac{\Sigma m\, 848\, T}{P}$
m³/Σm einnehmen;

b) M_d kg Abgas $= 1$ kmol $\cdot M_d$ kg/kmol,
welches 1 kmol Abgas das Volumen $V = \dfrac{1 \cdot 848\, T}{P}$ m³/kmol einnimmt;

c) $\dfrac{M_d}{22,4}$ kg Abgas $= \dfrac{1}{22,4}$ kmol $\cdot M_d$ kg/kmol $= 1$ Nm³ $\cdot M_d$ kg/kmol,
welches 1 Nm³ Abgas das Volumen $V = \dfrac{37,84\, T}{P}$ m³/Nm³ einnimmt;

d) 1 kg Abgas $= \dfrac{1}{M_d}$ kmol $\cdot M_d$ kg/kmol,
welches 1 kg Abgas das Volumen $V = \dfrac{1}{M_d}\dfrac{848\, T}{P}$ m³/kg einnimmt;

e) schließlich die aus $(1$ kg $B + x$ kg $L)$ entstehende, von Fall zu Fall
zu berechnende Abgasgewichtsmenge.

b) Kurventafeln für $\lambda = 1$

Berechnet man für zahlreiche Fälle (1 kmol Brennstoff $B + x$ kmol
Luft L) die bei verschiedenen Temperaturen und Drücken zutreffenden
Abgas- und Feuergaszusammensetzungen und danach die Enthalpien
und die absoluten Entropien, vorerst für die stöchiometrischen Mi-
schungen bei 1 at, so findet man bis etwa 2500° K ein gut proportionales
Verhalten, s. Abb. 28—30: Die temperaturbestimmten Wertepaare I, S
sämtlicher Isobaren liegen auf vom Ursprung ausgehenden Isothermengeraden, z.B. für $T = 1000°$ K auf G_{1000}. Es genügt, den Anstieg der
Isothermenstrahlen für einige Haupttemperaturen festzustellen, die
Zwischentemperaturen können interpoliert werden (Randmaßstab).
Ausgehend von auf der Abszisse ($= G_{300}$) gelegenen, den Abgasmi-
schungen CO_2, H_2O, N_2 bei $T = 300°$ K zukommenden Entropiewerten
$S_{300°,\,1\,at}$ gewinnt man mit Hilfe der von den A-Punkten ausgehenden
AB-, AC- usw. Sekanten einer bestimmten Isobare die den höheren
Temperaturen entsprechenden IS-Wertepaare jeder anderen Isobare.
Die Steigung dI/dS der Isobaren selbst entspricht, thermodynamisch bedingt, der betreffenden absoluten Temperatur T.

---

[1] $M_d =$ durchschnittliches Molgewicht des Abgases, vgl. S. 52.

Es liegt nahe, eine *Normalisobare* vom Abszissenpunkt A° mit dem Entropiewert $S_{300^\circ,\,1\,\text{at}} \equiv S^* = 1000$ ausgehen und ihren Verlauf durch

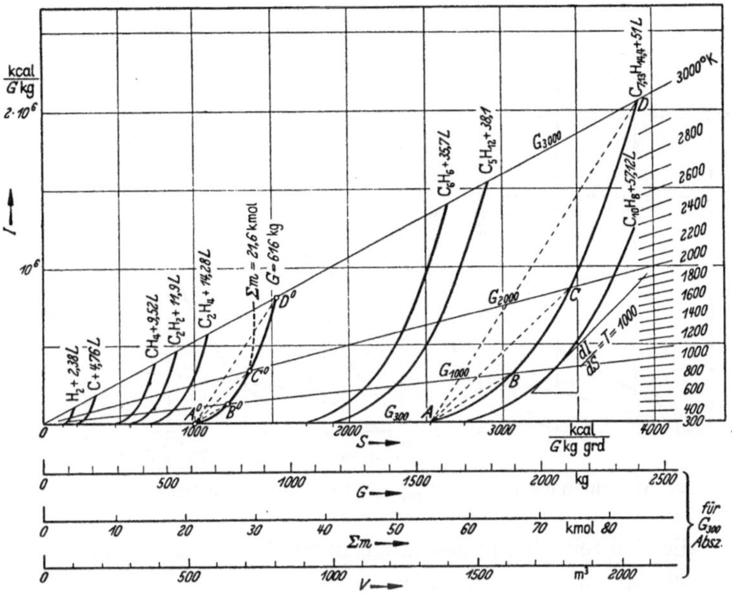

Abb. 28. Enthalpien der aus $(B + L_{min})$ bei 1 at entstandenen Abgase und Feuergase

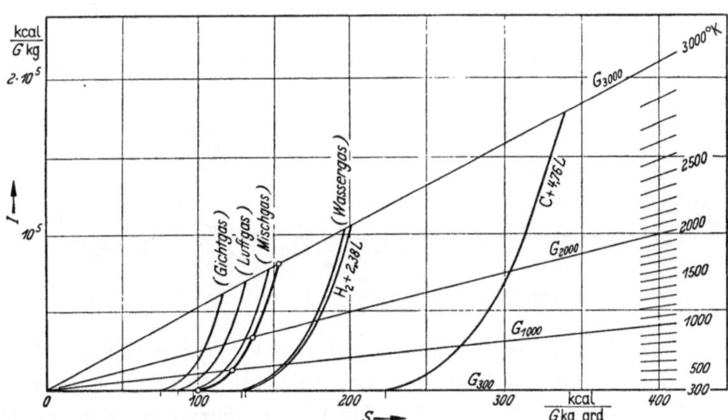

Abb. 29. Enthalpien der aus $(B + L_{min})$ bei 1 at entstandenen Abgase und Feuergase

die Punkte B°, C° usw. als Grundkurve für das *IS*-Diagramm *beliebiger* Brennstoffe gelten zu lassen. Da sich außerdem ergab, daß die auf 300° K gehaltenen Abgase hinsichtlich ihres Gewichtes G kg, ihres Volu-

4*

mens V m³ und ihrer Molsumme Σm kmol gut linear mit ihrem jeweiligen S^* verbunden sind, gemäß

$$G = 0{,}616\,S^*, \quad V = 0{,}530\,S^*, \quad \Sigma m = 0{,}0216\,S^*, \tag{87}$$

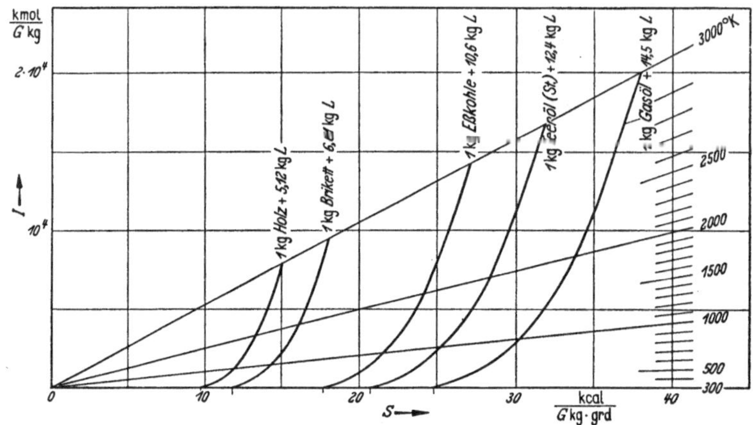

Abb. 30. Enthalpien der aus $(B + L_{min})$ bei 1 at entstandenen Abgase und Feuergase

so kann die Kurventafelabszisse auch nach G, V oder Σm beziffert und dem *Modellabgas* die Wertegruppe

$$G = 616\,\text{kg}, \quad V = 530\,\text{m}^3\ (300^\circ\,\text{K},\ 1\,\text{at}), \quad \Sigma m = 21{,}6\,\text{kmol}$$

zugeteilt werden; sein durchschnittliches Molgewicht beträgt $M_d = G/\Sigma m = 28{,}5$ kg/kmol.

Die durchschnittliche Zunahme von Σm mit der Temperatur geht aus Abb. 31 hervor.

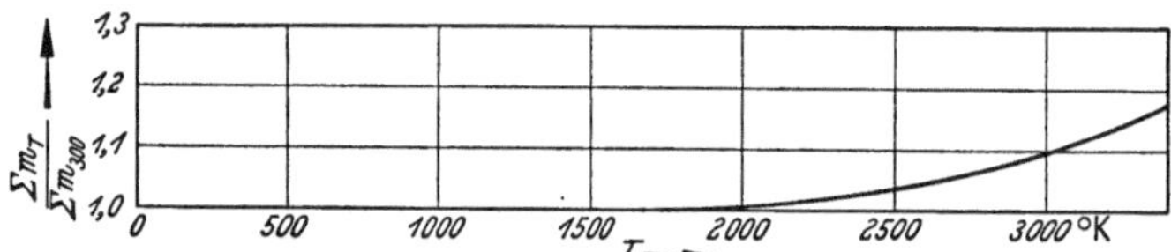

Abb. 31. Zunahme der Abgasmolsumme Σm für Gemische $\lambda \geqq 1$ bei 1 at

Ebenso wie für die aus 1 kmol B (oder M kg B) entwickelte Abgasmenge gilt die Proportionalität der Enthalpie- und Entropiewerte natürlich auch für die aus $1/M$ kmol B (oder 1 kg B) hervorgegangenen Molmengen, so daß auch für Brennstoffe unbekannten Molgewichtes M, aber bekannter Elementaranalyse die IS-Kurven nach dem gleichen Verfahren gezeichnet werden können.

Wie die mit der Abszisse zusammenfallende G_{300}-Gerade kann man, geleitet durch die V- und Σm-Werte der Normalabgas-Isobare, auch die

G_{1000}-Gerade usw. mit linearen V- und Σm-Leitern versehen und die Kurventafel durch V- und Σm-Scharen ergänzen, Abb. 32.

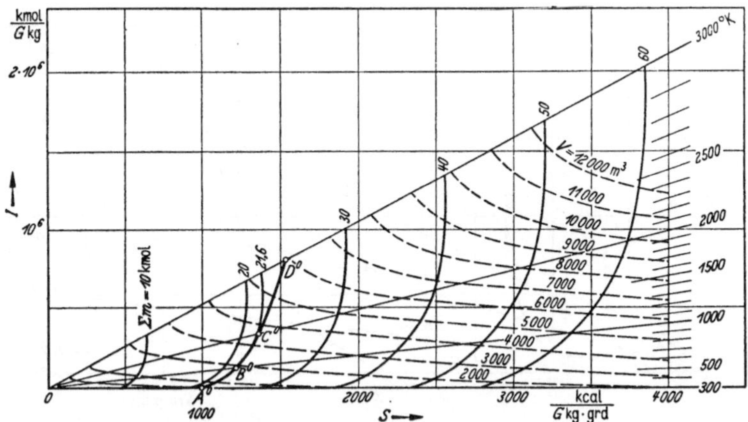

Abb. 32. Kurventafel wie Abb. 28 mit Scharen $\Sigma m =$ konst und $V =$ konst

Bei sehr hohen Temperaturen (z. B. 4000° K) läßt der vorher die spezifischen Wärmen und die Dissoziationswärmen in so willkommener Weise ausgleichende Einfluß nach, und man muß bei größeren Genauig-

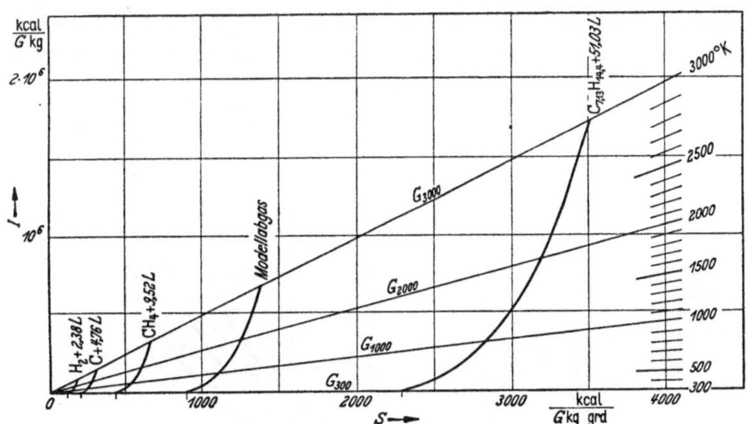

Abb. 33. Wie Abb. 28, aber für 10 at

keitsansprüchen jedes *IS*-Wertepaar besonders berechnen. Immerhin können auch hier mit Hilfe der Grundkurve zeit- und arbeitsparende Schätzungen durchgeführt werden.

Bei höheren Drücken zeigen sich grundsätzlich gleiche Zusammenhänge, s. Abb. 33 für 10 at und Abb. 34 für 100 at. Die Enthalpiewerte der Einzelgase stammen aus Abb. 10; die Entropiesummen stützen sich auf die Ermittlung aus $\int \dfrac{1}{T}\, dI$ oder auf Entropiewerte der Einzelgase, die je kmol gegenüber den Werten für 1 at um $-1{,}987 \ln p$ verschoben

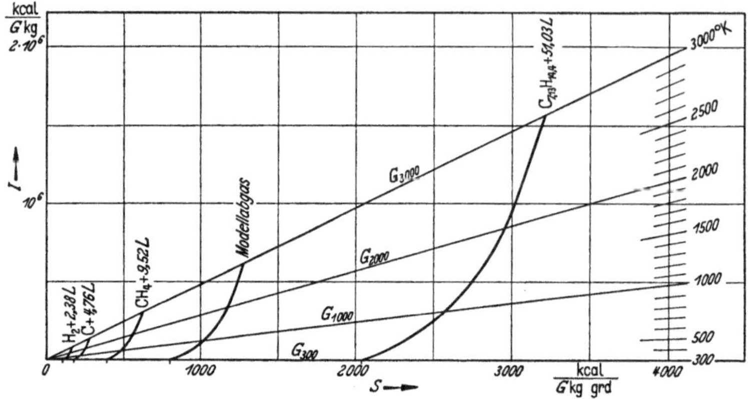

Abb. 34. Wie Abb. 28, aber für 100 at

sind. Zwischendrücke können mit Beachtung der logarithmischen Unterteilung sicher genug interpoliert werden.

c) IS-Diagramme für $\lambda = 1$

Isobaren gleicher Abgasgewichte können den für verschiedene Drücke gezeichneten Kurventafeln entnommen und zu IS-Diagrammen eben

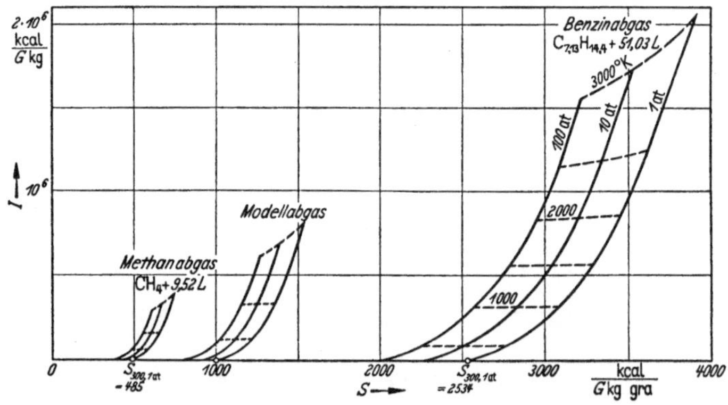

Abb. 35. Aus den Kurventafeln 28, 33, 34 entnommene und zu IS-Diagrammen zusammengestellte Isobaren für die Abgase der stöchiometrischen Methan- und Benzinverbrennung; dazu IS-Diagramm des Modellabgases

dieser Abgasmengen zusammengestellt werden, siehe Abb. 35 für die aus Methan ($CH_4 + 9{,}52\,L \;\widehat{=}\; 291$ kg) und für die aus Benzin ($C_{7,13}\,H_{14,4}\, +$ $51{,}03\,L \;\widehat{=}\; 1574$ kg) entwickelten Abgase und Feuergase. Hebt man die zur obengenannten Grundisobare gehörenden Isobaren der höheren Drücke ebenfalls hervor, so entsteht das *IS-Diagramm des Modellabgases*, dessen Werte mit $S^*/1000$ multipliziert zum *IS*-Diagramm eines beliebigen, seinen (bei 300° K und 1 at) individuellen Entropiewert S^* aufweisenden Abgases verhelfen.

Man kann somit den Hauptfall der stöchiometrischen Verbrennung entweder in dem Modellabgasdiagramm untersuchen und nachträglich für das in Rede stehende Abgas umrechnen; oder man kann (mit Hilfe von Tabelle 11) mit wenig Mühe für eben dieses Abgas dessen individuelles *IS*-Diagramm zeichnen und ihm die Zustandswerte unmittelbar entnehmen.

d) IS-Kurventafeln und IS-Diagramme für $\lambda \lesseqgtr 1$

Bei *Luftüberschuß* wandern in den Kurventafeln die Isobaren gemäß den zunehmenden Gasmengen nach rechts, wobei die Isothermengeraden

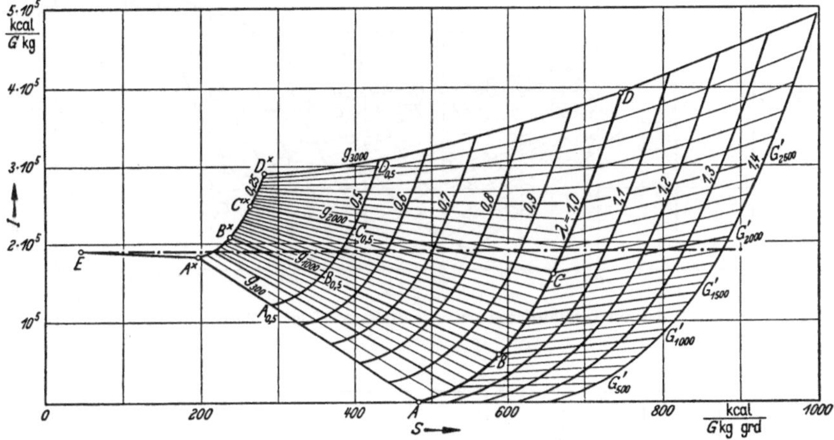

Abb. 36. Kurventafel der mit verschiedenen Luftverhältnissen erfolgten Methanverbrennung bei 1 at

G'_{1000} usw. von B usw. ab mit geringerer Neigung als G_{1000} usw. weiterlaufen entsprechend der größeren Einflußnahme der mit kleineren Enthalpien behafteten Luft. Die bei $\lambda = 1$ bis $\lambda = 1,4$ für die Methanabgase zutreffenden Isobaren sind in Abb. 36 (rechte Seite) für 1 at, in Abb. 37 für 10 at und in Abb. 38 für 100 at dargestellt. Abb. 39 enthält rechts die aus den Abb. 36 bis 38 entnommenen *IS*-Diagramme für $\lambda = 1,0$ und $\lambda = 1,4$.

Bei *Luftmangel* gleiten wegen der geringer werdenden Gasmengen die Isobaren in das links von $\lambda = 1$ liegende Gebiet der Kurventafeln, s. Abb. 36 ff. Wegen des CO- und H_2-Gehaltes im 300° K-Abgasgemisch gehen die luftärmeren *IS*-Kurven von bestimmten I-Werten aus, die für

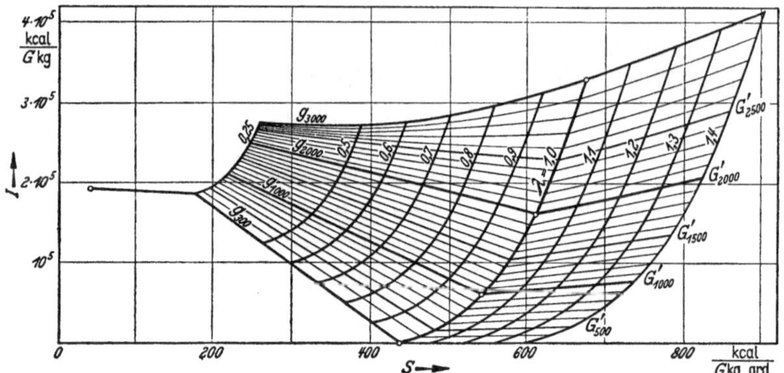

Abb. 37. Kurventafel der mit verschiedenen Luftverhältnissen erfolgten Methanverbrennung bei 10 at

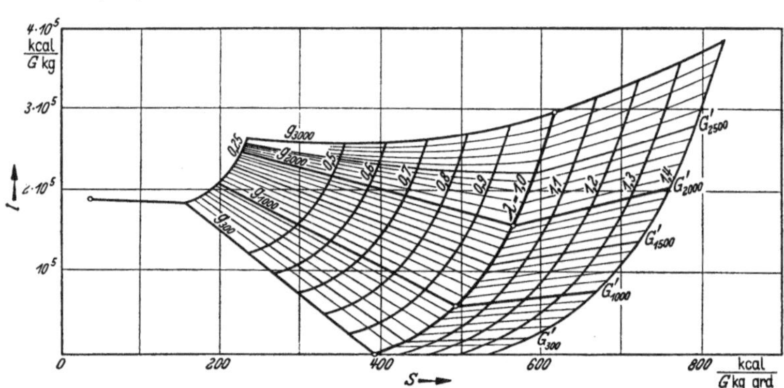

Abb. 38. Kurventafel der mit verschiedenen Luftverhältnissen erfolgten Methanverbrennung bei 100 at

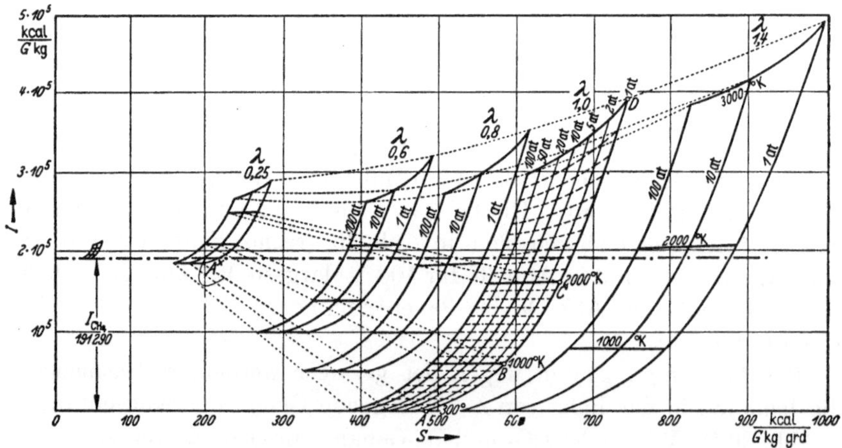

Abb. 39. Aus den Kurventafeln 36, 37, 38 abgeleitete IS-Diagramme der mit $\lambda = 0{,}25,\ 0{,}6,\ 0{,}8,\ 1{,}0,\ 1{,}4$ erfolgten Methanverbrennung

$\lambda = 0{,}9$, $\lambda = 0{,}8$ usw. mit den zugehörenden Entropiewerten gleichabständig auf einer nach der Ordinatenachse ansteigenden Graden g_{300} liegen, deren dI/dS je nach der im Gasgemisch befindlichen CO- oder H_2-Menge mehr zum Grenzwert — 752 oder — 576 neigt. Der Endpunkt $A*$ der nach λ regelmäßig einzuteilenden Geraden g_{300} ist durch

$$\lambda* = \frac{1}{2\,\sigma}\,{}^1 \tag{88}$$

gegeben, bei welcher knappen Luftmenge theoretisch eben noch CO und H_2 entstehen (kein CO_2, kein H_2O, auch kein unverwendet gebliebener Brennstoff); und es ist nur erforderlich, den Grenzpunkt $A*$ auf der Geraden g_{300} hinsichtlich I und S zu berechnen, um alle nach λ bezifferten Ausgangspunkte A_λ zu gewinnen.

Hat man für das Grenzgemisch $A*$ auch die IS-Werte der höheren Temperaturen berechnet und die Isobare $A*$ bis $D*$ gezeichnet, so verhelfen die Verbindungslinien g_{1000}, g_{2000} usw., die im dissoziationsfreien Gebiet geradlinig sind, zu den entsprechenden Zwischenpunkten B_λ, C_λ usw. Für jede durch solche Punkte laufende λ-Isobare gilt die das Zeichnen erleichternde Vorschrift $dI/dS = T$.

Die noch knapperer Luftzufuhr (weniger als $\lambda*$) zukommenden 300 °K-Zustände liegen auf der Geraden $A* - E$, deren Endpunkt E durch Enthalpie und Entropie des 1 kmol Brennstoff gegeben ist.

Abb. 39 zeigt links, jeweils für drei Drücke, einige Luftmangelisobaren des IS-Diagrammes der Methanverbrennung.

Anstatt zu 1 kmol Brennstoff immer größere Luftmengen treten und anstatt für die entstehenden Abgasmengen rechts von der stöchiometrischen Isobare gelegene IS-Kurven maßgebend sein zu lassen, mag man für die Fälle des *Luftüberschusses* — die nur zwischen den Grenzen ‚Luftgehalt Null' (reines Abgas, $\lambda = 1$) und ‚Luftgehalt Eins' (reine Luft, $\lambda = \infty$) liegen können — einen zweiten bequemen Zugang zu den benötigten IS-Kurven benutzen: Man hält am Anfangsgewicht des Abgases fest und ersetzt von dem das Abgas liefernden Brennstoff immer größere Teile durch Luft, bis schließlich neben die von $S* = 1000$ ausgehende Isobare des Modellabgases eine Isobare der Reinluft zu liegen kommt, s. Abb. 40 Mitte. (Vgl. auch das über der Temperatur aufgetragene Allgemeine It-Diagramm Abb. 13). Wegen der ein wenig unterschiedlichen Molgewichte $M_{Luft} = 29$ kg und $M_{Modellabgas} = 28{,}5$ kg geht die Isobare der mit dem Modellabgas (616 kg) gleichgewichtigen

---

[1] Aus z. B. $1\,C_mH_n + 2\,\lambda*\,(m + n/4) \cdot O = m\,CO + \dfrac{n}{2}\,H_2$

folgt $\qquad\qquad\qquad 2\,\lambda*\,(m + n/4) = m$

und $\qquad\qquad\qquad\qquad \lambda* = \dfrac{m}{2\,(m + n/4)} = \dfrac{1}{2\,\sigma}\,.$

(Näherungsweise auch für Analysenbrennstoffe und Gasbrennstoffe anwendbar.)

Luftmenge von $S^* = 988$ aus. Tabelle 11 enthält für dieses Allgemeine Modellabgas-IS-Diagramm die entsprechenden IS-Werte, auch für die durch 1 kmol Abgas, 1 Nm³ Abgas und 1 kg Abgas beider Grenzbestandteile bestimmten Mengen. Man kann mit Hilfe der regelmäßigen Zwischenteilungen des Luftgehaltes $v_L = \dfrac{L_{min}}{V_f}\,(\lambda - 1)$ sämtliche Luftüberschuß-

Tabelle 11. *Enthalpien und Entropien*

| $T\,°\mathrm{K}$ | | Modellabgas | | | Luft | | | Luft | |
		1 at	10 at	100 at	1 at	10 at	100 at	1 at	10 at	100 at
		(616 kg)			(616 kg)					
300	I	0	0	0	0	0	0			
	S	1000	903	804	988	892	795			
500	I	35000	35000	35000	31000	31000	31000			
	S	1092	993	897	1069	971	875			
1000	I	124000	124000	12400	110250	110250	110250			
	S	1213	1117	1017	1182	1086	988			
1500	I	220700	220200	219900	196000	196000	196000			
	S	1294	1196	1099	1250	1151	1055			
2000	I	337250	333000	328000	288500	288500	288500			
	S	1360	1261	1162	1305	1207	1108			
2500	I	487000	469000	453000	406000	395000	387000			
	S	1426	1319	1215	1360	1256	1154			
3000	I	810000	681000	612000	564000	519000	504000			
	S	1540	1392	1272	1415	1302	1198			
		1 kmol (28,5 kg)			0,983 kmol (28,5 kg)			1 kmol (29 kg)		
300	I	0	0	0	0	0	0	0	0	0
	S	46,3	41,8	37,2	45,7	41,3	36,8	46,5	42,0	37,4
500	I	1620	1620	1620	1388	1388	1388	1409	1409	1409
	S	50,4	45,8	41,2	49,5	44,9	40,5	50,2	45,7	41,2
1000	I	5740	5740	5740	5140	5140	5140	5178	5178	5178
	S	56,1	51,7	47,1	54,6	50,2	45,7	55,5	51,1	46,5
1500	I	10225	10200	10180	9110	9110	9110	9284	9284	9284
	S	59,9	55,3	50,8	57,8	53,2	48,8	58,8	54,2	49,7
2000	I	15600	15400	15200	13350	13350	13350	13580	13580	13580
	S	62,95	58,4	53,8	60,4	55,8	51,3	61,5	56,8	52,2
2500	I	22530	21700	20950	18880	18360	18000	19200	18680	18320
	S	66,0	61,0	56,2	62,9	58,1	53,4	64,0	59,1	54,3
3000	I	37500	31500	28300	26100	24000	23300	26650	24440	23720
	S	71,3	64,5	58,8	65,4	60,2	55,4	66,6	61,3	56,4

mischungen des Modellfalles erfassen. Die Ablesewerte des Modelldiagrammes sind mit

$$a = \frac{S^* \cdot (0{,}012 \cdot v_L + 1)}{1000} \cdot \frac{\Sigma m_{\lambda = \lambda}}{\Sigma m_{\lambda = 1}} \tag{89}$$

zu multiplizieren, um die *IS*-Werte eines individuellen, mit Überschuß-

für Modellabgas und Luft

		Modellabgas		Luft			Luft		
		1 at	10 at	100 at	1 at	10 at	100 at	1 at	10 at	100 at
T °K		1 Nm³ (1,272 kg)			0,983 Nm³ (1,272 kg)			1 Nm³ (1,293 kg)		
300	I	0	0	0	0	0	0	0	0	0
	S	2,06	1,87	1,66	2,038	1,841	1,642	2,074	1,875	1,669
500	I	72,3	72,3	72,3	62	62	62	63	63	63
	S	2,25	2,05	1,84	2,207	2,005	1,805	2,240	2,040	1,839
1000	I	256	256	256	229	229	229	231	231	231
	S	2,51	2,31	2,10	2,440	2,241	2,038	2,478	2,280	2,074
1500	I	457	456	455	407	407	407	414	414	414
	S	2,67	2,47	2,27	2,580	2,376	2,178	2,625	2,420	2,220
2000	I	696	688	678	595	595	595	605	605	605
	S	2,81	2,61	2,40	2,693	2,490	2,282	2,745	2,537	2,330
2500	I	1006	969	936	842	820	803	857	834	818
	S	2,94	2,72	2,51	2,808	2,592	2,382	2,857	2,638	2,423
3000	I	1674	1410	1263	1163	1072	1040	1185	1091	1059
	S	3,18	2,88	2,63	2,920	2,687	2,473	2,974	2,739	2,518
		(1 kg)			(1 kg)					
300	I	0	0	0	0	0	0			
	S	1,624	1,466	1,306	1,605	1,448	1,290			
500	I	56,8	56,8	56,8	48,7	48,7	48,7			
	S	1,77	1,61	1,45	1,737	1,577	1,420			
1000	I	201	201	201	180	180	180			
	S	1,97	1,81	1,65	1,918	1,763	1,605			
1500	I	359	358	357	320	320	320			
	S	2,10	1,94	1,78	2,030	1,868	1,713			
2000	I	547	541	533	468	468	468			
	S	2,21	2,05	1,89	2,118	1,960	1,800			
2500	I	791	762	736	663	645	632			
	S	2,31	2,14	1,97	2,208	2,039	1,874			
3000	I	1315	1106	993	916	843	818			
	S	2,50	2,26	2,07	2,298	2,113	1,945			

luft verbrannten Brennstoffes zu erhalten. Z. B. würde man für $CH_4 +$ λL_{min} bei 1 at und $\lambda = 1{,}4$ ($L_{min} = 9{,}52$; $V_{f\,min} = \Sigma m_{\lambda=1} = 10{,}52$; $V_f = \Sigma m_{\lambda=1{,}4} = 14{,}32$; $v_L = 0{,}265$) die bereits aus Abb. 36 bekannten IS-Werte durch Multiplikation der Abb. 40-Ablesungen mit

$$a = \frac{485 \cdot (0{,}012 \cdot 0{,}265 + 1)}{1000} \cdot \frac{14{,}32}{10{,}52} = 0{,}665$$

gewinnen.

Auf der rechten Seite der Abb. 40 sind einige Luftüberschußisobaren des Modellabgases (1 at) zusätzlich eingetragen; mit 485/1000 multipliziert würde man ihnen ebenfalls die IS-Werte der Methanverbrennung entnehmen können.

Von den vollständigen, einem konstantem v_L zugeordneten IS-Diagrammen des Modellabgases treten in Abb. 40 zwecks Vermeidung von Kurvenhäufungen nur einige Hauptkurven $v_L = $ konst und $P = $ konst in Erscheinung. Die üblichen Luftverhältnisse $\lambda = 1$ bis $\lambda = 2$ fallen in den Bereich $v_L = 0$ bis $v_L = 0{,}5$:

$$\lambda = 1 \quad 1{,}2 \quad 1{,}4 \quad 1{,}6 \quad 1{,}8 \quad 2$$
$$v_L = 0 \quad 0{,}16 \quad 0{,}27 \quad 0{,}36 \quad 0{,}43 \quad 0{,}49 \,.$$

Für die beiden reinen Grenzgase: Modellabgas ($v_L = 0$) und Luft ($v_L = 1$) und für ein gleichschweres Mischgas ($v_L = 0{,}5$) sind in Abb. 41 ergänzende Isobaren eingetragen, wobei diesmal dem aus Abb. 35 bereits bekannten Modellabgas-IS-Diagramm auf 100° abgestufte Isothermen eingezeichnet wurden. Es ist eine Frage des Maßstabes, die Diagramme statt für 616 kg für 1 kg oder für 1 Nm³ gültig sein zu lassen (Tabelle 11).

*Luftmangel*isobaren sind nicht allgemein angebbar, sie setzen Kenntnis des speziellen Brennstoffes voraus.

e) Kurventafel für C, CO und Luftgas

Aus den in Abb. 42 eingetragenen IS-Isobaren (1 at) der lediglich C enthaltenden Brennstoffe C, CO und Luftgas ($CO + 1{,}88\,N_2$) sind die Übergänge vom Ausgangsgemisch ($B + L$) zum Abgas oder Feuergas mit allen Zwischenstufen ersichtlich.

Die Kurven A und B, von der Enthalpie 97 000 kcal/kmol ausgehend, stellen die mit der halben bzw. ganzen stöchiometrischen Luftmenge versehenen Ausgangsgemische der Kohlenstoffverbrennung dar; die

Kurven D, E, F, G zeigen die Isobaren für CO, 2,88 Luftgas, ($CO + 2{,}38\,L$), ($2{,}88$ Luftgas $+ 2{,}38\,L$),

wobei E zugleich das Endprodukt von A als auch den Brennstoffbestandteil von G bildet; die Kurven H und K schließlich gehören den völlig ausreagierten Endprodukten zu, und zwar H als Ergebnis der CO-Verbrennung F, K als Ergebnis sowohl der stöchiometrischen Kohlenstoffverbrennung B als auch der Luftgasverbrennung G über den Weg A–E–G–K.

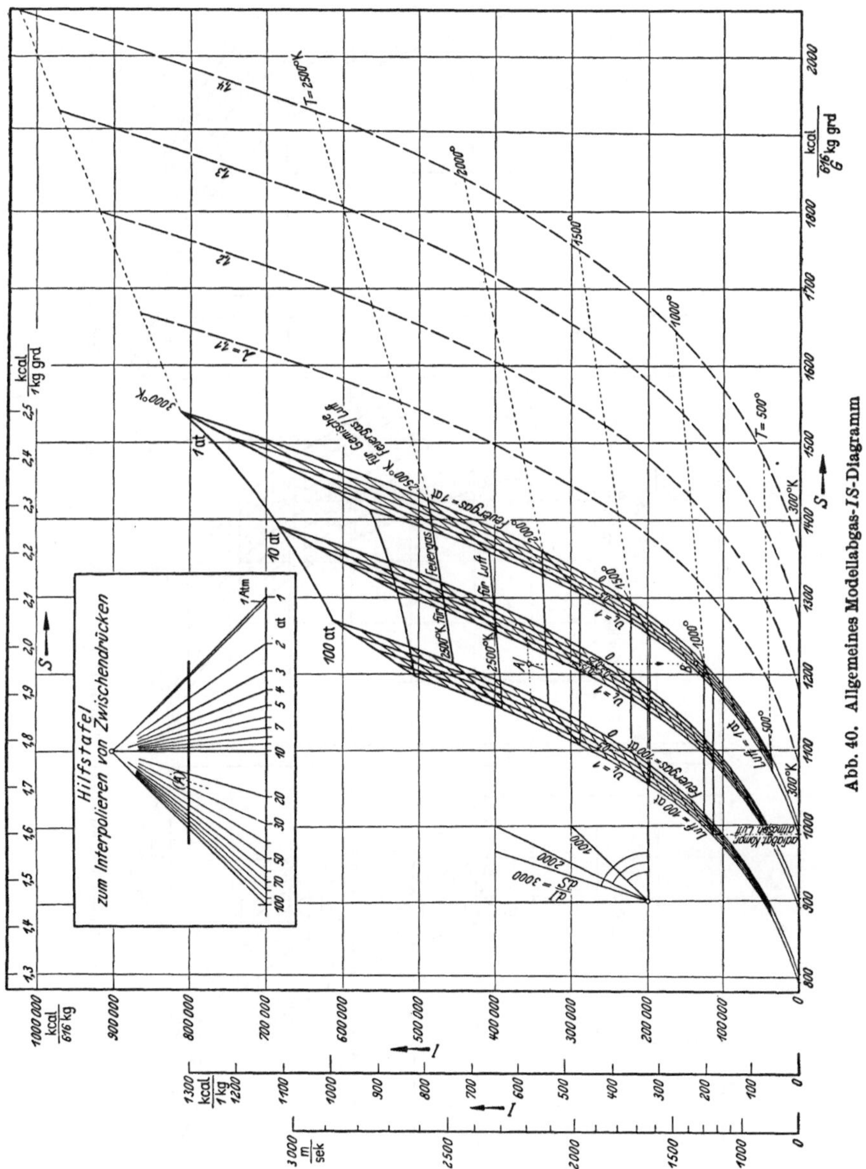

Abb. 40. Allgemeines Modellabgas-*IS*-Diagramm

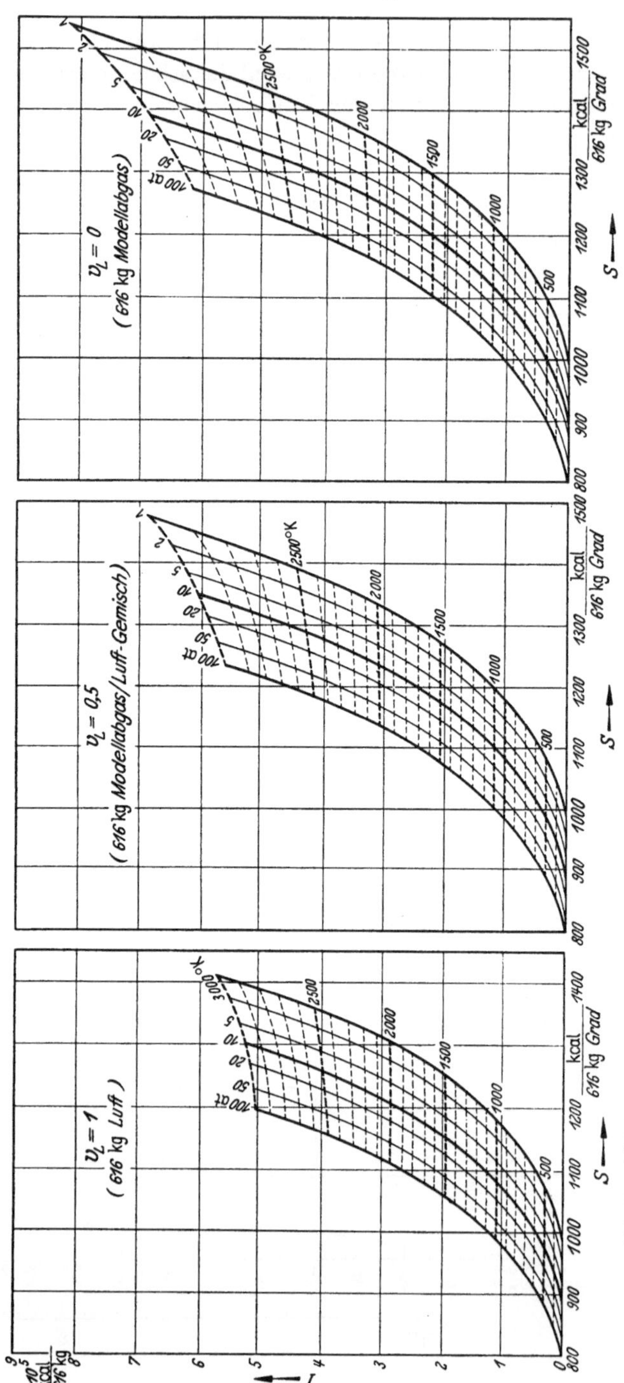

Abb. 41. *IS*-Diagramme für 616 kg Reinluft ($v_L = 1$), 616 kg Modellabgas-Luftgemisch ($v_L = 0,5$), 616 kg Modellabgas ($v_L = 0$)

Zwischenstufen sind im D, F-Ausgangs- und im D, H-Endsystem ebenso leicht einzuschalten wie im E, G-Ausgangs- und im E, K-Endsystem.

Mit Hilfe des Abstandes $\triangle I$ und der an die Zustandspunkte von Ausgangs- und Endkurve gelegten Tangenten sind die maximale Arbeit AL_{max} und die Verlustenergie $T\triangle S$ für jede gewählte Temperatur eines jeden Prozesses leicht zu ermitteln, vgl. S. 74 und Abb. 47.

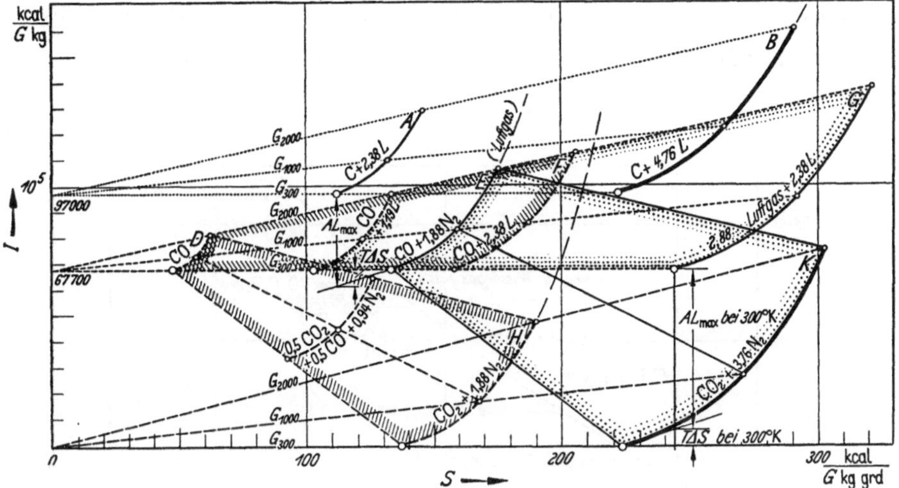

Abb. 42. *IS*-Kurven der Ausgangs- und Endstoffe verschiedener kohlenstoffhaltiger Brennstoff-Luftgemische

f) Theoretische Verbrennungstemperaturen
Technische Arbeitsfähigkeiten

Die Brennstoffe bringen gemäß ihrem Heizwert in den Verbrennungsprozeß eine begrenzte Energiemenge ein, mit der sie die Enthalpie der Feuergase aus eigenem Vermögen bestreiten. Die dabei erreichten Temperaturen gelten als theoretische Verbrennungstemperaturen; sie sind für $\lambda = 1$ natürlich am höchsten, da bei überschüssig teilnehmender Luft vermehrte Molmengen miterwärmt werden müssen, bei Luftmangel nicht die volle Energiemenge entbunden wird. Mit Hilfe der Kurventafeln sind die ansonsten durch verschieden große Luftmengen, Dissoziations- und Druckeinflüsse schwer überschaubar gemachten Zusammenhänge leicht zu erfassen! Man sieht z. B. für die Methanverbrennung aus Abb. 36, daß bei 1 at und

dem Luftverhältnis $\lambda =$	0,25	0,6	0,8	1,0	1,2	1,4
die Temperaturen $T =$	480	1750	2050	2210	2060	1900 °K

theoretisch erreichbar sind.

Bei höheren Drücken können wegen der zurückgedrängten Dissozaition ein wenig höhere Temperaturen erwartet werden, zumal dann, wenn die bei Umgebungsdruck gefundene Verbrennungstemperatur bereits im Bereich ausgeprägter Dissoziation lag. In den Luftmangelfällen kann wegen der allgemein tief liegenden Temperatur die Druckbegünstigung schlechter ausgenutzt werden.

Man kann in das Modellabgas-Diagramm die Heizwerte sämtlicher Brennstoffe eintragen, indem man den für das stöchiometrische Abgasgemisch maßgebenden, durch 1 kmol oder 1 kg beteiligten Brennstoffes bestimmten Heizwert durch Multiplikation mit $1000/S*\left(\text{oder}\ \dfrac{616}{G}\ \text{oder}\ \dfrac{21,6}{\Sigma m}\right)$ auf die Modellabgaskurve projiziert, Abb. 43. Es entsteht eine Rangfolge

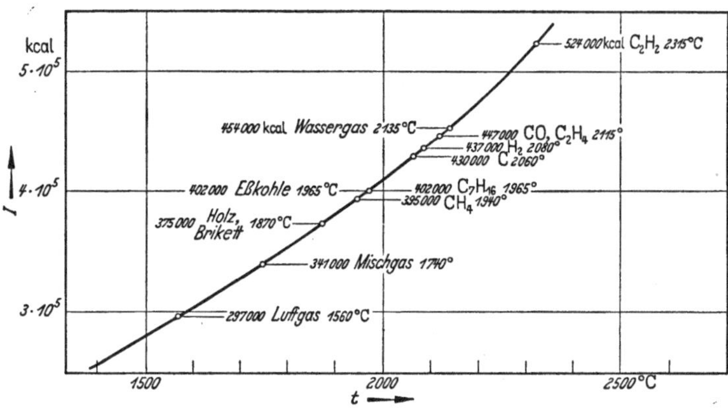

Abb. 43. Mittels der Modellabgasisobare für 1 at gefundene theoretische Verbrennungstemperaturen

hinsichtlich der erreichbaren theoretischen Verbrennungstemperaturen. Der Prozeß $C_2H_2 + 11{,}90\,L$ steht obenan. — Wurde der Brennstoff und/ oder die Luft vorgewärmt, dann sind solche Wärmemengen der Enthalpie hinzuzufügen.

Nicht minder instruktiv ist die Reihenfolge der technischen Arbeitsfähigkeiten AL_f (vgl. S. 79). In Abb. 44 stellen die lotrechten Abstände der Feuergaszustandspunkte von der Umgebungsgeraden die jeweiligen AL_f-Werte dar. Zufolge der Isobarenkrümmung können mit steigender Ausgangsenthalpie auch steigende AL_f-Beträge, absolut und anteilig, erwartet werden. Auch hier steht der ungesättigte (C_nH_{2n-2}) Kohlenwasserstoff Azetylen C_2H_2 an der Spitze. Im Azetylen hat das Atomverhältnis $H:C = 1:1$ den Minimalwert erreicht; es ist „einzig in seiner Art, hat bei niedrigstem Molekulargewicht die größte Kohlenstoffdichte im Molekül und ist daher der fetteste aller Kohlenwasserstoffe" [1]. Zufolge des energiereichen und ungesättigten Charakters ist

C_2H_2 zu zahlreichen Reaktionen geeignet und spielt deshalb die bekannte wichtige Rolle in der chemischen Industrie.

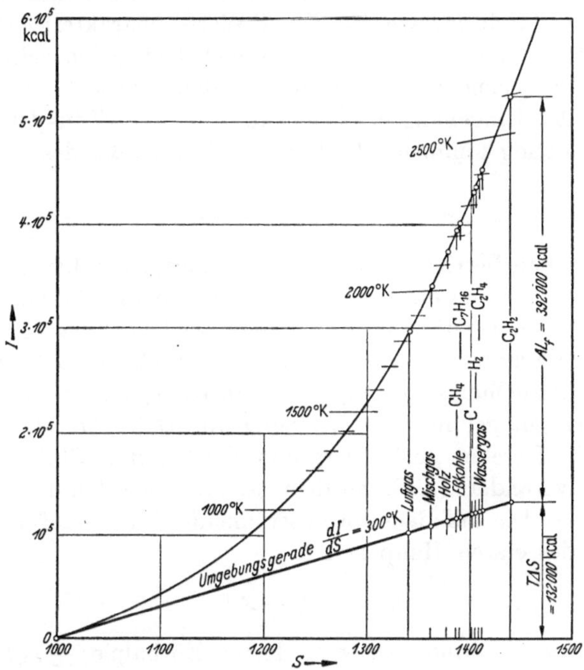

Abb. 44. Mittels der Modellabgasisobare für 1 at gefundene technische Arbeitsfähigkeiten

g) Ausströmgeschwindigkeit

Für die in Düsen geschehende Umsetzung eines Wärmegefälles $\triangle I$ kcal/Σm kmol in Ausströmgeschwindigkeit w m/s gilt im Falle adiabatischer Expansion

$$w = \sqrt{\frac{2\,g}{A}\,\triangle i} = 91{,}51\sqrt{\frac{\triangle I}{G}} = 91{,}51\sqrt{\frac{\triangle I}{\Sigma m \cdot M_d}}\quad \text{m/s}\,. \qquad (90)$$

Für das Modellabgas mit $\Sigma m = 21{,}6$ kmol, $M_d = 28{,}5$ kg/kmol, $G = 616$ kg ist auf Abb. 40 die Beziehung $w = 3{,}68\sqrt{\triangle I}$ in der üblichen Skalenform angegeben.

13. Thermodynamik chemischer Prozesse

a) Physikalische und chemische Prozesse

Die von uns wahrgenommenen Prozesse, in ihren Zustandsänderungen und Energieverschiebungen sicher beherscht durch die in den beiden Hauptsätzen der Wärmelehre enthaltenen und miteinander verknüpften Begriffe, können entweder durch physikalische oder chemische Merkmale auffallen.

Bei rein *physikalischen* Prozessen wird die hohe Anfangsenergie des betrachteten, durch gewisse P-, V-, T-Werte charakterisierten Stoffes am günstigsten genutzt, wenn man umkehrbar, jeden seitlichen Ausbruch von Energiemengen unterbindend, den Druck P_u und die Temperatur T_u der Umgebung erreichen, d. h. den Stoff ins Gleichgewicht mit der Umgebung kommen läßt. Sind alle drei Größen des ersten Hauptsatzes[1]

$$Q = \triangle U + AL \tag{91}$$

mit tatsächlichen Beträgen am Prozeß beteiligt, so wirken sich die zugeführte Wärme $+Q$ und die Veränderung der inneren Energie $\pm \triangle U$ auf die letztlich allein wichtige, vom Ingenieur begehrte Arbeit $AL = AP \triangle V = m \cdot 1{,}987 \cdot T$ aus; blieb $Q = 0$, so bestreitet $\triangle U$ allein AL; besaß der Stoff bereits den Umgebungszustand, $\triangle U = 0$, so registriert man die mehr oder weniger gut gelungene Umsetzung von Q in AL. Die Zustandsgrößen P, V, T stehen im Vordergrund, der benutzte Stoff bleibt seiner Art nach unverändert (z. B. verdichtetes Azetylen dehnt sich arbeitleistend aus). — Die auf dauernd zuströmende Arbeitsstoffe zugeschnittene Form des ersten Hauptsatzes

$$Q = \triangle I + AL_t \tag{92}$$

mit zugeführter Wärme $+Q$, veränderter Enthalpie $\pm \triangle I$ und vom Ingenieur empfangener technischer Arbeit $+AL_t$ erlaubt entsprechende Ausdeutungen.

Bei *chemischen* Prozessen kommen vorwiegend den stofflichen Aufbau des betrachteten Körpers ändernde Umwandlungen zur Geltung (z. B. Azetylen verbrennt mit Sauerstoff zu Kohlendioxyd und Wasserdampf). Der Körper beteiligt sich durch Hergabe vorher latent enthaltener Eigenenergie $\triangle U$ bzw. -enthalpie $\triangle I$ (in der chemischen Literatur werden ferner benutzt: exotherme Reaktionswärme $-Q$, Wärmetönung bei konstantem Volumen $+W_v$ bzw. bei konstantem Druck $+W_p$, Heizwert bei $0°\mathrm{C} + \mathfrak{H}_o$) besonders aktiv am Prozeß. Ein Teil dieser Energie bzw. Enthalpie, der bei behutsamem, umkehrbarem Vorgehen den Betrag AL_{max}[2] erreichen kann, ist „frei" für eine Umwandlung in Nutzarbeit; der andere Teil bleibt „gebunden" in Wärmeform und erscheint mit der

---

[1] Diese *technische* Form der Gleichung mit *zugeführter* Wärme $+Q$, angewachsener Energie $+\triangle U$ und vom Körper *abgegebener*, aber *vom Ingenieur vereinnahmter* Arbeit $+AL$ ginge durch die Schreibweise $+AL = -A\mathfrak{L}$ in die *physikalische* Form $\triangle U = Q + A\mathfrak{L}$ über, die den Aufbau der Energie $+\triangle U$ aus zugeführter Wärme $+Q$ und zugeführter Arbeit $+A\mathfrak{L}$ hervorhebt.

[2] Wir verwenden die Bezeichnung AL_{max} für beide Fälle: Es wird stets offenkundig sein, ob die einmalige Ausbeute $AL_{max} \equiv \varDelta F$ einer bestimmten Stoffmenge

auf Geheiß des zweiten Hauptsatzes eintretenden Entropievermehrung $\triangle S$ im Produkt $T \triangle S$. Zu der die menschlichen Nutznießer verständlicherweise sehr bewegenden Frage, wie groß wohl AL_{max} bei chemischen Prozessen werden kann, treten die nicht minder wichtigen Fragen, welche Verhältnisse das Ende der Prozesse, wenn sie bei einem sogenannten „Gleichgewicht" Halt machen, kennzeichnen und welche Triebkräfte hinter ihrem Beginnen stehen. — Für homogene Gasreaktionen bestehen die im folgenden erörterten Zusammenhänge.

b) Reaktionsgleichung

Läßt man die auf der linken Seite einer chemischen Gleichung

$$\nu_A A + \nu_B B + \cdots = \nu_C C + \nu_D D + \cdots \qquad (93)$$

stehenden und im Prozeß verbrauchten Ausgangsstoffe $A, B \ldots$ mit ihren Molzahlen $\nu_A, \nu_B \ldots$ als minus gelten, die auf der rechten Seite befindlichen, im Prozeß entstehenden Erzeugnisstoffe $C, D \ldots$ mit ihren Molzahlen $\nu_C, \nu_D \ldots$ folgerichtig als plus, so besagt die algebraische Summe

$$\Sigma(\nu) = -(\nu_A + \nu_B + \cdots) + (\nu_C + \nu_D + \cdots) \qquad (94)$$

mit $\Sigma(\nu) > 0$: entstehende Mole überwiegen, Raumvergrößerung,
mit $\Sigma(\nu) < 0$: verschwindende Mole überwiegen, Raumverkleinerung,
mit $\Sigma(\nu) = 0$: keine Molzahländerung, gleichbleibender Raum.

Für 1 kmol Raumänderung ist bei $P=10^4 \, \text{kg/m}^2$ und $T = 283 \, °\text{K}$ gemäß $AL = AP \triangle V = \Sigma(\nu) x \times 1,987 \, T$ der Energiebetrag 562 kcal anzusetzen.

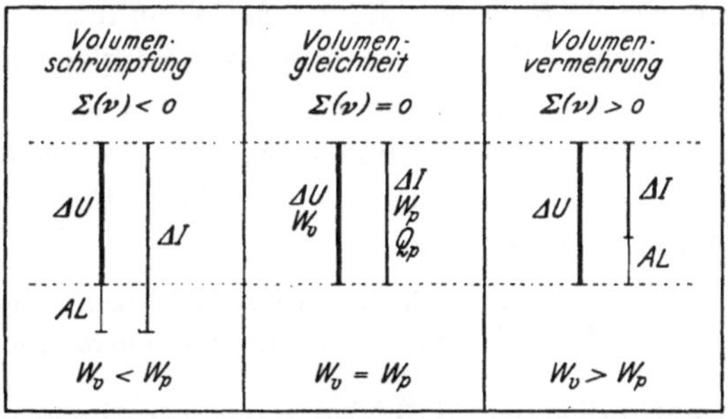

Läuft die Reaktion, wie es häufig der Fall ist, bei konstantem Druck (meist Umgebungsdruck) ab, und ist es außerdem eine durch $\Sigma(\nu) = 0$ gekennzeichnete

Abb. 45. Schematische Skizze über die Zustandsgrößen des 1. Hauptsatzes

Reaktion, so ist die Volumenarbeit $AL = 0$ und ferner

$$\triangle U = W_p = W_v; \qquad (95)$$

oder die stetige Ausbeute $AL_{max} \equiv \Delta G$ eines Stoffstromes gemeint ist. Die thermodynamischen Potentiale

$$F = U - TS \text{ und } G = F + PV = I - TS$$

weisen darauf hin, daß im Gleichgewicht den durch *sie* beschriebenen Wertegruppen Kleinstwerte zukommen, nicht U oder I oder TS.

ist $\Sigma(\nu) > 0$, so muß für die Volumenvermehrung, gegen den Umgebungsdruck angehend, Raum geschaffen werden, und es bleibt für die Wärmetönung ein geringerer Betrag übrig:

$$\triangle U = W_p + AL\,, \quad W_v = W_p + AL\,, \quad W_v > W_p; \qquad (96)$$

ist $\Sigma(\nu) < 0$, so gibt die Volumenschrumpfung der umgebenden Atmosphäre Gelegenheit, einen Arbeitsbetrag $AP\triangle V$ zuzuschießen:

$$\triangle U = W_p - AL\,, \quad W_v = W_p - AL\,, \quad W_v < W_p\,, \qquad (97)$$

und die bemerkbare Wärmetönung W_p ist um die Arbeit AL größer als die allein aus der inneren Energie des Körpers stammende, mit W_v bezeichnete Wärmetönung (vgl. Abb. 45 und 47).

Die Stoffe wirken aufeinander ein gemäß ihren relativen Anteilen, die gemessen werden können als

$$\left.\begin{array}{lll}
\text{Konzentrationen} & c_A = m_A/V = P_A/848\,T & \text{(kmol } A \text{ je m}^3\text{),}\\
\text{Molteile} & \mu_A = m_A/\Sigma m_i & \text{(kmol } A \text{ je Gesamtmolzahl } \Sigma m_i\text{),}\\
\text{Druckteile} & \pi_A = P_A/\Sigma P_i & \text{(Teildruck } P_A \text{ je Gesamtdruck } \Sigma P_i\text{).}
\end{array}\right\} \qquad (98)$$

Zwischen den einzelnen Größen besteht die Beziehung

$$c_A = \mu_A \frac{\Sigma P_i}{848\,T} = \pi_A \frac{\Sigma P_i}{848\,T}\,. \qquad (99)$$

c) Gleichgewicht

In einem allen Teilnehmern gleiche Temperatur aufzwingenden Gasgemisch A, B ... sind die den Molekeln möglichen Aufeinanderwirkungen proportional $c_A^\nu\, c_B^\nu$ ..., ebenso im bei gleicher Temperatur betrachteten Gemisch C, D ... Aus Experimenten und aus später angestellten gaskinetischen Betrachtungen ergab sich — wovon bereits im Abschnitt 6 Gebrauch gemacht wurde —, daß den Reaktionen bei jeder Temperatur ein gewisses Verhältnis

$$K = \frac{\text{Produkt der Ausgangskonzentrationen}}{\text{Produkt der Endkonzentrationen}} = \frac{c_A^{\nu_A}\, c_B^{\nu_B}}{c_C^{\nu_C}\, c_D^{\nu_D}} \qquad (100)$$

eigentümlich ist, daß also Konzentrationen oder Teildrücke bei einer bestimmten Temperatur nach Zugabe oder Wegnahme von Stoffmengen A, B oder C, D sich stets so einzustellen suchen, daß immer der gleiche Wert K, die *Gleichgewichtskonstante*, zutrifft.

Betrachtet man die Teilnehmer der Reaktion bei anderen Temperaturen, so sind neue Konstanten maßgebend („Reaktionsisothermen"). Mit ihrer Kenntnis überblickt man den Einfluß von Temperatur-, Konzentrations- und Druckänderungen. Allgemein erfolgen solche Änderungen nach dem von LE CHATELIER und BRAUN gefundenen Prinzip derart, daß die Störungseinflüsse durch Gegenwirkungen möglichst verkleinert werden. Wird z. B. einem Gleichgewichtsgemisch

Wärme zwecks Erhöhung seiner Temperatur zugeführt, so geschehen Konzentrationsänderungen, welche Wärme verbrauchen und die angestrebte Temperatursteigerung bereits bei geringeren Temperaturen abbremsen; oder steigert man bei unveränderter Temperatur allein den Druck, so nehmen die Produkte derjenigen Gleichungsseite zu, die mit dem kleineren Volumen auskommt.

Man unterscheidet je nach dem gewählten Konzentrationsmaß K_c oder K_μ oder K_P bzw. K_p, zwischen denen folgende Beziehungen bestehen:

$$\left.\begin{aligned}
K_c &= \frac{c_A^{v_A}\, c_B^{v_B}}{c_C^{v_C}\, c_D^{v_D}} = \frac{\mu_A^{v_A}\, \mu_B^{v_B}}{\mu_C^{v_C}\, \mu_D^{v_D}}\left(\frac{\Sigma P}{848\,T}\right)^{-\Sigma(v)} = \frac{\pi_A^{v_A}\, \pi_B^{v_B}}{\pi_C^{v_C}\, \pi_D^{v_D}}\left(\frac{\Sigma P}{848\,T}\right)^{-\Sigma(v)}, \\[2mm]
&= K_\mu\left(\frac{848\,T}{\Sigma P}\right)^{\Sigma(v)} \qquad = K_\pi\left(\frac{848\,T}{\Sigma P}\right)^{\Sigma(v)}, \\[2mm]
&= \frac{P_A^{v_A}\, P_B^{v_B}}{P_C^{v_C}\, P_D^{v_D}}\,(848\,T)^{\Sigma(v)}, \\[2mm]
&= K_P\,(848\,T)^{\Sigma(v)}.
\end{aligned}\right\} \tag{101}$$

Für $\Sigma(v) = 0$ (Volumengleichheit)   wird $K_c = K_P = K_\mu$,
für $\Sigma(v) > 0$ (Volumenvergrößerung) wird $K_c > K_P$,
für $\Sigma(v) < 0$ (Volumenverkleinerung) wird $K_c < K_P$.

Man erhält z. B. für die bei $T = 3000\,°K$ und $p = 1$ at betrachtete Reaktion $CO + O_2/2 = CO_2$ mit $\Sigma(v) = -\,1/2$ zu dem aus Tabelle 5 bekannten Gleichgewichtswert

$$K_p = \frac{p_{CO}\, p_{O_2}^{1/2}}{p_{CO_2}} = 0{,}325 \qquad \left[\frac{kg}{cm^2}\right]^{1/2}$$

die entsprechenden Werte

$$K_P = \frac{K_p}{10\,000^{\Sigma(v)}} = 100\,K_p = 32{,}5 \qquad \left[\frac{kg}{m^2}\right]^{1/2},$$

$$K_c = K_P\,(848\cdot 3000)^{-1/2} = 32{,}5/1595 = 0{,}0204 \qquad \left[\frac{kmol}{m^3}\right]^{1/2},$$

$$K_\mu = K_P\,10\,000^{-1/2} = 32{,}5/100 = 0{,}325 \qquad \left[\frac{kmol}{kmol}\right],$$

$$\mathfrak{K}_p = K_p/1{,}0165 = 0{,}320 \; Atm^{1/2}.$$

Beim Übergang von einem K_{T_1}-Wert auf einen neuen K_{T_2}-Wert bringt sich die Reaktionswärme als hauptsächlicher Energielieferant stark zur Geltung und erfordert die Kenntnis von dI/dT; es ist daher eine zwischen K und I vermittelnde Beziehung zu erwarten. [Gl. (111) f.].

d) Wärmetönung und spezifische Wärmen

In U/T- oder I/T-Diagrammen (vgl. Abb. 11, 12) stellen, stets bei einem bestimmten Volumen oder Druck, die U- bzw. I-Kurven die Auf-

einanderfolge physikalischer, durch Temperaturänderungen herbeigeführter und von den jeweiligen spezifischen Molwärmen $C_v = \left(\dfrac{dU}{dT}\right)_v$ bzw.
$C_p = \left(\dfrac{dI}{dT}\right)_p$ beeinflußter Zustände dar. Entspricht in Abb. 46 die obere Kurve I_1 den vor einer Reaktion, die Kurve I_2 den nach einer Reaktion ($p =$ konst) feststellbaren Enthalpien, und ist $1-b$ und $a-2$ deren Verlauf zwischen den benachbarten Temperaturen T und $T + dT$, so entnimmt man den einander gleichzusetzenden Strecken $a-c = b-d$

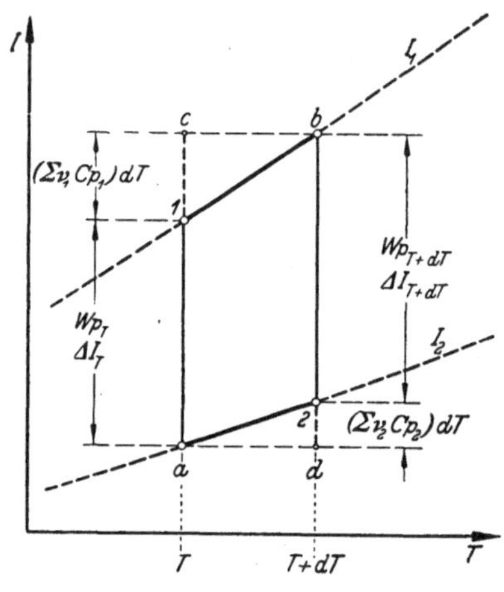

Abb. 46. Zum Kirchhoffschen Satz

— da der erste Hauptsatz zwischen den Zuständen 1 und 2 den gleichen Energieumsatz fordert —, daß

$$W_{p,\,T} + (\Sigma v_1 C_{p_1})\, dT$$
$$= W_{p,\,T + dT} + (\Sigma v_2 C_{p_2})\, dT \qquad (102)$$

gilt. Die längs der Temperaturspanne dT eintretende Wärmetönungsänderung dW_p beträgt (Kirchhoffscher Satz)

$$\frac{dW_p}{dT} = (\Sigma v_1 C_{p_1}) - (\Sigma v_2 C_{p_2}) \qquad (103)$$

und ist bedingt durch die vor und nach einer Reaktion auftretenden Produktsummen aus Molmengen v und Molwärmen C_p. Die Wärmetönung bei $T + dT$ folgt aus jener bei T durch die meist graphisch ausführbare Integration zu

$$W_{p,\,T + dT} = W_{p,\,T} + \int\limits_{T}^{T + dT} (\Sigma v_1 C_{p_1} - \Sigma v_2 C_{p_2})\, dT . \qquad (104)$$

Liegen anstelle von C_p-Werten für die Reaktionsteilnehmer bis in hohe Temperaturzonen reichende Enthalpiewerte vor, mit denen die benötigten I_1- und I_2-Kurven direkt gezeichnet werden können, so läßt sich die für jede Temperatur zutreffende Wärmetönung $\triangle I$ unmittelbar abgreifen. Ihr Zuwachs zwischen T und $T + dT$ beträgt

$$\frac{dW_p}{dT}\, dT = \triangle I_{T + dT} - \triangle I_T . \qquad (105)$$

Die Erörterungen und Formeln gelten sinngemäß für C_v und U. Im allgemeinen ändert sich W nur wenig mit der Temperatur. Als Richtwerte liegen bei $0°$ C, bei $298,16\,°$K oder $300\,°$K gemessene oder berechnete Wärmetönungen vor; vgl. S. 21.

Reaktionswärmen einiger Prozesse tragen Sondernamen: „Bildungswärme" als frei gewordene oder aufgenommene Wärmemenge, wenn Stoffe aus ihren Elementen aufgebaut werden; „Zersetzungswärme", wenn Stoffe in ihre Elemente zerlegt werden; „Verbrennungswärme" (in Bomben W_v, in Kalorimetern W_p), wenn Brennstoffe mit Sauerstoff reagieren.

Unabhängig von irgendwelchen zwischengelegten Reaktionen erhält man aus Prozessen mit bestimmten Ausgangs- und Endstoffen stets die gleiche Wärmetönung (Gesetz von HESS).

e) Maximale Arbeit AL_{max}

Bei rein physikalischen Prozessen wird das Ausmaß der mit Hilfe von umkehrbaren Zustandsänderungen bestenfalls gewinnbaren Arbeit durch die Temperaturen der sogenannten Heiz- und Kühlbehälter bestimmt, d. h. die Aufteilung der durch den ersten Hauptsatz erfaßten Energiespende $\triangle U = Q - AL$ in Q und AL wird durch den zweiten Hauptsatz geregelt nach $\dfrac{AL}{Q} = \dfrac{T_1 - T_2}{T_1} = 1 - \dfrac{T_2}{T_1}$. Voraussetzung und Begleitumstand dieser günstigsten Prozesse ist die Vermeidung von Entropievermehrungen, es muß $Q_1/T_1 = Q_2/T_2$ gewahrt bleiben.

Bei chemischen Prozessen ist ebenfalls nur von umkehrbaren, über aneinandergereihte Gleichgewichtszustände geführten Verläufen die maximale Arbeitsausbeute AL_{max} zu erwarten; jeder anders geleitete Prozeß würde ein geringeres AL liefern. Von der gesamten, aus $\triangle U$ bzw. $\triangle I$ stammenden und zur Wärmeform drängenden Energie kann leider ein Teil (Q) nicht genutzt werden; bei der Temperatur T (letztlich der Umgebungstemperatur T_u als niederst möglicher) verursacht er eine unvermeidliche Entropievermehrung $\triangle S$. Der Rest steht, wie schon erwähnt, als *freie Energie* $\triangle F$ bzw. als *freie Enthalpie* $\triangle G$ zur Verwandlung in AL_{max} zur Verfügung. Ergibt sich $AL_{max} = 0$, so fehlt allerdings für die betrachtete Reaktion jeder Anlaß, den bestehenden Zustand zu verlassen; die beteiligten Körper befinden sich im Gleichgewicht, ihre Teildrücke haben den durch K_p vorgeschriebenen Wert. Abstände von diesem Zustand sind durch tatsächliche AL_{max}-Werte gegeben sowohl nach der einen Seite mit vorhandenem $+AL_{max}$ (freiwillig ablaufende Reaktionen) als auch nach der anderen Seite mit aufzuwendendem $-AL_{max}$ (unfreiwillige, nur durch zugeordnete freiwillige Schwesterreaktionen verwirklichbare Reaktionen). Unter den vielen möglichen Abständen pflegt man als Normalabstand oder *Normalaffinität* jenen zu bezeichnen, für den die Startdrücke P_A, P_B usw. aller beteiligten Partner untereinander gleich, etwa 1 Atm, sind.

Wegen der für alle Prozesse gültigen Eindeutigkeit empfiehlt sich AL_{max} als Maß für die chemische Triebkraft (Affinität) vor dem früher benutzten Wärmeeffekt, der bei manchen freiwilligen Reaktionen exotherm, bei anderen ebenfalls freiwilligen Reaktionen endotherm ist und

die Lage bezüglich des Gleichgewichtszustandes nicht eindeutig kennzeichnen kann.

Als Kriterium einer günstigst angelegten Zustandsänderung dient im
allgemeinen die Entropie, die nur konstant bleibt, wenn der Körper mit
seinem Energievorrat so behutsam umgeht, daß er keine wertvollen
Teilenergien in Unordnungsbezirke abgleiten läßt, wenn er als Herr
seiner Energien jederzeit umkehren und aus eigener Kraft den alten
Stand wieder herstellen kann. Gewißlich sind nur bei derart geführten
Prozessen die größtmöglichen Arbeitsleistungen gewinnbar, und offenbar
kann deren Prüfung verraten, ob und wie stark ein Körper dem natürlichen Drang, bequemere, wahrscheinlichere Unordnungszustände anzu-
streben, nachgeben wird; d. h. in welcher Richtung und mit welcher
Heftigkeit eine zwischen zusammengeführten Körpern begonnene Reaktion ablaufen wird.

f) AL_{max} und K_p

VAN'T HOFF hat den umkehrbaren Kreisprozeß ersonnen, durch
den man des Betrages AL_{max} wenigstens theoretisch habhaft werden kann;
der Arbeit, die ein noch nicht im Gleichgewicht befindliches System
(Konzentrationen c_i^*) auf seinem Wege zum Gleichgewicht (Konzentrationen c_i) abzugeben vermag. Die beispielsweise an der Reaktion
$CO + O_2/2 = CO_2$ beteiligten, in beliebigen Konzentrationen c_{CO}^*, $c_{O_2}^*$,
$c_{CO_2}^*$ vorhandenen, gleiche Temperatur T aufweisenden Gase denkt man
sich getrennt in drei verschiedenen Zylindern untergebracht, die durch
halbdurchlässige Trennwände mit einem von den Gleichgewichtskonzen-
trationen c_{CO}, c_{O_2}, c_{CO_2} erfüllten Raum in Verbindung stehen, so zwar,
daß solche abgestimmten CO-, O_2- bzw. CO_2-Mengen in den Gleichgewichts-
kasten übergehen bzw. aus ihm austreten können, daß der Gleichgewichtszustand im Kasten jederzeit gewahrt bleibt. Bei diesem Beginnen wird
wegen der Teildruckunterschiede $p_{CO}^* - p_{CO}$, $p_{O_2}^* - p_{O_2}$ bzw. $p_{CO_2} - p_{CO_2}^*$
in den CO- und O_2-Zylindern Arbeit gewonnen, im CO_2-Zylinder Arbeit auf
gewendet. Der Vorgang geschieht isotherm, verlustlos, umkehrbar
(auch der CO_2-Zylinder könnte der Lieferer, die anderen Zylinder könnten
die Empfänger sein). Die nach $m \cdot 1{,}987\, T \ln \dfrac{p_{Anfang}}{p_{Ende}}$ berechenbaren isothermen Expansions- bzw. Kompressionsarbeiten geben somit als maxi-
male Arbeit:

$$AL_{max} = 1 \cdot 1{,}987\, T \ln \frac{p_{CO}^*}{p_{CO}} + \frac{1}{2} \cdot 1{,}987\, T \ln \frac{p_{O_2}^*}{p_{O_2}} - 1 \cdot 1{,}987\, T \ln \frac{p_{CO_2}}{p_{CO_2}^*}$$

$$= 1{,}987\, T \ln \frac{p_{CO}^*\, p_{O_2}^{*\,1/2}\, p_{CO_2}}{p_{CO}\, p_{O_2}^{1/2}\, p_{CO_2}^*} = 1{,}987\, T \left(\ln \frac{p_{CO}^*\, p_{O_2}^{*\,1/2}}{p_{CO_2}^*} - \frac{p_{CO}\, p_{O_2}^{1/2}}{p_{CO_2}} \right)$$

$$= 1{,}987\, T \left(\ln K_p^* - \ln K_p \right) . \tag{106}$$

Für $K_p^* = K_p$ ist $AL_{max} = 0$: Gleichgewicht ist von vornherein vorhanden,

für $K_p^* > K_p$ ist $AL_{max} > 0$: Reaktion verläuft freiwillig,

für $K_p^* < K_p$ ist $AL_{max} < 0$: Reaktion muß erzwungen werden,

für $K_p^* = 1$ ist $AL_{norm} = -1{,}987\ T \ln K_p$.

Es ergibt sich z. B. für die mit je 1 at ($K_p^* = 1$, $\ln K_p^* = 0$) in den Prozeß $CO + O_2/2 = CO_2$ eingehenden und bei $T = 2000\ °K$ isotherm reagierenden Gase ($K_p = 1{,}39 \cdot 10^{-6}$) ein $AL_{max} = -1{,}987 \cdot 2000\ (-6{,}58)$ $= 26\,140$ kcal; bei höheren Temperaturen entsprechend weniger, s. Tabelle 12.

Tabelle 12. *Zahlenwerte zur Reaktion* $CO + O_2/2 = CO_2$

T	300	500	1000	1500	2000	
K_p			$6{,}25 \cdot 10^{-11}$	$5{,}15 \cdot 10^{-6}$	$1{,}39 \cdot 10^{-3}$	[Gl.
$\ln K_p$			$-23{,}5$	$-12{,}2$	$-6{,}58$	(106)]
AL_{max}			$46\,620$	$36\,300$	$26\,140$	
I_{CO}	$67\,640$	$69\,040$	$72\,810$	$76\,920$	$81\,190$	
$\frac{1}{2} I_{O_2}$	0	720	$2\,705$	$4\,845$	$7\,070$	
I_{CO_2}	0	$1\,970$	$7\,970$	$14\,750$	$21\,890$	
$\triangle I$	$67\,640$	$67\,790$	$67\,545$	$67\,015$	$66\,370$	
S_{CO}	$47{,}41$	$50{,}99$	$56{,}18$	$59{,}50$	$61{,}96$	
$\frac{1}{2} S_{O_2}$	$24{,}55$	$26{,}40$	$29{,}13$	$30{,}86$	$32{,}14$	
S_{CO_2}	$51{,}18$	$56{,}18$	$64{,}40$	$69{,}88$	$73{,}99$	
$\triangle S$	$20{,}78$	$21{,}21$	$20{,}91$	$20{,}48$	$20{,}11$	
$T \triangle S$	$6\,234$	$10\,605$	$20\,910$	$30\,720$	$40\,220$	[Gl.
$AL_{max} \equiv \triangle G$	$61\,406$	$57\,185$	$46\,635$	$36\,295$	$26\,150$	(108)]
G_{CO}	$53\,420$	$43\,545$	$16\,630$	$-12\,330$	$-42\,730$	
$\frac{1}{2} G_{O_2}$	$-7\,366$	$-12\,478$	$-26\,425$	$-41\,445$	$-57\,210$	[Seite
G_{CO_2}	$-15\,350$	$-26\,120$	$-56\,430$	$-90\,070$	$-126\,090$	75]
$\triangle G \equiv AL_{max}$	$61\,404$	$57\,187$	$46\,635$	$36\,295$	$26\,150$	
$1{,}987\ T$	596	993	$1\,987$	$2\,979$	$3\,974$	
$\ln K_{CO}$	-103	$-57{,}6$	$-23{,}5$	$-12{,}18$	$-6{,}58$	[Gl.
K_{CO}	$1{,}8 \cdot 10^{-45}$	$9{,}7 \cdot 10^{-26}$	$6{,}2 \cdot 10^{-11}$	$5{,}15 \cdot 10^{-6}$	$1{,}39 \cdot 10^{-3}$	(114)]

Da man AL_{max} nur erwarten kann, wenn der Prozeß umkehrbar abläuft, d. h. von aneinander gereihten Gleichgewichtszuständen sein Gepräge erhält, so ist nur natürlich, in Gl. (106) die beiden Werte AL_{max} und K_p aufeinander bezogen zu sehen.

g) AL_{max} und Hauptsätze

Da die K_p-Werte für tiefe Temperaturen schwierig bestimmbar sind, ist ein zweiter Zugang zur wichtigen Größe AL_{max} willkommen.

Für die bei $T =$ konst betrachteten chemischen Prozesse gilt allgemein $\triangle U = Q + AL_{max} + AL$. Die Volumenarbeit AL entfällt, wenn $V =$ konst sein soll, und man erhält in diesem Fall (GIBBS-HELMHOLTZ)

$$\triangle U = T\triangle S + AL_{max} \quad \text{oder} \quad AL_{max} \equiv \triangle F = \triangle U - T\triangle S. \quad (107)$$

Bleibt während des Prozesses neben T auch P konstant, so gilt

$$\triangle I = T\triangle S + AL_{max} \quad \text{oder} \quad AL_{max} \equiv \triangle G = \triangle I - T\triangle S. \quad (108)$$

Gl. (108) weist für die häufigen, bei konstantem Druck verlaufenden Prozesse nochmals nach, wie die Reaktionsenthalpie $\triangle I$ bei umkehrbarem Geschehen in die beiden Anteile der freien Enthalpie $\triangle G$ (oder AL_{max}) und der gebundenen Enthalpie $T\triangle S$ übergeht. Bei nichtumkehrbarem Prozeßverlauf glitte ein mehr oder weniger großer Teil des AL_{max} zu

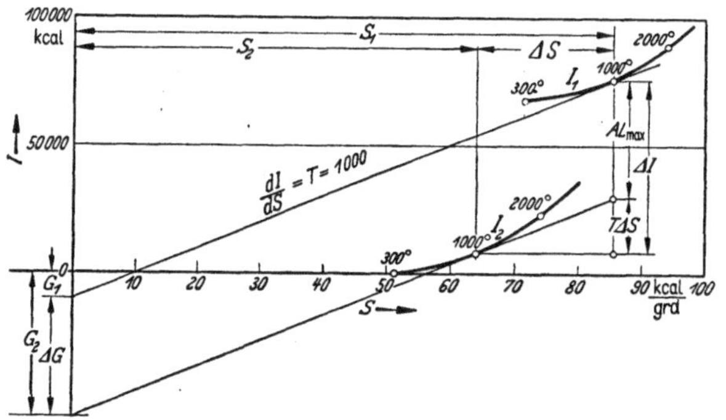

Abb. 47. IS-Kurven der Zu- und Abgase der Reaktion $CO + O_2/2 = CO_2$

$T\triangle S$ hinüber — die Zunahme von $\triangle S$ ist ja Ausdruck der in Kauf genommenen Nichtumkehrbarkeiten — und ein verringerter Nutzbetrag AL bliebe zurück. Man sieht außerdem aus $T\triangle S = f(T, S)$ und $AL_{max} = f(I, T, S)$, daß durch Vermittlung von reinen Zustandsgrößen eindeutige Aussagen über die beiden Anteile gemacht werden, daß insbesondere AL_{max} eine durch keinen auszuklügelnden Sonderweg vermehrbare Ausbeutegröße darstellt.

Da sich $\triangle I$ mit der Temperatur nicht sehr stark ändert, wird AL_{max} um so kleiner, je höher die Temperatur liegt, die für den Prozeß das Niveau abgibt und günstigstenfalls $T = 300$ °K sein kann. Dies wird anschaulich z. B. im IS-Diagramm der Reaktion $CO + O_2/2 = CO_2$ (Abb. 47), das für $p = 1$ at sowohl die I_1-Kurve der Ausgangsstoffe $(CO + O_2/2)$ als auch die I_2-Kurve des Endstoffes CO_2 enthält. Wegen $dI/dS = T$ schneidet die an die I_2-Isobare im Punkte T gelegte Tangente auf der im Abstand $\triangle S$ befindlichen $\triangle I$-Strecke den Betrag $T\triangle S$ ab. Es wird deutlich, welche starken Abstriche AL_{max} bei höheren Temperaturen erfährt. — Siehe als Ergänzung zu diesem Beispiel der

Volumenschrumpfung das Kurvenpaar A und E auf Abb. 42 als Beispiel der Volumenvermehrung; vgl. auch Abb. 45.

Voraussetzung für dieses Aufeinanderlegen zweier, verschiedene Stoffe betreffenden Entropiediagramme ist das Vorhandensein des gleichen Ursprunges, der gleichen ‚absoluten' Zählung der Entropie. Nach dem NERNSTschen dritten Hauptsatze der Wärmelehre ist bei $T = 0$ für die festen, kristallisierten und gleichartig zusammengesetzten Körper auch $S = 0$, welcher Zustand für alle während der Abkühlung durch den Gas-, Flüssigkeits- und Festzustand wandernden idealen Körper schließlich angenommen werden darf.

Verfügt man über eine Zahlentafel mit den freien Enthalpien G (vgl. Tabelle 13), so gelangt man auf kurzem Wege zu den Werten $AL_{max} = \triangle G$. Die Differenz zwischen den vorher (z. B. $G_{CO} + 1/2\,G_{O_2}$) und nachher (G_{CO_2}) zutreffenden freien Enthalpien ist leicht gefunden (Abb. 47) und gibt, falls im Erzeugnis auch wirklich 1 kmol CO_2 vorliegt, natürlich das gleiche Ergebnis AL_{max}, wie es Tabelle 12 für die nach Gl. (106) behandelte Reaktion ausweist.

Befindet sich der Reaktionsraum *samt* seinen Zuleitungen (dort I_1 und S_1) und Ableitungen (dort I_2 und S_2) in einer sehr heißen Umgebung, so treten zwingenderweise die Zu- und Abgase in den von der hohen Umgebungstemperatur gebotenen Gleichgewichtsaufteilungen auf, also etwa ein ursprüngliches kmol O_2 bei 3000 °K in Form von 0,94 kmol O_2 + 0,12 kmol O oder ein kmol CO_2 in Form von 0,560 kmol CO_2 + 0,440 kmol CO + 0,191 kmol O_2 + 0,058 kmol O. Wegen der von solchen Umgruppierungen benötigten Dissoziationsenergien wachsen die Enthalpien der betreffenden Reaktionspartner über die für die einfachen ‚Formelgasmengen'[1] geltenden Beträge hinaus, und die Enthalpiedifferenzen $\triangle I = I_1 - I_2$ und die Entropiedifferenzen $\triangle S = S_1 - S_2$ werden stark beeinflußt. Zur näheren Erläuterung werden eine exotherme und eine endotherme Reaktion betrachtet.

Für die Reaktion $CO + O_2/2 = CO_2$ zeigt Abb. 48 den Verlauf der Zu- und Abwerte von I und S und Abb. 49 den Verlauf von $\triangle I$, $T\triangle S$ und, als Differenz ($\triangle I - T\triangle S$) gewonnen, von AL_{max}. Der Reaktionsraum hat der Umgebung die positive Wärmemenge $+\triangle I$ gegeben, von welcher der Teil $+AL_{max}$ als maximale Nutzarbeit verwendbar ist, der

---

[1] Für einige der Standardgleichungen mag man von vornherein die Summation der Enthalpien I, der Entropien S und der freien Enthalpien G *vor* und *nach* dem Prozeß und die entsprechenden Differenzbildungen $\triangle I$, $\triangle S$, $\triangle G$ vornehmen (Reaktionsenthalpie, Reaktionsentropie, freie Reaktionsenthalpie). Man muß sich dabei allerdings auf die Molzahlen v_A, $v_B \cdots$ und v_C, $v_D \cdots$ beschränken, die den *formelmäßigen* Umsatz beschreiben. Bei höheren Temperaturen läßt die Dissoziation der Art und Zahl nach geänderte Mole auftreten, so daß die ‚Formelumsatzwerte' nicht mehr zutreffen.

Tabelle 13. *Freie Enthalpien* $G = (I - TS)$ *kcal*

T	t	CO_2	H_2O	O_2	N_2	CO	H_2
300	27	— 15 350	— 13 570	— 14 730	— 13 760	+ 53 420	+ 48 400
500	227	— 26 120	— 23 060	— 24 955	— 23 325	+ 43 545	+ 41 760
773	500	— 42 050	— 36 940	— 39 720	— 37 190	+ 29 290	+ 31 820
1000	727	— 56 420	— 49 460	— 52 850	— 49 450	+ 16 630	+ 22 960
1273	1000	— 74 180	— 64 800	— 68 820	— 64 390	+ 1 230	+ 11 955
1500	1227	— 90 070	— 78 420	— 82 890	— 77 605	— 12 330	+ 2 275
1773	1500	—109 190	— 95 065	— 99 700	— 93 470	— 27 270	— 9 585
2000	1727	—126 090	—109 280	—114 420	—107 170	— 42 730	—19 700
2273	2000	—146 740	—126 875	—132 160	—123 880	— 59 930	—32 325
2500	2227	—163 925	—141 680	—147 090	—137 825	— 74 215	—42 715
2773	2500	—185 400	—159 450	—165 230	—155 340	— 91 820	—55 885
3000	2727	—203 785	—175 360	—180 670	—169 360	—106 570	—66 580
3273	3000	—225 450	—194 000	—198 900	—186 810	—124 490	—79 705
3500	3227	—243 930	—209 470	—214 400	—201 625	—139 665	—91 180

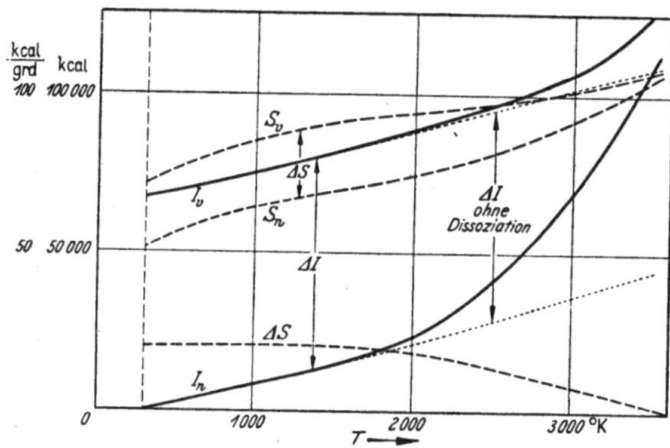

Abb. 48. Enthalpien I, Entropien S vor und nach der Reaktion $CO + O_2/2 = CO_2$ und Reaktionsentropien $\triangle S$

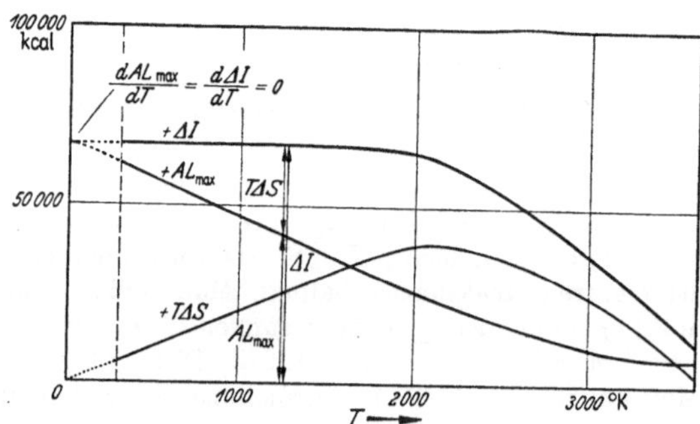

Abb. 49. Reaktionsenthalpien $\triangle I$, freie Reaktionsenthalpien AL_{max} und gebundene Energien $T\triangle S$ der Reaktion $CO + O_2/2 = CO_2$

für 1 kmol Gas (1 at)

OH	NO	C_{gr}	H	O	N	Luft
+ 25 000	+ 6 540	+ 93 620	+ 72 450	+ 47 530	+ 74 490	— 13 950
+ 15 810	— 3 915	+ 94 195	+ 66 680	+ 39 535	+ 66 890	— 23 690
+ 2 420	— 19 030	+ 92 885	+ 58 340	+ 28 090	+ 55 770	— 37 750
— 9 360	— 32 430	+ 90 960	+ 50 710	+ 17 960	+ 46 310	— 50 250
— 23 860	— 48 780	+ 89 320	+ 41 500	+ 5 730	+ 34 560	— 65 335
— 36 455	— 63 040	+ 87 430	+ 33 440	— 4 910	+ 24 530	— 78 810
— 51 830	— 80 420	+ 85 070	+ 23 650	— 17 650	+ 12 160	— 94 885
— 64 860	— 95 100	+ 82 710	+ 15 325	— 28 630	+ 1 780	—108 630
— 80 950	—113 010	+ 79 720	+ 5 000	— 41 850	—10 990	—125 445
— 94 340	—128 285	+ 77 050	— 3 420	— 52 990	—21 695	—139 875
—110 910	—146 590	+ 73 650	—13 850	— 66 500	—34 800	—157 200
—124 650	—162 350	+ 70 680	—22 650	— 77 840	—45 630	—171 850
—141 560	—181 310	+ 66 900	—33 250	— 91 550	—58 650	—189 570
—155 600	—197 100	+ 63 805	—42 315	—103 125	—69 400	—203 875

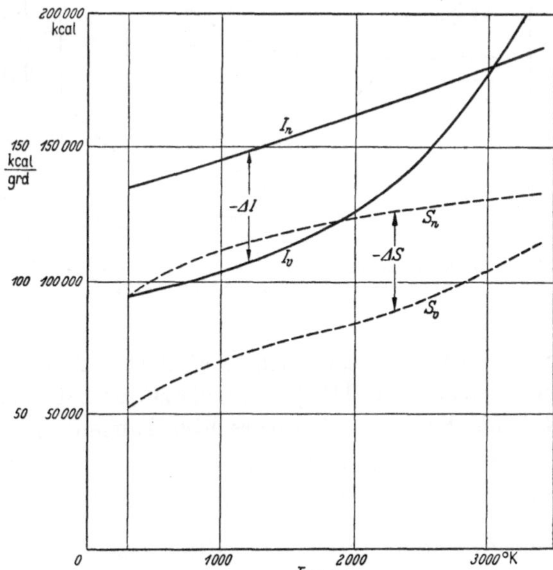

Abb. 50. Enthalpien I, Entropien S vor und nach der Reaktion $C + CO_2 = 2\,CO$, und Reaktionsentropien $\triangle S$

Teil $+ T \triangle S$ dagegen zufolge $+ \triangle S$ auf dem T-Niveau gebunden bleibt. Das AL_{max} ist um so größer, je näher T der natürlichen Umgebungstemperatur $T = 300\,°K$ kommt; es ist stets positiv, den freiwilligen Ablauf der betrachteten Reaktion anzeigend.

Für die zweite Reaktion $C + CO_2 = 2\,CO$ sind die Abb. 50 und 51 zutreffend. Erwartungsgemäß ist bei niederen Temperaturen die Reaktionsenthalpie $\triangle I$ negativ, d. h. man muß $-\triangle I$ beisteuern; auch $T\triangle S$ ist negativ, die Bindung eben dieser Wärmemenge an den Reaktionsraum besagend; ferner ist AL_{max} negativ, den nicht freiwilligen Ablauf der Reaktion kennzeichnend. Bei rd. 1000 °K geht jedoch AL_{max} aus dem negativen ins positive Feld über und läßt $-\triangle I = -T\triangle S$ sein: die vom Prozeß beanspruchte Wärme $-\triangle I$ wird völlig von der vom Reaktionsraum vereinnahmten ‚Gebühr' absorbiert. Bei noch höheren Bezugstemperaturen enthält das zuströmende ‚CO_2-Gemisch' beträchtliche Enthalpien, so daß zur Hebung auf I_2 nur noch verringerte Wärmemengen $-\triangle I$ beigebracht werden müssen; an $-T\triangle S$ wird aber von der sehr heißen Umgebung so kräftig zugeschossen, daß dank der Eigenart des Prozesses ein positives AL_{max} verbleibt und den in solchen Temperaturhöhen freiwillig gewordenen Verlauf der Reaktion anzeigt.

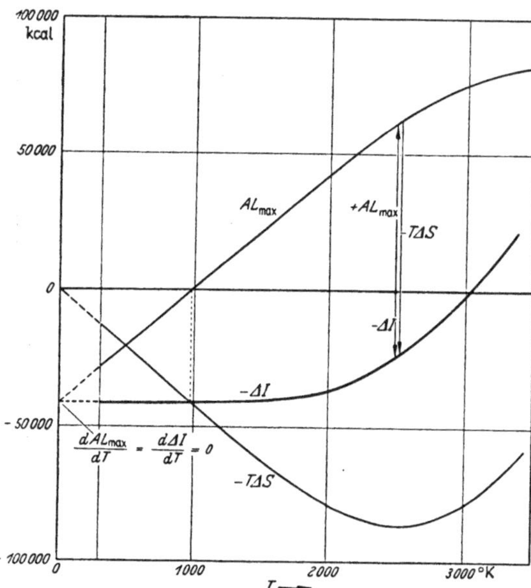

Abb. 51. Reaktionsenthalpien $\triangle I$, freie Reaktionsenthalpien AL_{max} und gebundene Energien $T\triangle S$ der Reaktion
$$C + CO_2 = 2\,CO$$

Die Abb. 49 und 51 lassen gleichzeitig den Kurvengang bei $T = 0$ erkennen: Daß dort $\triangle I$ und AL_{max} identische Werte annehmen [vgl. Gl. (110)] wird ergänzt durch die bedeutsame Feststellung, daß beide Kurven mit wagerechter Tangente in die Ordinate einlaufen.

Zu den betrachteten Prozessen $CO + O_2/2 = CO_2$ und $C + CO_2 = 2\,CO$ kann man als dritten Prozeß $C + O_2/2 = CO$ hinzunehmen, dessen Gleichgewichtswerte $\log \dfrac{K_{CO}}{K_B}$, Reaktionsenthalpien $\triangle I$ und maximalen Arbeiten AL_{max} von den Summen der entsprechenden Werte der beiden ersten Prozesse gebildet werden.

Leider ist zwecks unmittelbarer Gewinnung von Arbeit den chemischen Energien auf den idealen Umkehrwegen nicht beizukommen. Wir müssen vielmehr zusehen, wie diese Energien im üblichen Verbrennungsprozeß bei mehr oder weniger hohen Temperaturen in physikalische Wärme umgewandelt und wie erst dann den Wärmeträgern, den Feuergasen, mit Hilfe von Temperaturgefällen die vom zweiten Hauptsatz gestatteten Arbeitsanteile entnommen werden — wobei der lange Weg vermehrte Gelegenheiten schafft zu ausbeuteschmälernden Verlusten. Wir können eben die ineinander dringenden, von ihrem Anfangsdruck auf den Teildruck im Gemisch fallenden Partner hinsichtlich der dabei anfallenden Expansionsarbeit nicht ausnutzen. Das Bedauern, den Idealweg nicht verwirklichen zu können, wird durch die Berechnung einiger AL_{max}-Beträge nach Gl. (108), also der bei $T = 300\ ^\circ K$ mittels umkehrbarer Prozesse aus $\triangle I$ zu holenden Ausbeuten $AL_{max} = \triangle I$ — $300\ (\nu_A\, S_A + \cdots - \nu_C S_C - \cdots)$, schmerzlich unterstrichen:

$$CO + O_2/2 = CO_2:\ AL_{max} = 67\,640 - 300\,(47{,}41 + 24{,}55 - 51{,}18)$$
$$= 61\,410\ (91\%\ \text{von}\ \triangle I)\,,$$

$$H_2 + O_2/2 = H_2O_{fl}:\ AL_{max} = 68\,320 - 300\,(31{,}32 + 24{,}55 - 16{,}75)$$
$$= 56\,580\ (83\%\ \text{von}\ \triangle I)\,,$$

$$CH_4 + 2\,O_2 = CO_2 + 2\,H_2O_{fl}:\ AL_{max} = 213\,000 - 300\,(44{,}6 + 98{,}22$$
$$- 51{,}18 - 33{,}50) = 195\,580\ (91\%\ \text{von}\ \triangle I)\,.$$

Mit Hilfe der IS-Diagramme erhält man übrigens für jede Reaktion neben dem vom Ausgangsgemisch theoretisch dargebotenen AL_{max} ebenso mühelos die „Technische Arbeitsfähigkeit AL_f" [4], d. h. den auf 1 kmol Brennstoff bezogenen, aus dauernd zuströmendem und bis zum Umgebungszustand ausgenutztem Feuergas (Endgemisch) gewinnbaren Energiebetrag. In Abb. 52 stellt die im Punkte S_u der 1 Atm-Isobare des Abgases $CO + 0{,}5\ (O_2 + 3{,}76\ N_2)$

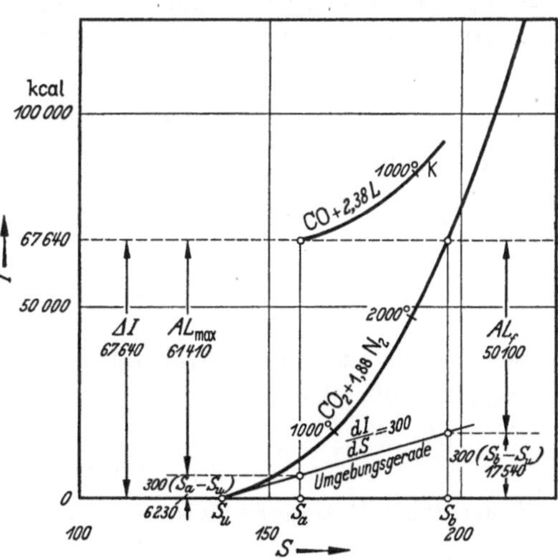

Abb. 52. Ermittlung von AL_{max} und AL_f für
$CO + 2{,}38\ L = CO_2 + 1{,}88\ N_2$

$= CO_2 + 1{,}88\ N_2$ angelegte Tangente $dI/dS = 300$ die „Umgebungsgerade" dar; sie teilt von $\triangle I = 67\,640$ kcal den gegenüber $AL_{max} = 61\,410$ kcal kleineren, theoretisch zur Verfügung stehenden Wert $AL_f = 50\,100$ kcal ab, der nur 74% von $\triangle I$ ausmacht. — Der aus praktischen Wärmeprozessen gewinnbare Bruchteil liegt wiederum tiefer, wir müssen uns mit bestenfalls 30% bis 40% begnügen.

h) AL_{max} und $\triangle S$

Die Gl. (107), (108) zeigen, daß AL_{max} eindeutig von reinen Zustandsgrößen abhängt. Die durch AL_{max} vermittelte Aussage über die Lage zum Gleichgewicht und über die freiwillige oder zu erzwingende Weise, zum Gleichgewicht zu kommen, kann natürlich auch von der Entropie erwartet werden, die ja auf solche Aussagen besonders zugeschnitten ist und von ihrem im Gleichgewichtszustand erreichten Größtwert aus nicht weiter zunehmen kann. In der Tat folgt aus Gl. (108) durch Differenzieren bei konstantem Druck

$$dAL_{max}/dT = d\triangle I/dT - T\, d\triangle S/dT - \triangle S;$$

und mit $d\triangle I/dT = T\, d\triangle S/dT$ ergibt sich, daß die bei Temperaturänderungen eintretende Zu- oder Abnahme von AL_{max} der negativen Entropiedifferenz gleich ist:

$$dAL_{max}/dT = -\triangle S. \tag{109}$$

So folgen z. B. für die Reaktion $CO + O_2/2 = CO_2$ mit Hilfe der für $T = 2000$ °K bekannten Werte $AL_{max} = 26150$ und $\triangle S = 20{,}11$ jene für $T = 1900$ °K zu $AL_{max} = 26150 + 100 \cdot 20{,}11 = 28161$ kcal und für $T = 2100$ °K zu $AL_{max} = 26150 - 100 \cdot 20{,}11 = 24139$ kcal.

i) AL_{max} und $\triangle I$

Eine $\triangle I$ und AL_{max} verbindende Beziehung ergibt sich durch Einsetzen von Gl. (109) in $\triangle I = AL_{max} + T\triangle S$ zu (HELMHOLTZsche Gleichung)

$$\triangle I = AL_{max} - T\frac{dAL_{max}}{dT}. \tag{110}$$

Bei $T = 0$ ist der Subtrahend $T\dfrac{dAL_{max}}{dT} = 0$ und folglich $\triangle I = AL_{max}$, s. Abb. 49, 51.

k) $\triangle I$ und K_p

Eine direkte Beziehung zwischen $\triangle I$ und K_p ist gleichfalls ableitbar; sie wurde über $\triangle I = AL_{max} - T\dfrac{dAL_{max}}{dT}$ und $AL_{max} = RT(\ln K_p^* - \ln K_p)$ schon angebahnt (VAN 'T HOFFsche Reaktionsisobare):

$$\triangle I = RT^2 \frac{d\ln K_p}{dT}. \tag{111}$$

Sie gestattet, aus einem bekannten Gleichgewichtswert K_{T_1} die neuen Werte K_{T_2} für benachbarte Temperaturen zu berechnen, wenn die dem mittleren Temperaturzustand eigentümliche Enthalpiedifferenz $\triangle I$ bekannt ist. Z. B. erhält man, wiederum für die Reaktion $CO + O_2/2 = CO_2$, aus den für $T = 2000\,°K$ geltenden Werten $\triangle I = 66\,370$, $K_p = 1{,}39 \cdot 10^{-3}$:

$$\frac{d \ln K_p}{dT} = \frac{\triangle I}{1{,}987\, T^2} = \frac{66\,370}{1{,}987 \cdot 4 \cdot 10^6} = 0{,}836 \cdot 10^{-2}\,,$$

$$\ln K_{p\,1900} = -\,6{,}58 - 0{,}84 = -\,7{,}42;\quad K_{p\,1900} = 6{,}0 \cdot 10^{-4}\,,$$

$$\ln K_{p\,2100} = -\,6{,}58 + 0{,}84 = -\,5{,}74;\quad K_{p\,2100} = 3{,}2 \cdot 10^{-3}\,.$$

Darf $\triangle I$ über einem gewissen Bereich als konstant angesehen werden, so gibt die Integration der obigen Gleichung

$$\ln K_p = -\,\frac{\triangle I}{1{,}987\, T} + \text{konst}$$

oder

$$\log K_p = -\,\frac{\triangle I}{4{,}575}\,\frac{1}{T} + \text{konst}\,. \tag{112}$$

In einem Diagramm $\log K_p$ über $1/T$ hat die durch K_p- und T-Werte festgelegte Gerade die Neigung $-\dfrac{\triangle I}{4{,}575}$, und es ist

$$\triangle I = 4{,}575 \cdot T_1 T_2 \frac{\log K_{p_2} - \log K_{p_1}}{T_2 - T_1}\,. \tag{113}$$

Abb. 53 zeigt dies mit den K_p-Werten der Tabelle 5 und ermöglicht gleichzeitig Interpolationen für Zwischentemperaturen. Für den Bereich $T = 1500\,°K$ bis $T = 2000\,°K$ erhält man als mittlere $\triangle I$-Werte aus den Kurven

$$K_{CO}: 66\,900, \quad K_{H_2}: 59\,400,$$
$$K_{OH}: 36\,400 \quad K_{NO}: 21\,650,$$
$$K_C: 95\,200, \quad K_H: 84\,000,$$
$$K_O: 60\,200, \quad K_N: 88\,300\,.$$

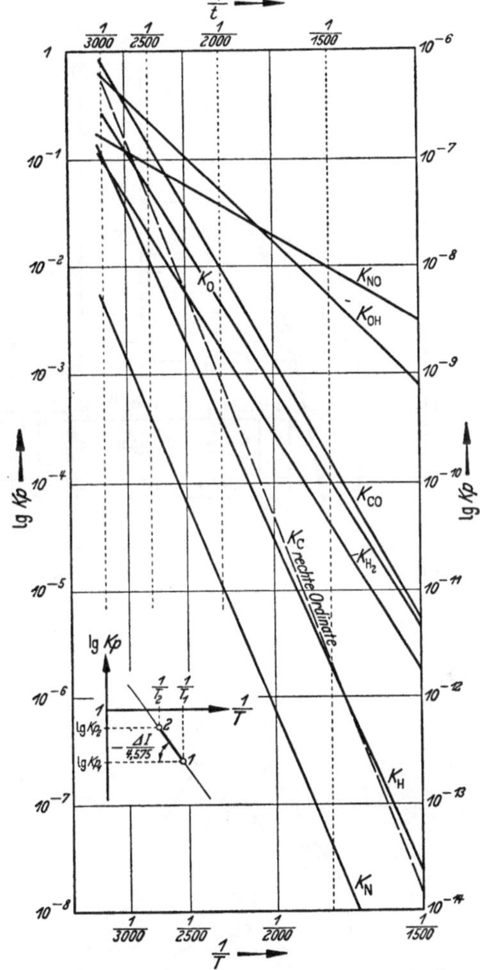

Abb. 53. Log K_p über $1/T$ und Ermittlung der durchschnittlichen $\triangle I$-Werte

1) K_p-Ermittlung aus $\triangle I$ und $\triangle S$

Für eine bei $T = \text{konst}$ erfolgende Umsetzung kann die Gleichgewichtskonstante K_p allein aus den Enthalpie- und Entropieunterschieden

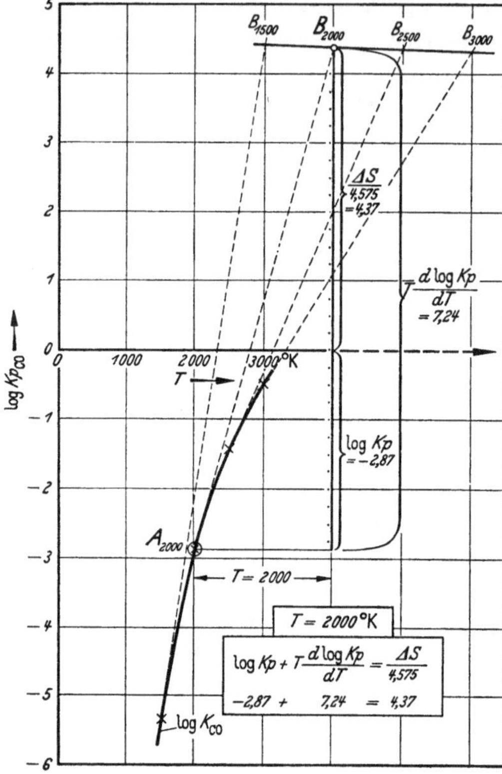

Abb. 54. Tangentenkonstruktion zur Ermittlung von
$\triangle S$ aus $\log K_p/T$

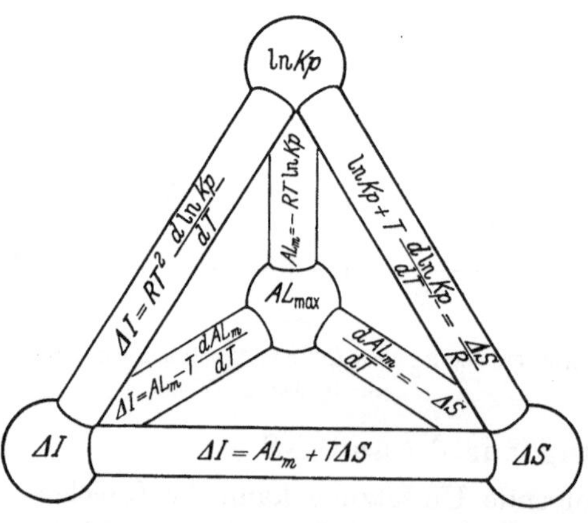

Abb. 55. Schema zur Energetik chemischer Reaktionen

nach

$$\ln K_p = \frac{T\,\triangle S - \triangle I}{1,987\,T}$$

$$\text{oder}\quad \log K_p = \frac{T\,\triangle S - \triangle I}{4,575\,T}$$

$$(114)$$

berechnet werden, s. Tabelle 12.

Der Verlauf der $\log K_p$-Kurven kann in einem die Temperatur T als Abszisse aufweisenden Diagramm sehr bequem auf die in Abb. 54 dargestellte Weise verfolgt werden mit Hilfe der Beziehung

$$\log K_p + T\frac{d\log K_p}{dT} = \frac{\triangle S}{4,575},$$

$$(115)$$

die sowohl die eigentlichen $\log K_p$-Punkte als auch die dort zutreffenden Kurvenneigungen $d\log K_p/dT$ durch die $\triangle S$-Werte bestimmt sein läßt: Die in A an die Kurve gelegte Tangente muß auf der im Abstand T gezeichneten Ordinaten den in der Höhe $\triangle S/4,575$ gelegenen Punkt B treffen.

Sofern ein Formelumsatz durch Gleichgewichte einer einzigen K_p-Art charakterisiert wird, läßt sich allein aus der Kurve $\log K_p/T$ mittels der Tangentenkonstruktion die Reaktionsentropie $\triangle S/4,575$ und mittels Gl. (114) die Reaktionsenthalpie $\triangle I = T\cdot(\triangle S - 4,575 \log K_p)$ gewinnen.

m) Übersicht

Das Schema Abb. 55 gibt eine Übersicht über die die einzelnen Größen verknüpfenden Beziehungen.[1]

14. Anhang

a) Dissoziationsgrad

Mitunter beschränkt man sich darauf, nur den Zerfall des Kohlendioxyds CO_2 in CO und O_2 und des Wasserdampfes H_2O in H_2 und O_2 in Betracht zu ziehen und mit einem Dissoziationsgrad α_{CO_2} bzw. α_{H_2O} den Teil des Gesamtgewichtes CO_2 bzw. H_2O zu bezeichnen, der dissoziiert ist, s. Abb. 57. Allerdings ist die Temperaturspanne, in der wegen Überwiegens gerade dieser Dissoziationen solche Vereinfachungen zulässig sind, verhältnismäßig klein.

Für den zur Verbrennung gegebenen *Kohlenstoff* lautet bei *Luftüberschuß* die Reaktionsgleichung

$$C + \lambda\,(O_2 + 3{,}76\,N_2) \to (1 - \alpha_{CO_2})\,CO_2 + \alpha_{CO_2}\,CO$$
$$+ (\lambda - 1 + \alpha_{CO_2}/2)\,O_2 + 3{,}76\,\lambda\,N_2 = \Sigma\,m\,. \quad (116)$$

Es liegen vor die Bilanzsummen:

$$\Sigma C = 1; \quad \Sigma O = 2\,\lambda; \quad \Sigma N = 7{,}52\,\lambda\,. \quad (117)$$

Als Teildrücke treffen zu:

$$p_{CO_2} = \Sigma p \cdot (1 - \alpha_{CO_2})/\Sigma m; \quad p_{CO} = \Sigma p \cdot \alpha_{CO_2}/\Sigma m \text{ usw.} \quad (118)$$

Aus bekannten Teildrücken p_{CO_2} und p_{CO} findet man den Dissoziationsgrad zu

$$\alpha_{CO_2} = p_{CO}/(p_{CO_2} + p_{CO}) = p_{CO}/p_{CO_2}/(1 + p_{CO}/p_{CO_2})\,. \quad (119)$$

Bei *Luftmangel* verbliebe ein Teil z von vornherein als Kohlendioxyd, die knappe Luftzufuhr ermöglicht nur die Erzeugung von $(1 - z)$ Teilen Kohlenoxyd. Die Menge $z\,CO_2$ zerfiele wiederum in $z\,(1 - \alpha_{CO_2})\,CO_2$, $z\,\alpha_{CO_2}\,CO$, $z\,\alpha_{CO_2}/2\,O_2$, und die vollständige Reaktionsgleichung lautete:

$$C + \lambda\,(O_2 + 3{,}76\,N_2) \to z\,(1 - \alpha_{CO_2})\,CO_2 + [(1 - z) + \alpha_{CO_2}\,z]\,CO$$
$$+ \alpha_{CO_2}\,z/2\,O_2 + 3{,}76\,\lambda\,N_2 = \Sigma\,m\,. \quad (120)$$

Die Bilanzsummen sind diesmal:

$$\Sigma C = 1; \quad \Sigma O = 2\,\lambda = 1 + z; \quad \Sigma N = 7{,}52\,\lambda\,. \quad (121)$$

Als Teildrücke ergeben sich:

$$p_{CO_2} = \Sigma p \cdot z\,(1 - \alpha_{CO_2})/\Sigma m; \quad p_{CO} = \Sigma p \cdot (1 - z + \alpha_{CO_2}\,z)/\Sigma m \text{ usw.} \quad (122)$$

---

[1] Den Hinweis, die Darstellung aus der Ebene in die Raumform des Tetraeders zu übertragen, verdanke ich Herrn Prof. Bošnjaković.

Aus bekannten Teildrücken p_{CO_2} und p_{CO} findet man den Dissoziationsgrad zu
$$\alpha_{CO_2} = 1 - p_{CO_2}/z\,(p_{CO_2} + p_{CO})\,. \tag{123}$$

Für die *Wasserstoff*verbrennung sind ähnliche Gleichungen ableitbar.
Bei *Luftüberschuß* gilt die Reaktionsgleichung

$$H_2 + \frac{\lambda}{2}\,(O_2 + 3{,}76\,N_2) \to (1 - \alpha_{H_2O})\,H_2O + \alpha_{H_2O}\,H_2$$
$$+\; 0{,}5\,(\alpha + \lambda - 1)\,O_2 + 1{,}88\,\lambda\,N_2 = \Sigma\,m \tag{124}$$

mit den Bilanzsummen:

$$\{H = 2; \quad \{O = \lambda; \quad \{N = 3{,}76\,\lambda\,. \tag{125}$$

Es sind die Teildrücke

$$p_{H_2O} = \Sigma\,p \cdot (1 - \alpha_{H_2O})/\Sigma\,m; \quad p_{H_2} = \Sigma\,p \cdot \alpha_{H_2O}/\Sigma\,m \tag{126}$$

usw. zu erwarten. Werden sie direkt ermittelt, lassen sie den Dissoziationsgrad α_{H_2O} errechnen zu

$$\alpha_{H_2O} = p_{H_2O}/(p_{H_2O} + p_{H_2}) = p_{H_2}/p_{H_2O}/(1 + p_{H_2}/p_{H_2O})\,. \tag{127}$$

Bei *Luftmangel* reicht der Sauerstoff nur hin, um λ Teile H_2O zu
bilden, dessen Dissoziation $\lambda\,(1 - \alpha_{H_2O})$ Teile Wasserdampf, $\lambda\,\alpha_{H_2O}$ Teile
Wasserstoff und $\frac{\lambda}{2}\,\alpha_{H_2O}$ Teile Sauerstoff ergibt. Die vollständige Reaktionsgleichung lautet

$$H_2 + \frac{\lambda}{2}\,(O_2 + 3{,}76\,N_2) \to (1 - \alpha_{H_2O})\,H_2O + (1 - \lambda + \lambda\alpha)\,H_2$$
$$+\; \frac{\lambda}{2}\,\alpha_{H_2O}\,O_2 + 1{,}88\,\lambda\,N_2 = \Sigma\,m \tag{128}$$

mit den gleichen Bilanzsummen wie oben.

Die Teildrücke betragen

$$p_{H_2O} = \Sigma\,p \cdot (1 - \alpha_{H_2O})/\Sigma\,m; \quad p_{H_2} = \Sigma\,p \cdot (1 - \lambda + \lambda\alpha)/\Sigma\,m \text{ usw. } \tag{129}$$

Der aus bekannten Teildrücken errechenbare Dissoziationsgrad α_{H_2O}
folgt zu

$$\alpha_{H_2O} = 1 - p_{H_2O}/(p_{H_2O} + p_{H_2})\,. \tag{130}$$

Die gleichzeitige Berücksichtigung *zweier* Dissoziationsgrade α_{CO_2} und
α_{H_2O} erfordert bereits umständliche Rechnungen [*33*]. Trotz der An-
schaulichkeit, die der einzelne Dissoziationsgrad durch seine Bezugnahme auf die undissoziierte Ausgangsmenge bieten mag, gibt man bei
eingehenderen Betrachtungen dem allgemein anwendbaren Verfahren 7a
(S. 20) den Vorzug.

Überdies ist bei den α-Werten außer der Temperaturabhängigkeit
auch die Abhängigkeit vom Gesamtdruck zu beachten. Zu den *K*-

Werten bestehen folgende Beziehungen:

$$K_{CO} = \sqrt{p}\ \frac{\alpha_{CO_2}}{1-\alpha_{CO_2}}\ \sqrt{\frac{\alpha_{CO_2}}{2+\alpha_{CO_2}}}\ ,\quad K_{H_2} = \sqrt{p}\ \frac{\alpha_{H_2O}}{1-\alpha_{H_2O}}\ \sqrt{\frac{\alpha_{H_2O}}{2+\alpha_{H_2O}}}\ .$$

Schreibt man
$$\frac{K}{\sqrt{p}} = \frac{\alpha}{1-\alpha}\ \sqrt{\frac{\alpha}{2+\alpha}}\ ,\tag{131}$$

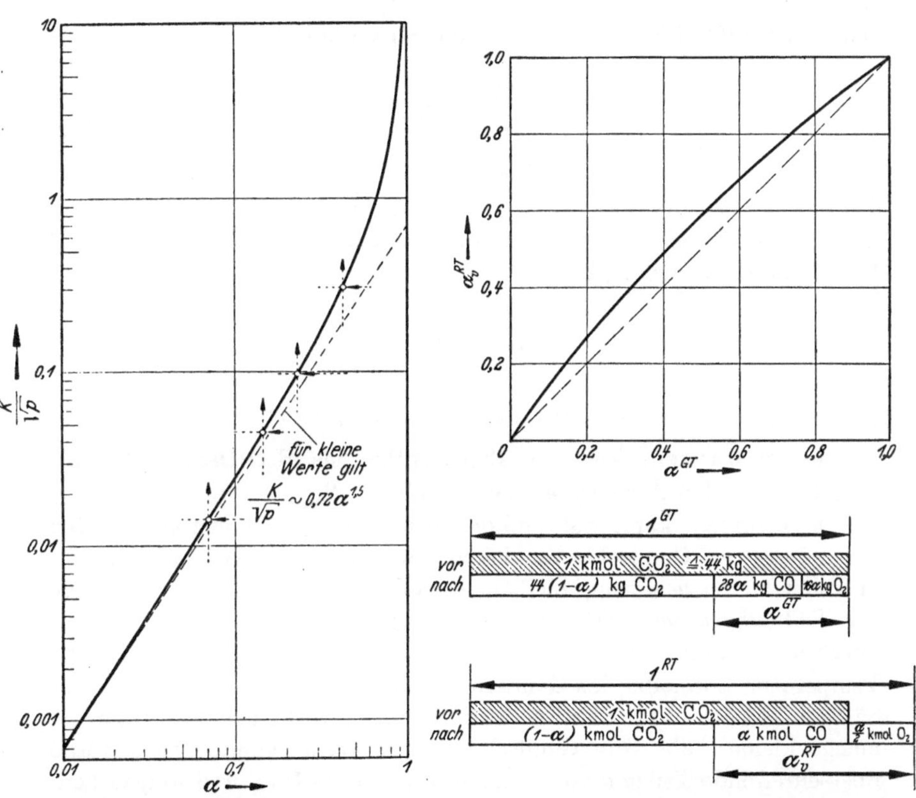

Abb. 56. Zusammenhang zwischen Dissoziationsgrad α und Gleichgewichtskonstante K_p

Abb. 57. Dissoziationsgrad α, auf GT oder auf RT bezogen

so dient die Kurve der Abb. 56 zur Veranschaulichung der Zusammenhänge; z. B. ist bei $T = 3000°$ K für die Drücke 1 at und 10 at:

	1 at	10 at		1 at	10 at
$\dfrac{K_{CO}}{\sqrt{p}} =$	0,31	0,098	$\dfrac{K_{H_2}}{\sqrt{p}} =$	0,0445	0,0141
$\alpha_{CO_2} =$	0,42	0,23	$\alpha_{H_2O} =$	0,147	0,071

Wie bekannt, drängen erhöhte Drücke die Dissoziationsgrade zurück.

Zuweilen werden im Dissoziationsgradbegriff α nicht die *Gewichte*, sondern die *Volumen* verglichen. Während — gewichtsmäßig — von 1 kmol $\left\{ \begin{matrix} CO_2 \\ H_2O \end{matrix} \right.$ der Gewichtsteil α dissoziiert, d. h. sich in $\begin{matrix} 28\,\alpha\ kg \\ 2\,\alpha\ kg \end{matrix} \left\{ \begin{matrix} CO \\ H_2 \end{matrix} \right.$ und 16 α kg O_2 aufteilt, wird — räumlich — gemäß $CO_2 = CO + \frac{O_2}{2}$ das ursprünglich vorhandene kmol $\left\{ \begin{matrix} CO_2 \\ H_2O \end{matrix} \right.$ um $\frac{\alpha}{2}$ kmol vergrößert; die Dissoziationsprodukte $\left\{ \begin{matrix} CO \\ H_2 \end{matrix} \right.$ und O_2 beanspruchen α kmol und $\frac{\alpha}{2}$ kmol, das sind

$$\alpha_v = \frac{\alpha + \dfrac{\alpha}{2}}{1 + \dfrac{\alpha}{2}} = \frac{3\,\alpha}{2 + \alpha}\ RT \tag{132}$$

des neuen Gesamtvolumens, vgl. Abb. 57. Umgekehrt errechnet man den auf die Gewichtsteile abgestellten Dissoziationsgrad α aus dem auf Raumteile bezogenen α_v zu

$$\alpha = \frac{2\,\alpha_v}{3 - \alpha_v}. \tag{133}$$

b) Feuchtluft und Taupunkt

Der im warmen, feuchten Abgas enthaltene H_2O-Dampf, der mit m_{H_2O} kmol in den $\Sigma\,m_i$ kmol einen Teildruck $P_{H_2O} = (m_{H_2O}/\Sigma\,m_i) \cdot P_{ges}$ belegt (DALTON), kann während der meist bei $P_{ges} = $ konst erfolgenden Abkühlung des Gemisches nur bis zu einer bestimmten Temperatur t_2 in voller Menge gasförmig bleiben. Dort entspricht dann die H_2O-Menge der *Sättigungsmenge*; sie wirkt mit ihrem Sättigungsdruck P'_{H_2O}, der durch die Spannungskurve des Wasserdampfes gegeben ist. Von dieser Temperatur ab bleibt das Gemisch mit Wasserdampf gesättigt. Da der Sättigungsdruck mit der Temperatur abnimmt, wird auch die Sättigungsmenge kleiner, die vom Gemisch getragen werden kann. Der das Maß überschreitende Teil *taut* aus, kondensiert. Durch Ruß- und Flugaschenbeimischungen schmierig gemachte Niederschläge an den Wandungen von Rauchgasabzügen sind die Folge; aus SO_2-Bestandteilen des Abgases entstehende H_2SO_4-Lösungen führen lästige Zerstörungen an Rohrleitungen, Dachkonstruktionen usw. herbei. Dem Taupunkt ist deshalb Aufmerksamkeit zu widmen.

Die Zusammenhänge sind klar überschaubar mit Hilfe des MOLLIERschen ix-Diagrammes der Feuchtluft [25, 26], das für Gemische aufgestellt wurde, die aus 1 kg Trockenluft $L + x$ kg Wasserdampf bestehen (Abb. 58, Tabelle 14):

$$L_f = L\,(1 + x)\ kg\ \text{Feuchtluft}. \tag{134}$$

Ein t_1 °C warmes Ausgangsgemisch enthält x_1 kg H_2O; es könnte maximal x_1' kg aufnehmen, ist also nur entsprechend dem *Sättigungsgrad* ψ

$$\psi = x_1/x_1', \tag{135}$$

gesättigt oder, um den Feuchtigkeitszustand mittels der uns hier interessierenden Teildrücke auszudrücken, besitzt nur die *relative Feuchtigkeit* φ

$$\varphi = \frac{P_{H_2O}}{P'_{H_2O}}. \tag{136}$$

Es ist $\qquad \psi/\varphi = (P_{ges} - P'_{H_2O})/(P_{ges} - P_{H_2O}).$

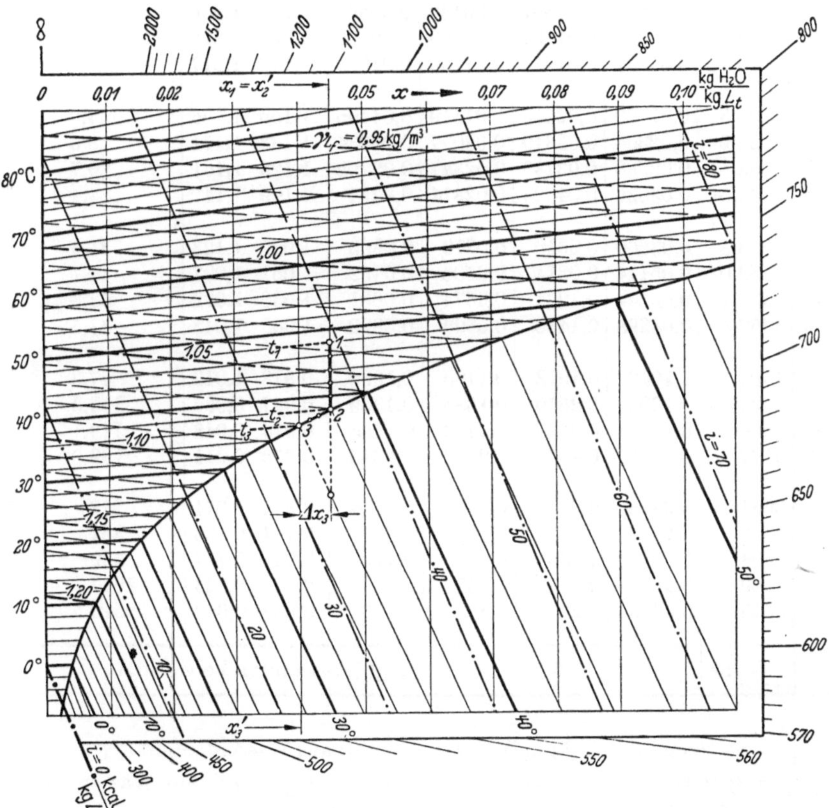

Abb. 58. Ermittlung der Tautemperatur im MOLLIER-Diagramm feuchter Luft

Kühlt man das Gemisch ① ab, so ändern sich die Gewichtsmengen 1 kg L und x_1 kg H_2O nicht, und man erreicht in ② jenen Punkt, der für den betreffenden Gesamtdruck P_{ges} im Knick der Isotherme t_2 die Unstetigkeit enthält, welche die von da ab einsetzende Taubildung kennzeichnet (*Taupunkt*). Weiterer Wärmeentzug bis zur Temperatur t_3

ließe $\triangle x_3$ flüssig ausfallen, da nur x_3' dampfförmig im Gemisch schweben bleiben kann.

Tabelle 14. Feuchtluftwerte

t °C	P_{H_2O} $\dfrac{kg}{m^2}$	γ_{H_2O} $\dfrac{kg}{m^3}$	y' $\dfrac{kmol\ H_2O}{kmol\ L_t}$	x' $\dfrac{kg\ H_2O}{kg\ L_t}$	ξ' $\dfrac{kg\ H_2O}{kg\ L_f}$	γ_{L_f}' $\dfrac{kg}{m^3}$ 1 at 1 Atm	i' $\dfrac{kcal}{1\ kg\ L_t + x'\ kg\ H_2O}$
0	62,28	0,00485	0,00627	0,00390	0,00388	1,248 1,290	2,33
5	88,90	0,00679	0,00897	0,00558	0,00552	1,226 1,266	4,51
10	125,13	0,00940	0,01267	0,00788	0,00782	1,201 1,242	7,15
15	173,76	0,01282	0,01770	0,01100	0,01089	1,178 1,217	10,2
20	238,3	0,01729	0,02443	0,01519	0,01496	1,156 1,195	14,0
25	322,9	0,02304	0,03340	0,02077	0,02034	1,133 1,171	18,6
27	363,5	0,02580	0,03780	0,02347	0,02292	1,123 1,161	20,7
30	432,5	0,03036	0,04525	0,02814	0,0274	1,109 1,147	24,4
35	573,3	0,03960	0,0610	0,0379	0,0365	1,087 1,123	31,6
40	752,0	0,05114	0,0814	0,0506	0,0482	1,061 1,097	40,7
45	977,1	0,06544	0,1084	0,0674	0,0631	1,036 1,072	52,3
50	1257,8	0,08298	0,1438	0,0895	0,0822	1,008 1,043	67,5
55	1605,1	0,1043	0,1913	0,1185	0,1062	0,978 1,013	87,3
60	2031	0,1302	0,2550	0,1585	0,1369	0,947 0,982	113,3
65	2550	0,1611	0,3425	0,2129	0,1755	0,914 0,948	149,1
70	3177	0,1981	0,4660	0,2897	0,2245	0,878 0,911	199,0
75	3931	0,2418	0,648	0,403	0,2874	0,838 0,871	273
80	4829	0,2933	0,933	0,580	0,367	0,794 0,826	387
85	5894	0,3534	1,438	0,894	0,472	0,745 0,777	589
90	7149	0,4235	2,51	1,559	0,609	0,692 0,723	1017
95	8619	0,5045	6,24	3,88	0,795	0,632 0,663	2510
	$\dfrac{y}{x+y}\,10^4$		$\dfrac{y}{x}$		(vgl. Abschnitt: Vergasung)		

P_{H_2O} = Sättigungsdruck (kg/m²) — $P_{H_2O} = f(t)$; aus Wasserdampftafel.

γ_{H_2O} = Spez. Gew. des Wasserdampfes (kg/m³) — $\gamma_{H_2O} = f(t)$; aus Wasserdampftafel. Zugleich H_2O-Höchstgewicht in 1 m³ Feuchtluft.

y' = Sättigungsmenge (kmol H_2O/kmol Trockenluft) — $y' = P_{H_2O}/(10^4 - P_{H_2O})$

x' = Sättigungsmenge (kg H_2O/kg Trockenluft) — $x' = 0{,}622\ y'$.

ξ' = Sättigungsmenge (kg H_2O/kg Feuchtluft) — $\xi' = x'/(1 + x')$.

γ_{L_f}' = Spez. Gew. gesättigter Luft (kg/m³) bei 1 at oder 1 Atm;

$$\gamma_{L_f} = \gamma_{H_2O} + (10^4 - P_{H_2O})/29{,}27 \cdot T \approx \gamma_{H_2O}/\xi'.$$

i' = Enthalpie von $(1 + x')$ kg gesättigter Luft (kcal/kg Trockenluft).

Tabelle 15. *Umrechnungsgleichungen für Trocken- und Feuchtluft*

entspricht eine Menge von	Einer Trocken- oder Feuchtluftmenge, gemessen in			
	kg Trockenluft	kmol Trockenluft	kg Feuchtluft	kmol Feuchtluft
$L_t^{\mathrm{kg}} =$	$1 \; L_t^{\mathrm{kg}}$	$29 \; L_t^{\mathrm{kmol}}$	$\dfrac{1}{(1+x)} L_f^{\mathrm{kg}}$	$\dfrac{29}{1+1,61\,x} L_f^{\mathrm{kmol}}$
$L_t^{\mathrm{kmol}} =$	$\dfrac{1}{29} L_t^{\mathrm{kg}}$	$1 \; L_t^{\mathrm{kmol}}$	$\dfrac{1}{29\,(1+x)} L_f^{\mathrm{kg}}$	$\dfrac{1}{1+1,61\,x} L_f^{\mathrm{kmol}}$
$L_f^{\mathrm{kg}} =$	$(1+x)\; L_t^{\mathrm{kg}}$	$29\,(1+x)\, L_t^{\mathrm{kmol}}$	$1 \; L_f^{\mathrm{kg}}$	$\dfrac{29\,(1+x)}{1+1,61\,x} L_f^{\mathrm{kmol}}$
$L_f^{\mathrm{kmol}} =$	$\dfrac{1+1,61\,x}{29} L_t^{\mathrm{kg}}$	$(1+1,61\,x)\, L_t^{\mathrm{kmol}}$	$\dfrac{1+1,61\,x}{29\,(1+x)} L_f^{\mathrm{kg}}$	$1 \; L_f^{\mathrm{kmol}}$

Mit Hilfe des $i\,x$-Diagrammes für Feuchtluft oder der Tabelle 14 ist die Tautemperatur leicht festzustellen: Man bestimmt das sowohl aus der Brennstoff- als auch aus der Luftfeuchtigkeit stammende H_2O-Gewicht x je 1 kg Trockenluft, betrachtet es als Sättigungswert x' und ermittelt die zugehörige Sättigungstemperatur $=$ Tautemperatur; oder man betrachtet den Teildruck P_{H_2O} des gesamten Wasserdampfes im Abgas als Sättigungsdruck P'_{H_2O} und ermittelt die zugehörige Sättigungstemperatur.

Beispiel: Braunkohlenbrikette

$$(c = 0,51; \quad h = 0,042; \quad o = 0,18; \quad w = 0,15; \quad \sigma = 1,117;$$

$$P_{ges} = 1 \cdot 10^4 \,\mathrm{kg/m^2}; \quad \lambda = 2; \quad t = 20°; \quad \psi = 0,50);$$

$$L = \lambda\, L_{min} = \lambda \cdot 0,3968 \cdot c \cdot \sigma = 2 \cdot 0,3968 \cdot 0,51 \cdot 1,117$$
$$= 0,452 \;\mathrm{kmol/kg}\; B = 13,1 \;\mathrm{kg/kg}\; B\,,$$

$$H_2O_L = L\,x = L\,\psi\,x' = 13,1 \cdot 0,5 \cdot 0,01519 = 0,099 \;\mathrm{kg}\; H_2O\,,$$

$$H_2O_B = \left(\frac{h}{2} + \frac{w}{18}\right) 18 = (0,021 + 0,01)\, 18 = \underline{0,558 \;\mathrm{kg}\; H_2O\,,}$$
$$0,657 \;\mathrm{kg}\; H_2O/\mathrm{kg}\; B$$

$$x = \frac{W}{L} = \frac{0,657}{13,1} = 0,050 \mathrel{\hat=} x' \;\text{ für } t \cong 40°\,\mathrm{C}\,.$$

Oder

$$P_{H_2O} = \frac{m_{H_2O}}{V_f}\,10^4 = \frac{H_2O_{L+B}^{\mathrm{kmol}}}{V_t + H_2O_{L+B}^{\mathrm{kmol}}}\,10^4 = \frac{H_2O_{L+B}}{c/12 + (\lambda - 0,21)\, L_{min} + H_2O_{L+B}}\,10^4$$

$$= \frac{0,0365}{0,0425 + 1,79 \cdot 0,226 + 0,0365}\,10^4 = 755 \;\mathrm{kg/m^2}$$

$$= P'_{H_2O} \;\text{ für } t \cong 40°\,\mathrm{C}; \quad \text{s. auch Abb. 59.}$$

Steht das Gemisch unter höherem Gesamtdruck P_{ges}, so kommt die das Gasgebiet vom Nebelgebiet scheidende Taulinie *höher* zu liegen $\left(x' = 0,622 \dfrac{P'_{H_2O}}{P_{ges} - P'_{H_2O}} \text{ wird kleiner}\right)$. Die Isothermen des *Gasgebietes* können auch hier zur Auffindung des *Taupunktes* benutzt werden; die lediglich zur Berechnung der ausfallenden Mengen benötigten Isothermen des *Nebel*gebietes gehen allerdings von anderen Taulinienpunkten aus und müssen gegebenenfalls neu eingetragen werden. Bei $P_{ges} = 5 \cdot 10^4\,\mathrm{kg/m^2}$ gäbe obiges $x = 0{,}050$ bzw. $P_{H_2O}/P_{ges} = 0{,}0755$ einen Taupunkt $t = 74°\,$C. Ein unter hohem Druck stehendes Gemisch ist also gegen Abkühlung hinsichtlich Austauen empfindlicher, die Kondensation beginnt bereits bei höheren Temperaturen.

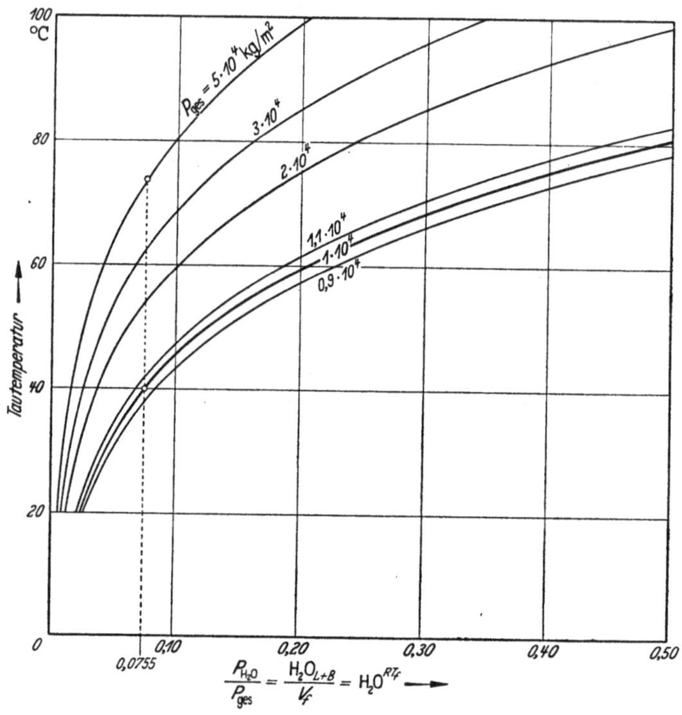

Abb. 59. Tautemperaturen zu verschiedenen Wasserdampfteildrücken P_{H_2O} bei verschiedenen Gesamtdrücken P_{ges}

c) Beispiele

Beispiel 1. Analysenbrennstoff
Vollkommene Verbrennung mit Luftüberschuß

Brennstoffdaten:

Braunkohlenbrikett:

$c = 0{,}511$ kg		$\sigma = 1{,}128$ kmol O_2/kmol C,
$h = 0{,}042$		$v = 0,$
$s = 0{,}018$		$CO_{2\,max} = 0{,}191$ RT,
$o = 0{,}180$		$\mathfrak{H}_u = 4615$ kcal/kg B.
$w = 0{,}150$		
$a = 0{,}100$		

$\overline{1{,}00\text{ kg } B.}$

Luftdaten:

$O_{2\,min} = 0,0479$ kmol $\,\hat{=}\, 1,15$ nm³ $\,\hat{=}\, 1,53$ kg/kg B,
$L_{min} = 0,228$ kmol $\,\hat{=}\, 5,48$ nm³ $\,\hat{=}\, 6,60$ kg/kg B,
$\lambda = 1,6$,
$L = 0,365$ kmol $\,\hat{=}\, 0,0767\ O_2 + 0,288\ N_2 \,\hat{=}\, 10,56$ kg/kg B.

Bruttoformel:

   $\xi C = 0,511/12 = 0,0426$,
   $\xi H = 0,042 + 0,150/9 = 0,0587$,
   $\xi O = 0,180/16 + 0,0150/18 + 1,6 \cdot 1,128 \cdot 0,511/6 = 0,1732$,
   $\xi N = 1,6 \cdot 1,128 \cdot 0,511/1,6 = 0,5764$.

Abgas:

Kohlendioxyd: $0,0426$ kmol $\,\hat{=}\, 1,874$ kg $\,\hat{=}\, 0,109$ at, $RT_f \,\hat{=}\, 0,118\ RT_t$,
Wasserdampf: $0,0293$ kmol $\,\hat{=}\, 0,529$ kg $\,\hat{=}\, 0,075$ at, $RT_f \,\hat{=}\,$ —
Sauerstoff: $0,0293$ kmol $\,\hat{=}\, 0,938$ kg $\,\hat{=}\, 0,075$ at, $RT_f \,\hat{=}\, 0,080\ RT_t$,
Stickstoff: $0,288$ kmol $\,\hat{=}\, 8,080$ kg $\,\hat{=}\, 0,741$ at, $RT_f \,\hat{=}\, 0,802\ RT_t$.

$$V_f = 0,389 \text{ kmol}; \qquad 11,42 \text{ kg}; \qquad 1,00\ RT_f; \qquad 1,00\ RT_t;$$
$$V_t = 0,360 \text{ kmol}.$$

Durchschnittl. Molgewicht $M_d = 11,42/0,389 = 29,37$ kg/kmol.

$$P_C = 0,109, \qquad P_O = 0,443, \qquad \frac{\xi C}{P_C} = \frac{\xi H}{P_H} = \frac{\xi O}{P_O} = \frac{\xi N}{P_N} = 0,389.$$
$$P_H = 0,150, \qquad P_N = 1,482.$$

Kontrolle der Gewichtsmengen:

zugeführt: 1 kg $B + 10,56$ kg $L = 11,56$ kg,
abgeführt: $11,42$ kg Abgas $+ 0,10$ kg Asche $= 11,52$ kg.

Differenz sind $0,04$ kg SO_2.

Verbrennungskreuz:

gegeben: $c = 0,51$; $\sigma = 1,128$, $CO_2 = 0,118\ RT_t$,
gefunden: $\lambda = 1,6$, $O_{2\,min} = 1,15$ nm³/kg, $O_2 = 0,080\ RT_t$,

$$CO_2/O_2 = 1,475; \qquad \frac{1/\sigma}{(\lambda - 1)} = 1,48.$$
$$V_t/(\lambda - 1) = 14,5; \qquad V_t = 8,7 \text{ nm}^3/\text{kg}.$$

Überschlagsrechnungen:

$L_{min} = 1,01 \cdot 4,6 + 0,5 = 5,15$ Nm³/kg B (statt $5,11$),
$V_{f\,min} = 0,89 \cdot 4,6 + 1,65 = 5,75$ Nm³/kg B,
$V_f = 5,75 + 0,6 \cdot 5,15 = 8,84$ Nm³/kg B (statt $8,72$).
$I = 4615/8,84 = 520$ kcal/Nm³ (statt 529),
$v_L = 5,15/8,84 = 0,35$.

t_2 aus Allgem. *It*-Diagramm: rd. $1400\ °C$.

Mittels $S*/1000$ aus Tabelle 11 gewonnene *IT*- und *IS*-Werte des Modellabgases:

$T =$	300	500	1000	1500	2000	2500	3000° K
$I =$	0	635	2250	4010	6110	8830	14 680 kcal,
$S =$	18,123	19,79	22,00	23,47	24,67	25,84	27,90 Cl.

Aus dem mit diesen Werten gezeichneten IT-Diagramm erhält man bei $I = \mathfrak{H}_u =$ 4615 kcal die theoretische Verbrennungstemperatur $t_2 = 1400°$ C.

Beispiel 2. Formelbrennstoff
Vollkommene Verbrennung mit stöchiometrischer Luftmenge.

Brennstoffdaten:

Hexan C_6H_{14}: $c = 0{,}836$ GT, $\sigma = 9{,}5/6 = 1{,}583$,
$h = 0{,}164$ GT, $CO_{2\,max} = 0{,}144$ RT,
$M = 86$ kg/kmol, $\mathfrak{H}_\bullet = 11\,550$ kcal/kg,
$\mathfrak{H}_u = 10\,670$ kcal/kg $\,\hat{=}\,$ 917 620 kcal/kmol.

Luftdaten:

$O_{2\,min} = 6 \cdot 1{,}583 = \;\;9{,}5$ kmol/kmol B,
$L_{min} = \qquad\qquad 45{,}2$ kmol/kmol B,
$\lambda = 1{,}0$,
$L = 9{,}5\,O_2 + 35{,}7\,N_2 = 45{,}2$ kmol/kmol B.

Bruttoformel:

1 kmol $C_6H_{14} + \lambda \cdot 45{,}2$ kmol $L = 6$ kmol $CO_2 + 7$ kmol $H_2O + 35{,}75$ kmol N_2.
$\xi C = 6$, $\xi H = 14$, $\xi O = 19$, $\xi N = 71{,}5$.

Abgas:

Kohlendioxyd:	6 kmol $\hat{=}$	264 kg $\hat{=}$	0,123 at,	RT_f,
Wasserdampf:	7 kmol $\hat{=}$	126 kg $\hat{=}$	0,143 at,	RT_f,
Sauerstoff:	— kmol $\hat{=}$	— kg $\hat{=}$	— at,	RT_f,
Stickstoff:	35,75 kmol $\hat{=}$	1002 kg $\hat{=}$	0,734 at,	RT_f,

$V_f = \overline{48{,}75}$ kmol; $\overline{1392}$ kg; $\overline{1{,}00}$ at, RT_f;
$V_t = 41{,}75$ kmol.

Durchschnittl. Molgewicht $M_d = 1392/48{,}75 = 28{,}6$ kg/kmol.

$$P_C = 0{,}123, \quad P_O = 0{,}389, \qquad \frac{\xi C}{P_C} = \frac{\xi H}{P_H} = \cdots = 48{,}75.$$
$$P_H = 0{,}286, \quad P_N = 1{,}466.$$

Verbrennungstemperatur:

aus Allgem. It-Diagramm: $I = 10\,670/12{,}69 = 841$ kcal/Nm³,
$v_L = 0$; $t = 1975°$ C.

aus Modellabgasdiagramm: $616/1392 = 21{,}6/48{,}75 = 0{,}443$,
$\mathfrak{H}_u \cdot 0{,}443 = 406\,000$ kcal; $T = 2255°$ K,
$t = 1982°$ C.

Beispiel 3. Gasbrennstoff
Vollkommene Verbrennung mit Luftüberschuß.

Brennstoffdaten:

Stadtgas, $CO' = 0{,}10$ RT, $M'_m = 12{,}50$ kg/kmol, $\sigma = 1{,}075/0{,}55 = 1{,}955$,
$H'_2 = 0{,}45$ RT, $R' = 67{,}9$ mkg/kmol grd, $\nu = 0{,}02/0{,}55 = 0{,}036$,
$CH'_4 = 0{,}35$ RT, $\gamma' = 0{,}521$ kg/nm³, $CO_{2\,max} = 0{,}120$ RT,
$C_2H'_4 = 0{,}04$ RT,
$O'_2 = 0{,}02$ RT, $\mathfrak{H}_0 = \Sigma\,m'\,\mathfrak{H}'_0 = 125\,570$ kcal/kmol,
$N'_2 = 0{,}02$ RT, $\mathfrak{H}_u = \mathfrak{H}_0 - m_{H_2O} \cdot 10\,760 = 112\,330$ kcal/kmol.
$CO'_2 = 0{,}02$ RT,
$\overline{1{,}00\ \text{RT}}$

Luftdaten:

$$O_{2\,min} = 1,075 \text{ kmol/kmol } B, \qquad L_{min} = 5,12 \text{ kmol/kmol } B,$$
$$\lambda = 1,3, \qquad\qquad L = 6,66 \text{ kmol/kmol} = 192,5 \text{ kg/kmol}.$$

Frischgas/Luft-Gemisch:

$$V' = 1 \text{ kmol } B + 6,66 \text{ kmol } L = 7,66 \text{ kmol},$$
$$M_m^* = 12,50/7,66 + 192,5/7,66 = 26,85 \text{ kg/kmol},$$
$$G = 12,50 + 192,5 = 205 \text{ kg},$$
$$R^* = 31,6 \text{ mkg/kmol grd},$$
$$\gamma^* = 1,12 \text{ kg/nm}^3.$$

Bruttoformel:

$$\xi C = 0,55, \qquad \xi O = 2,98,$$
$$\xi H = 2,46, \qquad \xi N = 10,54.$$

Abgas:

Kohlendioxyd: $\quad 0,550$ kmol $\;\hat{=}\; 0,0746$ RT_f,
Wasserdampf: $\quad 1,230$ kmol $\;\hat{=}\; 0,1667$ RT_f,
Sauerstoff: $\quad\quad 0,325$ kmol $\;\hat{=}\; 0,0441$ RT_f,
Stickstoff: $\quad\quad 5,270$ kmol $\;\hat{=}\; 0,7146$ RT_f,

$$V_f = 7,375 \text{ kmol}, \qquad 1,00 \quad RT_f.$$
$$V_t = 6,145 \text{ kmol}.$$

Durchschnittl. Molgewicht $M_d = 205/7,375 = 27,80$ kg/kmol.

Volumenkontraktion $\quad \triangle V = V' - V_f = 0,29$ kmol.

$$P_C = 0,0746, \qquad P_O = 0,4041, \qquad \frac{\xi C}{F_C} = 7,375.$$
$$P_H = 0,3334, \qquad P_N = 1,4292.$$

Verbrennungstemperatur:

$$I = 112\,330/7,375 = 15\,230 \text{ kcal/kmol} \;\hat{=}\; 679 \text{ kcal/Nm}^3,$$
$$v_L = 5,12 \cdot 0,3/7,375 = 0,21.$$
$$t_2 = 1735° \text{ C (Ausgangstemperatur } 0° \text{ C)}.$$

Bringt das Ausgangsgemisch *Vorwärme* $\{\Sigma\, m\, [C_p]_0^{t_1}\} \cdot t_1$ mit, erhöhen sich I und t_2; z. B. bei $t_1 = 300°$ C:

$$\text{Vorwärme} = (0,10 \cdot 7,06 + 0,45 \cdot 6,97 + 0,35 \cdot 10,10 + 0,04 \cdot 13,55$$
$$+ 0,02 \cdot 7,26 + 0,02 \cdot 7,05 + 0,02 \cdot 10,06 + 6,66 \cdot 7,05) \cdot 300$$
$$= 16\,660 \text{ kcal/kmol } B.$$

$$I^* = (112\,330 + 16\,660)/7,375 = 17\,500 \text{ kcal/kmol} \;\hat{=}\; 781 \text{ kcal/Nm}^3.$$
$$t_2^* = 1920° \text{ C}.$$

Mit Hilfe des Modellabgases (Grundtemperatur $+ 27$ °C) erhält man für die beiden Fälle

$$\text{bei } I = 329\,000 \text{ kcal die Temperatur } t_2 = 1720° \text{ C},$$
$$\text{bei } I = 378\,000 \text{ kcal die Temperatur } t_2^* = 1930° \text{ C}.$$

Taupunkt:

Für $m_{H_2O}/V_f = 1,230/7,375 = 0,167$ folgt aus Abb. 59: $t = 56°$ C.

Beispiel 4. Analysenbrennstoff

Verbrennung bei rd. 2000 °C mit vorgewärmter Feuchtluft.

Brennstoffdaten:

Steinkohle: $c = 0{,}807$ kg, $n = 0{,}013$ kg, $\sigma = 1{,}141$,
           $h = 0{,}040$ kg, $w = 0{,}062$ kg, $\nu = 0{,}0069$,
           $o = 0{,}026$ kg, $a = 0{,}043$ kg, $CO_{2\,max} = 0{,}189$ RT,
           $s = 0{,}009$ kg, $\overline{1{,}0 \text{ kg,}}$ $\mathfrak{H}_u = 7530$ kcal/kg B.

Luftdaten:

$t = 20° C$, $x' = 0{,}01519$, $\psi = 0{,}75$, $x = 0{,}0114$, $\lambda = 1{,}5$,

$O_{2\,min} = 0{,}0766$ kmol/kg B, $L_{min} = 0{,}365$ kmol, $L_t = 0{,}5475$ kmol,
                   $L_{f\,min} = 0{,}372$ kmol, $L_f = 0{,}5575$ kmol,

vorgewärmt auf 700 °C.

Bruttoformel:

1 kg $B + \lambda\, O_{2\,min}$ kmol $O_2 + 3{,}76\lambda\, O_{2\,min}$ kmol $N_2 + 1{,}61\, x\lambda\, L_{min}$ kmol H_2O.

$\{C = c/12 = 0{,}0673$,
$\{H = 0{,}040 + 0{,}007 + 1{,}61 \cdot 0{,}0114 \cdot 3 \cdot 0{,}365 = 0{,}0671$,
$\{O = 0{,}0016 + 0{,}0034 + 1{,}5 \cdot 1{,}141 \cdot 0{,}807/6 + 0{,}01005 = 0{,}24505$,
$\{N = 0{,}001 + 0{,}863 = 0{,}864$.

Feuergasberechnung:

Bei $t = 2000° C$ gilt $K_{CO} = 1{,}0 \cdot 10^{-2}$ und $K_{H_2} = 1{,}73 \cdot 10^{-3}$.

$$p_{O_2} \text{ (interpoliert)} \qquad\qquad = 0{,}069 \ \text{ at, } RT_f \triangleq 0{,}0396 \ \text{ kmol,}$$

$$p_{CO_2} = \frac{0{,}931}{1 + 3{,}80 \cdot 10^{-2}} \cdot \frac{0{,}1346}{1{,}0657} \qquad = 0{,}113 \ \text{ at, } RT_f \triangleq 0{,}065 \ \text{ kmol,}$$

$$p_{CO} = 0{,}113 \cdot 0{,}0380 \qquad\qquad = 0{,}004 \ \text{ at, } RT_f \triangleq 0{,}002 \ \text{ kmol,}$$

$$p_{N_2} = 0{,}117 \cdot \frac{0{,}864}{0{,}1346} \qquad\qquad = 0{,}754 \ \text{ at, } RT_f \triangleq 0{,}434 \ \text{ kmol,}$$

$$p_{H_2O} = \frac{0{,}117}{1 + 1{,}73 \cdot 10^{-3} \cdot 3{,}80} \cdot \frac{0{,}0671}{0{,}1346} = 0{,}059 \ \text{ at, } RT_f \triangleq 0{,}034 \ \text{ kmol,}$$

$$p_{H_2} = 0{,}0586 \cdot 0{,}0068 \qquad\qquad = 0{,}0004 \text{ at, } RT_f \triangleq 0{,}0002 \text{ kmol,}$$

$$\Sigma p = 1{,}00 \quad\text{ at, } RT_f \triangleq 0{,}575 \ \text{ kmol.}$$

$\mathsf{P_C} = 0{,}117$, $\dfrac{\{C}{\mathsf{P_C}} \cdots = V_f = 0{,}575$ kmol $\triangleq 12{,}86$ Nm³,

$\mathsf{P_H} = 0{,}118$,

$\mathsf{P_O} = 0{,}427$, $V_t = 0{,}541$ kmol.

$\mathsf{P_N} = 1{,}508$.

Verbrennungstemperatur:

$$Q_{vorw} = 0{,}5575 \cdot 7{,}34 \cdot 700 \doteq \quad 2860 \text{ kcal,}$$
$$\mathfrak{H}_u = \qquad\qquad\qquad\quad \underline{7530 \text{ kcal,}}$$
$$10\ 390 \text{ kcal.}$$

$(Q_{vorw} + \mathfrak{H}_u)/V_f = 808$ kcal/Nm³, $\left.\vphantom{\begin{matrix}a\\b\end{matrix}}\right\}$ $t = 2000°$ C.
$v_L = (\lambda - 1)\, L_{min}/V_f = 0{,}318$,

Taupunkt der Abgase:

$m_{H_2O}/V_f = 0{,}0337/0{,}575 = 0{,}059$; $t = 35^\circ$ C.

Beispiel 5. Analysenbrennstoff

Unvollkommene Verbrennung trotz Luftüberschuß. Schlechte Mischung verursacht Ruß- und Kohlenoxydbildung. Abgasanalyse hinsichtlich CO_2, CO und O_2.

Brennstoffdaten:

Vgl. Beispiel 4. — Bruchteil des verbrannten Kohlenstoffes $\alpha = 0{,}99$.

Luftdaten:

Vgl. Beispiel 4. — Keine Vorwärmung; $\lambda = 1{,}25$ (s. u.).

Abgasberechnung:

Aus den fünf Bestimmungsgleichungen

$$p_{CO_2} + p_{CO} + p_{O_2} + p_{N_2} + p_{H_2O} = \Sigma p \,,$$

$$\frac{p_{CO_2} + p_{CO}}{2\,p_{H_2O}} = \frac{\alpha\,\mathfrak{C}}{\mathfrak{H}}\,,$$

$$\frac{p_{CO_2}}{\Sigma p - p_{H_2O}} = CO_2 \; (RT_t,\ \text{Abgasanalyse}),$$

$$\frac{p_{CO}}{\Sigma p - p_{H_2O}} = CO, \; (RT_t,\ \text{Abgasanalyse}),$$

$$\frac{p_{O_2}}{\Sigma p - p_{H_2O}} = O_2 \; (RT_t,\ \text{Abgasanalyse}),$$

gewinnt man mit Hilfe von

$$\alpha\,\mathfrak{C} = 0{,}99 \cdot c/12 = 0{,}0667,$$

$$\mathfrak{H} = h + w/9 + 2 \cdot 1{,}61 \cdot x \cdot \lambda \cdot L_{min} = 0{,}0640,$$

$$\lambda = \frac{0{,}21}{\sigma}\left(\alpha\,\frac{1 - 0{,}5\,CO}{CO_2 + CO} + \sigma - 1 - \nu\right) = 1{,}25$$

den Wasserdampfteildruck

$$p_{H_2O} = \Sigma p\,\frac{(CO_2 + CO)\,\mathfrak{H}}{(CO_2 + CO)\,\mathfrak{H} + 2\,\alpha\,\mathfrak{C}} = 0{,}066 \text{ at}$$

und die übrigen Teildrücke bzw. $\left(\text{nach Multiplikation mit } \dfrac{\alpha\,\mathfrak{C}}{P_C} = 0{,}483\right)$ die Molmengen bzw. die Gewichte:

Wasserdampf:	0,066 at	$\triangleq$ 0,032 kmol	$\triangleq$ 0,572 kg,
Kohlendioxyd:	0,129 at	$\triangleq$ 0,062 kmol	$\triangleq$ 2,730 kg,
Kohlenoxyd:	0,009 at	$\triangleq$ 0,005 kmol	$\triangleq$ 0,140 kg,
Sauerstoff:	0,046 at	$\triangleq$ 0,022 kmol	$\triangleq$ 0,703 kg,
Stickstoff:	0,750 at	$\triangleq$ 0,362 kmol	$\triangleq$ 10,140 kg,

$$\Sigma p = 1{,}000 \text{ at},\ \Sigma m = 0{,}483 \text{ kmol},$$

$$0{,}008 \text{ kg } [(1 - \alpha)\,c \text{ Ruß}]$$

$$G = 14{,}293 \text{ kg}.$$

Wärmeverlust zufolge der Unvollkommenheiten:

$$Q_u = m_{CO}\,\mathfrak{H}_{CO} + (1 - \alpha) \cdot c/12 \cdot \mathfrak{H}_C = 0{,}005 \cdot 67\,700 + 0{,}000673 \cdot 97\,000$$

$$= 338 + 65 = 403 \text{ kcal } (5{,}3\% \text{ von } \mathfrak{H}_u).$$

Beispiel 14. *Ermittlung der Gleichgewichtstemperatur T_{Gr} und der Teilgasmengen für vergasende Braunkohlenbriketts*

Brennstoff- und Vergasungsmitteldaten:

$B =$ Braunkohlenbrikett, S. Beispiel 1, S. 90.

$x = 1$

$y' = 1,\ y = 1,69,$ $\zeta C = 1,$ $\zeta H = 3,38,$ $\zeta O = 1,88,$ $\zeta N = 1,58.$

$$\frac{2\,\zeta C}{2\,\zeta C + \zeta H + \zeta N} = 0,287, \qquad \frac{\zeta H}{6,96} = 0,486, \qquad \frac{\zeta N}{6,96} = 0,227.$$

Rechengang nach Gl. (219)—(221):

$$T\ (\text{gewählt}) = 850\ {}^\circ K \qquad\qquad T\ (\text{gewählt}) = 900\ {}^\circ K$$

$$K_B = 4,70 \cdot 10^{-2} \qquad\qquad K_B = 1,80 \cdot 10^{-1}$$
$$K_D = 1,36 \cdot 10^{-1} \qquad\qquad K_D = 3,92 \cdot 10^{-1}$$
$$K_M = 6,90 \cdot 10^{-1} \qquad\qquad K_M = 3,25 \cdot 10^{-1}$$

$p_{CH_4} = 0,040^*$	$= 0,060^*$	(* angenommen)	$= 0,040^*$	$= 0,030^*$
$p_{H_2} = 0,241$	$= 0,295$		$= 0,351$	$= 0,304$
$p_{H_2O} = 0,204$	$= 0,129$		$= 0,094$	$= 0,151$
$p_{CO} = 0,08$	$= 0,112$		$= 0,170$	$= 0,155$

$$\frac{p_{CO}\, p_{H_2}}{p_{H_2O}} = 0,98 \cdot 10^{-1} \quad\bigm|\quad = 2,57 \cdot 10^{-1} \qquad\qquad = 6,34 \cdot 10^{-1} \quad\bigm|\quad = 3,12 \cdot 10^{-1}$$

(zu klein)   (zu groß)   (zu groß)   (zu klein)

p_{CH_4} interpoliert p_{CH_4} interpoliert

$$p_{CH_4} = 0,0482 \qquad\qquad = 0,0335$$
$$p_{H_2} = 0,264 \qquad\qquad = 0,321$$
$$p_{H_2O} = 0,172 \qquad\qquad = 0,131$$
$$p_{CO} = 0,088 \qquad\qquad = 0,160$$
$$p_{CO} = 0,166 \qquad\qquad = 0,142$$
$$p_C = +0,013\ (T\ \text{zu klein}) \qquad (T\ \text{zu groß}) = -0,028$$

$$\frac{p_{CO}\, p_{H_2}}{p_{H_2O}} = 1,355 \cdot 10^{-1} \qquad\qquad = 3,92 \cdot 10^{-1}$$

(richtig)   (richtig)

T interpoliert

$$\boxed{T_{Gr} = 865\,{}^\circ K}$$

$$K_B = 7,2 \cdot 10^{-2}, \quad K_D = 1,90 \cdot 10^{-1}, \quad K_M = 5,5 \cdot 10^{-1}.$$

$$\boxed{p_{\mathrm{CH_4}} = 0{,}044 \text{ at}} \ \hat{=}\ m_{\mathrm{CH_4}} = 0{,}141 \text{ kmol}$$

$$p_{\mathrm{H_2}} = 0{,}282 \text{ at} \ \hat{=}\ m_{\mathrm{H_2}} = 0{,}903 \text{ kmol}$$

$$p_{\mathrm{H_2O}} = 0{,}158 \text{ at} \ \hat{=}\ m_{\mathrm{H_2O}} = 0{,}5055 \text{ kmol}$$

$$p_{\mathrm{CO}} = 0{,}1075 \text{ at} \ \hat{=}\ m_{\mathrm{CO}} = 0{,}344 \text{ kmol}$$

$$p_{\mathrm{CO_2}} = 0{,}161 \text{ at} \ \hat{=}\ m_{\mathrm{CO_2}} = 0{,}5155 \text{ kmol}$$

$$p_{\mathrm{N_2}} = 0{,}247 \text{ at} \ \hat{=}\ m_{\mathrm{N_2}} = 0{,}791 \text{ kmol}$$

$$\Sigma p = 0{,}9995 \text{ at} \ \hat{=}\ \Sigma m = 3{,}208 \text{ kmol}$$

$$\mathsf{P_C} = 0{,}3125, \quad \mathsf{P_H} = 1{,}056, \quad \mathsf{P_O} = 0{,}5875, \quad \mathsf{P_N} = 0{,}494 .$$

$$\frac{\Sigma \mathrm{C}}{\mathsf{P_C}} = \frac{\Sigma \mathrm{H}}{\mathsf{P_H}} = \ \ldots\ = \frac{\Sigma m}{\Sigma p} = 3{,}20 .$$

II. Vergasung

15. Luftgas, Wassergas, Generator-Mischgas

Von dem bei einer Kohlenstoffverbrennung sich bildenden Kohlenoxyd bleibt bei Luftmange'prozessen ein Teil unverbrannt und ist im Abgas nachweisbar (unvollkommene Verbrennung). Legt man jedoch auf die Gewinnung solch gasförmigen Brennstoffes Wert, weil er wegen leichter Fortleitung durch Rohre, guter Eignung zum Vermischen mit Verbrennungsluft, aschefreier Verbrennungsprodukte, bequemer Vorwärmbarkeit usw. an mannigfachen Stellen vorteilhaft verwendet werden kann, dann muß die Bildung solchen Kohlenoxydes ausdrücklich begünstigt werden. Leider ist selbst im idealen Falle ($\lambda = 0{,}5$) die im Kohlenstoff C steckende Energie nicht ohne weiteres völlig dem Vergasungsgas mitzuteilen:

$$C + 0{,}5\,O_2 + 1{,}88\,N_2 = CO + 1{,}88\,N_2 + 29\,300 \text{ kcal.}$$

Das kmol CO hat nur $\frac{67\,700}{97\,000} = 0{,}7$ der ursprünglich in 1 kmol C enthaltenen Energie übernommen; die übrigen 29 300 kcal erscheinen als fühlbare Wärme in dem theoretisch 1320 °C heißen Erzeugnis, das *Luftgas* genannt wird.

Im seltenen Falle, daß das heiße Luftgas unmittelbar nach der Erzeugung in einer Feuerung verbrannt wird, kann diese fühlbare Wärme leidlich gut ausgenutzt werden. Meist müssen aber Reinigungsprozesse zwischengeschaltet werden; dabei und während der nachfolgenden Speicherung geht die fühlbare Wärme verloren.

Die Gaserzeugung geschieht in *Generatoren*, die in hoher Schicht (1 bis 2 m) mit dem zu vergasenden Brennstoff gefüllt und knapp mit Luft versorgt werden, Abb. 60. Man ist bestrebt, die Luft tunlichst gleichmäßig zu verteilen und die Entstehung von Falschluftkanälen und von Brennstoffbrücken zu verhindern. Der Sauerstoff der durch die Schicht steigenden Luft („Wind") nimmt im Maße ab, als C und CO sich seiner bemächtigten. Im Gegensatz zu einer niedrig beschickten Feuerung erreicht kein freier Sauerstoff die Schichtoberfläche, und die Reduktion des bereits entstandenen CO_2 zu CO durch den glühenden Kohlenstoff der zwischenliegenden Schichten ist im Interesse reichlicher CO-Bildung erwünscht. Die Menge des schließlich greifbaren CO hängt außer von der Luftdosierung von der Temperatur der abströmenden Gasmischung ab, da nur ganz bestimmte Gleichgewichte zwischen den miteinander reagierenden Teilgasen CO_2 und CO möglich sind: nach hohen Temperaturen hin bekommt CO immer stärkeres Übergewicht (vgl. Abb. 62). Zufolge der Beteiligung glühenden Kohlenstoffes beginnt der CO und $O_2/2$

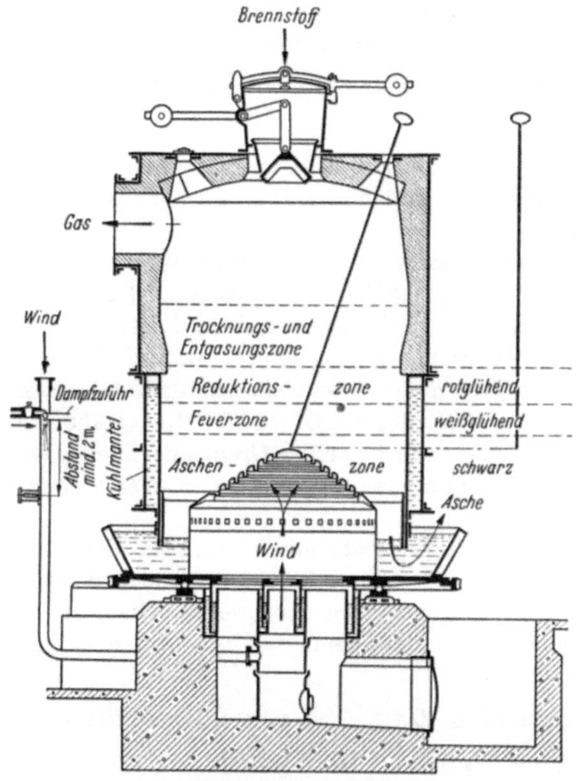

Abb. 60. Generator

liefernde CO_2-Zerfall bei bemerkenswert niedrigen Temperaturen. Das frei gesetzte O_2 reagiert sofort wieder mit dem glühenden C, so daß zwei Vorgänge an der CO-Bildung beteiligt sind.

Es lag nahe, den als fühlbare Wärme auftretenden Energiebetrag nicht entschlüpfen zu lassen, ihn vielmehr im Prozeß zu binden. Man benutzt ihn zur Zersetzung zusätzlich eingeführten Wassers oder Wasserdampfes, so daß das Endgas mit dem Spaltgas Wasserstoff H_2 angereichert wird. Man vereinigt also die beiden Prozesse

$$C + 0{,}5\,O_2 = CO \qquad\qquad + 29\,300\,,$$
$$H_2O_{fl} = H_2 + 0{,}5\,O_2 - 68\,350\,.$$

Theoretisch erlaubt die Wärme von 29 300 kcal die Zersetzung von 0,428 kmol Wasser je kmol C:

$$\left.\begin{array}{l} C \qquad\quad + \quad 0{,}5\,O_2 = CO \qquad + 29\,300\,, \\ 0{,}428\,H_2O_{fl} - 0{,}214\,O_2 = 0{,}428\,H_2 - 29\,300\,, \end{array}\right\} \qquad (200)$$

und es ergibt sich als Summenvorgang — unter Hinzufügung der dem Luftsauerstoff entsprechenden Stickstoffmenge —:

$$C + \underbrace{0{,}286\,O_2 + 1{,}074\,N_2}_{1{,}360\,L} + 0{,}428\,H_2O = CO + 0{,}428\,H_2 + 1{,}074\,N_2\,. \qquad (201)$$

Die insgesamt für 1 kmol CO benötigten 0,5 kmol O_2 stammen als 0,286 kmol aus 1,360 kmol Luft und als 0,214 kmol aus 0,428 kmol zersetztem Wasser.

Offenbar steht dem einen Grenzfall des *idealen Luftgases* (kein Wasserzusatz; $CO + 1{,}88\,N_2$; $0{,}347\,CO + 0{,}653\,N_2$; $+ 29\,300$ kcal) der andere Grenzfall des *idealen Wassergases* (kein Luftzusatz; $CO + H_2$; $0{,}5\,CO + 0{,}5\,H_2$; $- 68350$ kcal) gegenüber. Den Fall gerade ausgeglichener Reaktionswärmen charakterisiert das *ideale Generatormischgas* ($CO + 0{,}428\,H_2 + 1{,}074\,N_2$; $0{,}399\,CO + 0{,}171\,H_2 + 0{,}430\,N_2$); er tritt natürlich eben so selten ein wie die beiden Grenzfälle. Meist liegen Mischgase vor mit jeweils betonterer Luftgas- oder Wassergaszusammensetzung.

Allgemein enthält das Generatormischgas außer CO, H_2, N_2 noch CO_2 und H_2O, zuweilen auch CH_4. Als zu vergasenden Brennstoff kann man der Betrachtung zugrunde legen entweder reinen Kohlenstoff C oder einen beliebigen ‚Analysenbrennstoff' B. Im einfachsten Falle treffen zusammen

$$\left.\begin{array}{l} 1\ \text{kmol } C + x\ \text{kmol Luft } L \qquad + y\ \text{kmol Wasser(dampf)}\,W \\ C + x\,(0{,}21\,O_2 + 0{,}79\,N_2) + y\,H_2O. \end{array}\right\} \qquad (202)$$

Da die folgenden Berechnungsgänge verschiedene Vorbedingungen berücksichtigen sollen, bietet sich eine Unterteilung an auf drei vom Einfachen zum Allgemeinen fortschreitende Hauptfälle:

a) $C + x\,L + y\,W$, ohne CH_4, aa) mit $K_W =$ konstant, (Abschnitt 17),
bb) mit den K_B- und K_D-bedingten Grenz-Gleichgewichtstemperaturen, (Abschnitt 18).

b) $B + x\,L + y'\,W$, ohne CH_4, (Abschnitt 20).

c) $B + x\,L + y'\,W$, mit CH_4, (Abschnitt 21).

Die Zusammensetzung des Endgases ist außer vom vorgegebenen Brennstoff und den zugeführten L- und W-Mengen[1] von den im Innern des Generators mitwirkenden glühenden C-Oberflächen, danach von den im Sammelraum des Generators herrschenden Temperaturen abhängig. Im ersten Fall kommen die Gleichgewichtskonstanten K_B und K_D (S. 104 f) der beiden endothermen Reduktionsprozesse: des ‚trockenen‘ Prozesses, in dem vorher entstandenes Kohlendioxyd mit reaktionsbereitem, glühendem Kohlenstoff, und des ‚nassen‘ Prozesses, in dem Wasserdampf mit ebensolchem Kohlenstoff zusammenwirkt, zur Geltung. Im zweiten Fall herrscht in den stromabwärts gelegenen Zonen über die aus wechselvollen K_B- und K_D-Prozessen stammenden und sich mit etwaigen Verbrennungsgasen mischenden Erzeugnisse CO_2, CO, H_2O, H_2, N_2 das oben bereits erwähnte *Wassergasgleichgewicht K_W*

$$K_W = \frac{p_{CO}\, p_{H_2O}}{p_{CO_2}\, p_{H_2}} = \frac{K_B}{K_D}\,. \tag{203}$$

Es ist temperaturbeständiger als die Einzelwerte K_B und K_D, s. Abb. 61 und Tab. 16, da im Zähler und im Nenner ausgleichende Teildruckverschiebungen geschehen. Bis $T = 1090\ °K$ nähern sich K_B und K_D immer mehr, einander im Wert 10 überschneidend. Der sich am Prozeß beteiligende glühende Kohlenstoff bewirkt starke CO- und H_2-Bildung. Bei weiter steigender Temperatur überflügelt die K_B-bedingte CO-Bildung die K_D-abhängige und zugleich von anwesendem CO beeinflußte H_2-Bildung, bis schließlich höchste, durch *Verbrennung* des Kohlenoxydes und Wasserstoffes mit zusätzlichem Sauerstoff erzeugte Temperaturen den Kohlenstoff beiseite treten und die homogenen Dissoziationspartner CO_2, CO, O_2 bzw. H_2O, H_2, O_2 zur Geltung kommen lassen, deren Regelung von K_{CO} und K_{H_2} übernommen wird. Für die homogenen K_{CO}- und K_{H_2}-Reaktionen beginnt bei $T = 1090\ °K$ die Vorherrschaft des K_{CO}-Prozesses, allerdings in vorerst belanglosem (10^{-9}) Ausmaß. Höhere Temperaturen begünstigen den CO_2 und H_2O-Zerfall mehr und mehr und lassen das die beiden Prozesse verknüpfende K_W-Gleichgewicht maßgeblich werden.

Unter Berücksichtigung des teils aus den x kmol L, teils aus den y kmol W stammenden Sauerstoffes lautet die Bruttoformel eines Vergasungsproduktes

$$C_1 H_{2y}\, O_{0,42\,x\,+\,y}\, N_{1,58\,x}\,. \tag{204}$$

---

[1] Die Feuchte des *Brennstoffes* ist auf W zu übertragen, z. B. ergäbe sich für 12 kg C mit 1,8 kg Feuchtigkeit $\left(\dfrac{1,8}{13,8} = 13\%\right)$ ein $y = 1{,}8/18 = 0{,}10$ kmol W/kmol C.

Die mit feuchter *Luft* eingebrachten W-Mengen entnehme man Tabelle 14.

Vor der Zersetzung kühlt W die Rost- und Feuerzonenteile, deren Haltbarkeit fördernd und die Bildung harter Schlacke hemmend.

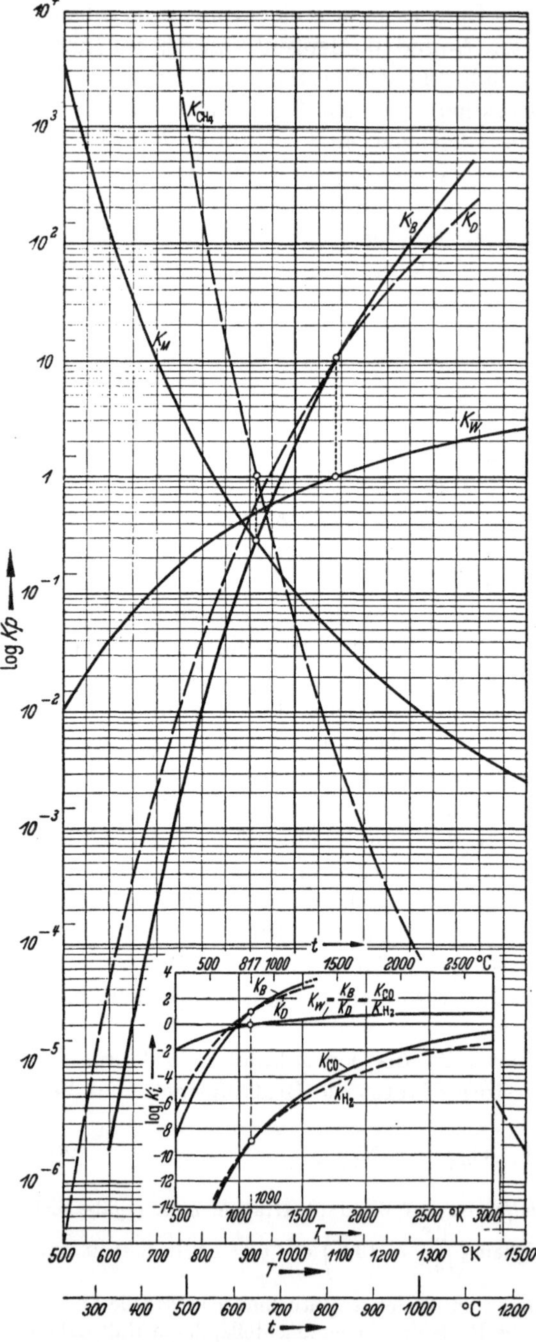

Abb. 61. Gleichgewichtskonstanten $\log K_p$ über T und t

Für ideales Generatormischgas (S. 100) gilt je kmol C: $x = 1,36$; $y = 0,428$; somit $C_1H_{0,856}O_1N_{2,156}$. Das Gas bietet in 1 kmol CO und 0,428 kmol H_2 mit $\mathfrak{H}_{CO} = 67\,700$ und $\mathfrak{H}_{H_2} = 68\,350$ oder i. M. $\mathfrak{H}_{CO} = \mathfrak{H}_{H_2} = 68\,000$ kcal/kmol den Heizwert $\mathfrak{H} = 1,428 \cdot 68\,000 = 97\,000$ kcal. Der *Generatorwirkungsgrad* η_G beträgt hierbei

$$\eta_G = \frac{\text{Heizwert des Gases}}{\text{Heizw. d. Kohlenstoffes}}$$

$$= \frac{68\,000 \cdot (CO + H_2)}{97\,000 \cdot (CO_2 + CO)}$$

$$= 0,7 \cdot \frac{CO + H_2}{CO_2 + CO} = 1 \,. \quad (205$$

Ideales Luftgas hat $\eta_G = 0,7$. Idealem Wassergas kommt

$$\eta_G = 0,7 \cdot \frac{2}{1} = 1,4 \text{ zu}; \text{ seine}$$

Erzeugung setzt Zusatzwärme voraus, die entweder einer im Glutbett gespeicherten Hitze entnommen oder von außen aus fremden Quellen beigebracht werden kann.

Die Zusammensetzung eines fünfteiligen Gasgemisches, dessen Atomgruppierung einer bekannten Bruttoformel unterliegt, kann nach dem auf S. 14 angegebenen Verfahren ermittelt werden; z. B. erhält man für $x = 1,36$, $y = 1,428$, $C_1H_{2,86}O_2N_{2,15}$, vgl. Punkt VII des Generatortrapezes Abb. 66, mit $K_W = 1$:

Tabelle 16. *Gleichgewichtskonstanten der Vergasungsprozesse*

T °K	t °C	K_B $\dfrac{p^2_{CO}}{p_{CO_2}}$	K_D $\dfrac{p_{CO}\,p_{H_2}}{p_{H_2O}}$	$K_W=\dfrac{K_B}{K_D}=\dfrac{K_{CO}}{K_{H_2}}$ $\dfrac{p_{CO}\,p_{H_2O}}{p_{CO_2}\,p_{H_2}}$	K_M $\dfrac{p_{CH_4}}{p^2_{H_2}}$	$K_{CH_4}=\dfrac{K_M}{K_B}$ $\dfrac{p_{CH_4}\,p_{CO_2}}{p^2_{H_2}\,p^2_{CO}}$
600	327	$1{,}6\ \cdot 10^{-6}$	$5{,}0\ \cdot 10^{-5}$	$3{,}2\ \cdot 10^{-2}$	$1{,}1\ \cdot 10^{2}$	$5{,}7\ \cdot 10^{7}$
673	400	$6{,}5\ \cdot 10^{-5}$	$8{,}0\ \cdot 10^{-4}$	$8{,}1\ \cdot 10^{-2}$	$1{,}75\cdot 10$	$3{,}5\ \cdot 10^{5}$
700	427	$1{,}96\cdot 10^{-4}$	$1{,}90\cdot 10^{-3}$	$1{,}03\cdot 10^{-1}$	$1{,}05\cdot 10$	$4{,}0\ \cdot 10^{4}$
773	500	$4{,}26\cdot 10^{-3}$	$2{,}08\cdot 10^{-2}$	$2{,}05\cdot 10^{-1}$	$2{,}27$	$5{,}33\cdot 10^{2}$
800	527	$1{,}00\cdot 10^{-2}$	$4{,}10\cdot 10^{-2}$	$2{,}47\cdot 10^{-1}$	$1{,}49$	$1{,}50\cdot 10^{2}$
873	600	$8{,}90\cdot 10^{-2}$	$2{,}28\cdot 10^{-1}$	$3{,}92\cdot 10^{-1}$	$4{,}79\cdot 10^{-1}$	$5{,}32$
900	627	$1{,}80\cdot 10^{-1}$	$3{,}92\cdot 10^{-1}$	$4{,}58\cdot 10^{-1}$	$3{,}25\cdot 10^{-1}$	$1{,}82$
973	700	$1{,}04$	$1{,}61$	$6{,}46\cdot 10^{-1}$	$1{,}37\cdot 10^{-1}$	$1{,}31\cdot 10^{-1}$
1000	727	$1{,}78$	$2{,}46$	$7{,}21\cdot 10^{-1}$	$1{,}05\cdot 10^{-1}$	$5{,}94\cdot 10^{-2}$
1073	800	$7{,}30$	$7{,}62$	$9{,}60\cdot 10^{-1}$	$4{,}87\cdot 10^{-2}$	$6{,}67\cdot 10^{-3}$
1100	827	$1{,}19\cdot 10$	$1{,}12\cdot 10$	$1{,}07$	$3{,}90\cdot 10^{-2}$	$3{,}30\cdot 10^{-3}$
1173	900	$3{,}74\cdot 10$	$2{,}82\cdot 10$	$1{,}32$	$2{,}05\cdot 10^{-2}$	$5{,}48\cdot 17^{-4}$
1200	927	$5{,}30\cdot 10$	$3{,}80\cdot 10$	$1{,}42$	$1{,}69\cdot 10^{-2}$	$3{,}20\cdot 10^{-4}$
1273	1000	$1{,}45\cdot 10^{2}$	$8{,}40\cdot 10$	$1{,}73$	$9{,}82\cdot 10^{-3}$	$6{,}75\cdot 10^{-5}$
1300	1027	$1{,}83\cdot 10^{2}$	$1{,}00\cdot 10^{2}$	$1{,}83$	$8{,}25\cdot 10^{-3}$	$4{,}50\cdot 10^{-5}$
1373	1100	$4{,}58\cdot 10^{2}$	$2{,}14\cdot 10^{2}$	$2{,}15$	$5{,}22\cdot 10^{-3}$	$1{,}14\cdot 10^{-5}$
1400	1127			$2{,}24$	$4{,}65\cdot 10^{-3}$	$7{,}78\cdot 10^{-6}$
1473	1200			$2{,}56$	$3{,}02\cdot 10^{-3}$	$2{,}45\cdot 10^{-6}$
1500	1227			$2{,}68$	$2{,}75\cdot 10^{-3}$	$1{,}70\cdot 10^{-6}$
$\dfrac{K}{\Re}$		$1{,}0333$	$1{,}0333$	$1{,}0$	$\dfrac{1}{1{,}0333}$	$\dfrac{1}{1{,}067}$

$$p_{CO_2} + p_{CO} = 1\,\frac{2}{2 + 2{,}86 + 2{,}15} = 0{,}286 \text{ at},$$

$$p_{H_2O} + p_{H_2} = 1\,\frac{2{,}86}{7{,}01} = 0{,}408 \text{ at},$$

$$p_{N_2} = 1\,\frac{2{,}15}{7{,}01} = 0{,}307 \text{ at}.$$

$$p_{CO_2} = 0{,}286/(1 + 1{,}425^{1)}) = 0{,}118 \text{ at} \triangleq 0{,}412 \text{ kmol} \triangleq 0{,}141 \text{ RT}_t$$

$$p_{CO} = 0{,}286 - 0{,}118 = 0{,}168 \text{ at} \triangleq 0{,}588 \text{ kmol} \triangleq 0{,}202 \text{ RT}_t$$

$$p_{H_2O} = 0{,}572 - 0{,}236 - 0{,}168 = 0{,}168 \text{ at} \triangleq 0{,}588 \text{ kmol} \triangleq \quad -$$

$$p_{H_2} = 0{,}408 - 0{,}168 = 0{,}240 \text{ at} \triangleq 0{,}840 \text{ kmol}^{2} \triangleq 0{,}289 \text{ RT}_t$$

$$p_{N_2} = 0{,}307 \text{ at} \triangleq 1{,}074 \text{ kmol} \triangleq 0{,}368 \text{ RT}_t$$

$$V_f = 3{,}502 \text{ kmol}$$

$$K_W = \frac{p_{CO}/p_{CO_2}}{p_{H_2}/p_{H_2O}} = \frac{1{,}425}{1{,}425} = 1.$$

$$V_t = 2{,}914 \text{ kmol} \triangleq 1{,}00 \text{ RT}_t$$

$$\frac{\Sigma C}{p_C} = \frac{1}{0{,}286} = 3{,}5 = V_f.$$

[1] Passend zu wählen; oder p_{CO_2} aus Gl. (38).
[2] S. auch S. 108, (8).

16. Zwei Reduktionsprozesse

Die beiden Reduktionsprozesse seien zuvor gesondert betrachtet.

$$\text{a) } C + CO_2 = (C + O) + CO = 2\,CO - 38\,200$$

Für diese nach BOUDOUARD benannte heterogene Reaktion (ein Festkörper C, zwei Gase CO_2 und CO) kennt man seit 1901 die Gleichgewichtskonstanten K_B[1]. Da die chemische Gleichung dieser Reaktion als Differenz der beiden Gleichungen $2\left(C + \dfrac{O_2}{2}\right) = 2\,CO$ und $C + O_2 = CO_2$ gedeutet werden kann, ergibt sich auch für K_B eine Kombination der entsprechenden Konstanten $(K_{CO}/K_C)^2$ und K_C:

$$K_B = \frac{p_{CO}^2}{p_{CO_2}} = \frac{K_{CO}^2}{K_C}.$$

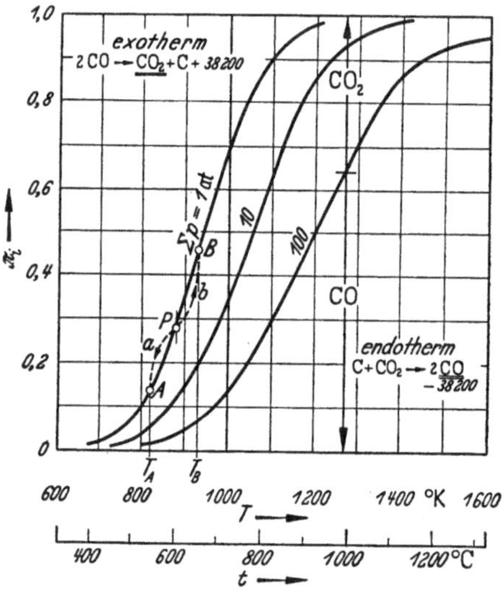

Das Einspielen des Gleichgewichtes beginnt bereits bei mittleren Temperaturen (Rotglut des Kohlenstoffes). Der aus Abb. 61 ersichtliche steile Anstieg der log K_B-Kurve über T bezeugt, wie kräftig die CO-Bildung bei gehobenen Temperaturen befördert wird. Aus den beiden Gleichungen

$$\left.\begin{aligned} p_{CO_2} + p_{CO} &= \Sigma p\,, \\ \frac{p_{CO}^2}{p_{CO_2}} &= K_B\,, \end{aligned}\right\} \quad (206)$$

Abb. 62. Bei der Reaktion $C + CO_2 = 2\,CO$ gemäß K_B auftretende Gasdrücke

sind die Teildrücke für jeden Gesamtdruck (Σp) und jede Temperatur (K_B) leicht zu errechnen:

$$\left.\begin{aligned} p_{CO} &= -0{,}5\,K_B + \sqrt{0{,}25\,K_B^2 + \Sigma p\,K_B}\,, \\ p_{CO_2} &= \Sigma p - p_{CO}\,. \end{aligned}\right\} \quad (207)$$

Abb. 62 zeigt einige Isobaren der BOUDOUARDschen Reaktion.

Tritt der Luftstickstoff als chemisch indifferentes Begleitgas hinzu, so entstehen die als *Luftgas* bezeichneten Endgemische, deren drei Teil-

---

[1] Für den in den Reaktionen K_B und K_D beteiligten *festen* Kohlenstoff entfällt ein p_C in den Gleichgewichtsformeln, da p_C als Dampfdruck des Feststoffes einen rein temperaturgebotenen, von den Drücken der übrigen gasförmigen Teilnehmer unbeeinflußt bleibenden Wert hat. Er kann gewissermaßen zum temperaturbestimmten K geschlagen werden, sodaß das Wechselspiel zwischen den Teildrücken der reinen Gaspartner durch die p_C-freien Quotienten K_B und K_D zutreffend beschrieben ist.

gasdrücke aus den drei Gleichungen

$$\left.\begin{array}{l} p_{CO_2} + p_{CO} + p_{N_2} = \Sigma p\,, \\[2mm] \dfrac{2\,p_{CO_2} + p_{CO}}{2\,p_{N_2}} = \dfrac{\zeta O}{\zeta N} = \dfrac{21}{79}\,, \\[2mm] \dfrac{p_{CO}^2}{p_{CO_2}} = K_B \end{array}\right\} \qquad (208)$$

berechenbar sind. Es ist, lediglich durch T bestimmt,

$$\left.\begin{array}{l} p_{CO} = -0{,}3025\,K_B + \sqrt{(0{,}3025\,K_B)^2 + 0{,}21 \cdot \Sigma p \cdot K_B}\,, \\[2mm] p_{CO_2} = \dfrac{p_{CO}^2}{K_B}\,, \\[2mm] p_{N_2} = (2\,p_{CO_2} + p_{CO}) \cdot 1{,}88\,. \end{array}\right\} \qquad (209)$$

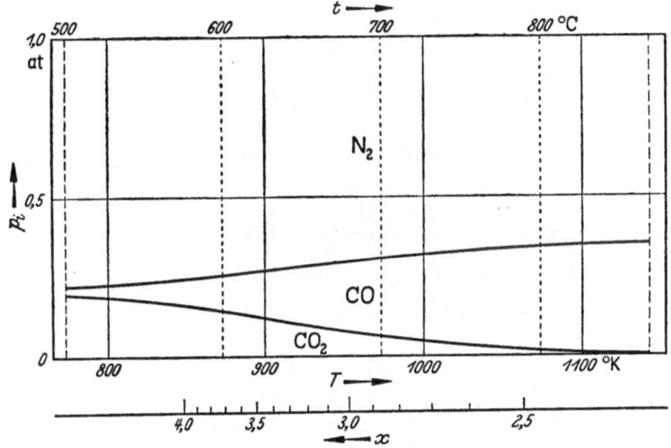

Abb. 63. Luftgasteildrücke gemäß BOUDOUARD-Gleichgewicht

Abb. 63 zeigt die Ergebnisse für $\Sigma p = 1$ at.

Die für die Eintragung der Molmengen in das Generatortrapez Abb. 66 und 68 (Abszisse zwischen I und II) benötigten x-Werte gewinnt man aus

$$\zeta N = 1{,}58\,x = \frac{\zeta C}{P_C}\,P_N = \frac{1}{p_{CO_2} + p_{CO}} \cdot 2\,p_{N_2}\,,$$

zu

$$x = 1{,}266\,\frac{p_{N_2}}{p_{CO_2} + p_{CO}}\,.$$

b) $C + H_2O = CO + H_2 - 28\,340$

Auch in diesem endothermen Grenzfall bemächtigt sich der glühende Kohlenstoff des Wasserdampfsauerstoffes und es entstehen 2 kmol wertvolles, zu gleichen Teilen aus CO und H_2 bestehendes Wassergas. Auskunft über die temperaturabhängige Einstellung gibt die Gleichgewichts-konstante K_D:

$$K_D = \frac{p_{CO}\, p_{H_2}}{p_{H_2O}}. \tag{210}$$

Abb. 61 zeigt die beträchtliche Temperaturempfindlichkeit des K_D. Steht genügend Wärme zur Verfügung, so können bereits mit mäßigen Temperatursteigerungen sehr günstige Endgemische hergestellt werden.

Aus den drei Gleichungen

$$\left.\begin{aligned}
p_{CO} + p_{H_2} + p_{H_2O} &= \Sigma p\,,\\[4pt]
\frac{p_{CO} + p_{H_2O}}{2\,(p_{H_2} + p_{H_2O})} &= \frac{\S O}{\S H} = \frac{1}{2}\,,\quad \text{d. h. } p_{CO} = p_{H_2}\,,\\[4pt]
\frac{p_{CO}\, p_{H_2}}{p_{H_2O}} &= K_D\,,
\end{aligned}\right\} \tag{211}$$

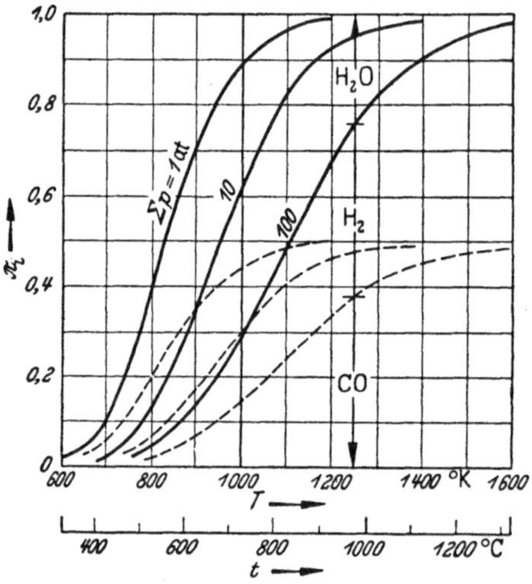

Abb. 64. Bei der Reaktion $C + H_2O = CO + H_2$ gemäß K_D auftretende Gasdrücke

können die drei Teildrücke für jeden Gesamtdruck und jede Temperatur berechnet werden. (Als Atomverhältnis kann nur $\S O/\S H$ verwendet werden, nicht $\S C/\S H$ wegen des in unbestimmter Menge beteiligten festen Kohlenstoffes). Es ist

$$\left.\begin{aligned}
p_{CO} = p_{H_2} &= -K_D + \sqrt{K_D^2 + K_D \cdot \Sigma p}\,,\\
\text{und}&\\
p_{H_2O} = (2\,K_D + \Sigma p) &- \sqrt{(2\,K_D + \Sigma p)^2 - \Sigma p^2} = \Sigma p - 2\,p_{CO}\,.
\end{aligned}\right\} \tag{212}$$

In Abb. 64 sind einige Isobaren eingetragen. Diagrammen der Art 62 und 64 können Antworten auf besondere Fragen entnommen werden:

Wie stark wird bei $T =$ konst der Teildruck eines Gasanteiles durch Druckänderungen beeinflußt? Welche Verschiebung erfährt bei $p =$ konst der Teildruck eines Gasanteiles durch Temperaturänderungen? — Steht ausreichend Zeit zur Verfügung — bei hohen Temperaturen genügen Bruchteile von Sekunden, bei sinkenden Temperaturen werden Minuten benötigt, bis schließlich jeder Austausch stockt —, so stehen längs einer Isobare (Abb. 62) die CO_2- und CO-Mengen in Anwesenheit von C in solchem Verhältnis, wie es eben diese von K_B beherrschte Isobare fordert. Wird Zustand P plötzlich abgekühlt, so gelangt er auf dem Wege a ins Feld $2\,CO = CO_2 + C$, bildet also CO_2 und scheidet C ab, bis bei T_A wieder Gleichgewicht erreicht ist; entsprechend führt eine plötzliche Erwärmung über den Weg b ins Feld $CO_2 + C = 2\,CO$, läßt somit auf Kosten von CO_2 und C mehr CO entstehen bis zum bei T_B gewonnenen Ausgleich.

17. Kohlenstoffvergasung $C + xL + yW$ mit $K_W =$ konst

Die eingangs gemachten Feststellungen führen zu einem Diagrammtyp, der *alle* aus dem Zusammenwirken von $C + xL + yW$ hervor-

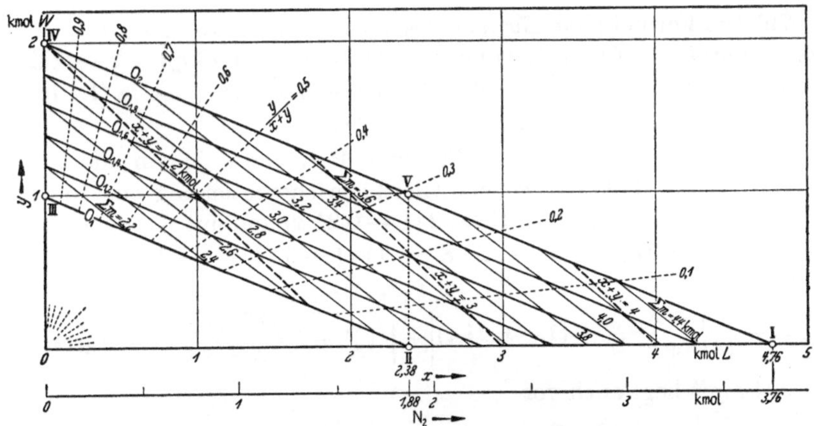

Abb. 65. Allgemeines Gerüst des für $C + xL + yW$ gültigen Generatordiagrammes mit Summengeraden Σm, Geraden konstanter Vergasungsmittelmengen $(x + y)$ und Strahlen konstanter Vergasungsmittelfeuchtigkeit $y/(x + y)$

gehenden Generatorgase $(CO_2 + CO + H_2O + H_2 + N_2 = \Sigma m)$ und die Auswirkung der wichtigen unabhängigen Veränderlichen x und y auf den Generatorgang zeigt (Abb. 65): Auf einer nach x bezifferten Abszisse werden die L-Mengen, auf einer nach y eingeteilten Ordinate die W-Mengen in kmol aufgetragen. In diesem Vergasungstrapez bestehen folgende Zusammenhänge:

1. Für jeden Punkt des Diagrammes gilt: $C = 1$ kmol und $(CO_2 + CO) = 1$ kmol;

$$\S C = 1 \, .$$

2. Mit x sind die N_2-Mengen bestimmt: $N_2 = 0{,}79\,x$;

$$\S N = 1{,}58\,x \, .$$

3. Mit x sind die aus L stammenden O_2-Mengen bestimmt: $O_2^L = 0{,}21\,x$;

4. Mit y sind die aus W stammenden O_2-Mengen bestimmt: $O_2^W = 0{,}5\,y$;

$$\S O = 0{,}42\,x + y \, .$$

5. Mit y sind die Summen $(H_2O + H_2)$ bestimmt: $(H_2O + H_2) = y$;

$$\S H = 2\,y \, .$$

6. Verbindungslinien zwischen gleichen, auf der x- und y-Achse gelegenen O_2-Werten stellen parallele Gerade jeweils konstanter O_2-kmol dar: $0{,}21\,x + 0{,}5\,y = O_2$; Grenzgerade sind O_1 und O_2.

7a) Bei Zufuhr von $x = 4{,}76$ kmol L ($y = 0$, Punkt I, vollk. Verbrennung) ist $\eta_G = 0$; bei Zufuhr von 1 y kmol W ($x = 0$, Punkt III, ideales Wassergas) ist $\eta_G = 1{,}4$. Gleichung für diesen Zusammenhang: $\eta_G + 0{,}294\,x = 1{,}4$.

7b) Die Formel (205) für den Gesamtwirkungsgrad η_G zeigt die Proportionalität von $(CO + H_2)$ und η_G: $(CO + H_2) = 1{,}43\,\eta_G = 2 - 0{,}42\,x$.

Zwischen $x = 0$ und $x = 4{,}76$ finden somit eine η_G-Skala (1,4 bis 0) und eine $(CO + H_2)$-Skala (2 bis 0) Platz.

8. Setzt man $CO_2 = 1 - CO$ und $H_2O = y - H_2$ in die durch $K_W = CO/CO_2 : H_2/H_2O$ gegebene Gleichgewichtsbeziehung ein, so folgt unter Beachtung von $CO + H_2 = 2\,(1 - 0{,}21\,x)$ und mit $K_W = \text{konst}$ aus $H_2^2\,(K_W - 1) + H_2\,(y + K_w - 2\,(K_w - 1)\,(1 - 0{,}21\,x)) - 2\,y\,(1 - 0{,}21\,x) = 0$:

$$H_2 = -\left[\frac{y + K_W}{2\,(K_W - 1)} - (1 - 0{,}21\,x)\right] + \sqrt{[\,]^2 + \frac{2\,y\,(1 - 0{,}21\,x)}{K_W - 1}} = f_{H_2}(x, y) \, .^{[1]}$$

9. Damit liegt auch vor

$$CO = \frac{K_W\,H_2}{(K_W - 1)\,H_2 + y} = 2\,(1 - 0{,}21\,x) - H_2 = f_{CO}(x, y) \, .^{[1]}$$

10. Für die Molsummen $\Sigma\,m$ ergeben sich Gerade:

$$\Sigma\,m = 1 + 0{,}79\,x + y \text{ kmol} \, . \tag{213}$$

Die Ordinate $\eta_G = 1$ (Abb. 66) scheidet die rechts liegenden, sich allein erhaltenden exothermen Prozesse von den links liegenden, einer Wärmezufuhr bedürfenden endothermen Prozesse.

---

[1] Ist $K_W = 1$, gilt einfacher: $H_2 = 2\,y\,(1 - 0{,}21\,x)/(y + 1)$,
$CO = 2 \cdot (1 - 0{,}21\,x)/(y + 1) = H_2/y$.

Auf der Abszisse ($y = 0$) befinden sich die *Luftgasprozesse*. Es ist in
Punkt I: Vollkommene Verbrennung: $x = 4{,}76$; $y = 0$; $\eta_G = 0$; $C_1O_2N_{7,52}$;

$$C + 4{,}76\,L = CO_2 + 3{,}76\,N_2;\quad \Sigma\,m = 4{,}76\ \text{kmol};\quad \mathfrak{H} = 0\ \text{kcal/kmol}.$$

Punkt II: Ideales Luftgas, unvollkommene Verbrennung mit $\lambda = 0{,}5$;
$x = 2{,}38$; $y = 0$; $\eta_G = 0{,}7$; $C_1O_1N_{3,76}$; $C + 2{,}38\,L = CO + 1{,}88\,N_2$;

$$\Sigma\,m = 2{,}88\ \text{kmol};\quad \mathfrak{H} = 23\,600\ \text{kcal/kmol}.$$

Die RT sind Teile der trockenen Gase. Eine weitere Verringerung der
Luftmenge ist nicht möglich, wenn nur gasförmige Erzeugnisse entstehen sollen.

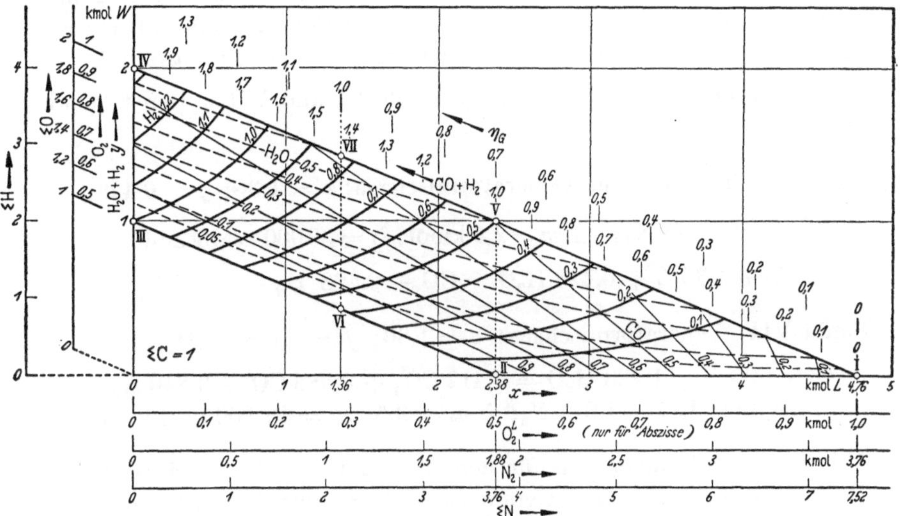

Abb. 66. Generatordiagramm für die dem Prozeß $C + x\,L + y\,W$ entstammenden,
einem $K_W = 1$ unterworfenen Gase

Auf der Ordinaten ($x = 0$) befinden sich die fremde Wärme benötigen-
den *Wassergasprozesse*. Es ist in

Punkt III: Ideales Wassergas: $x = 0$; $y = 1$; $\eta_G = 1{,}4$; $C_1H_2O_1$;

$$C + H_2O = CO + H_2;\quad \Sigma\,m = 2\ \text{kmol};\quad \mathfrak{H} = 68\,000\ \text{kcal/kmol}.$$

Punkt IV: Wassergas: $x = 0$; $y = 2$; $\eta_G = 1{,}4$; $C_1H_4O_2$;

$$C + 2\,H_2O = 0{,}330\,CO_2 + 0{,}670\,CO + 0{,}670\,H_2O + 1{,}330\,H_2;$$
$$\Sigma\,m = 3\ \text{kmol};\quad \mathfrak{H} = 45\,460\ \text{kcal/kmol}.$$

Im Innern des Trapezes I, II, III, IV haben alle zwischen $x = 0$ bis
$x = 4{,}76$ und $y = 0$ bis $y = 2$ erfolgenden Kohlenstoffvergasungen
ihren Platz. Auf Senkrechten erscheinen die Folgen vermehrter

W-Zugabe, auf nach rechts laufenden Horizontalen solche vermehrter L-Zufuhr. Von II aufwärts nach V gehend sieht man ($K_W = 1$), wie CO_2 von 0 bis 0,500, H_2 von 0 bis 0,500, H_2O von 0 bis 0,500 zunehmen und CO von 1 bis 0,500 abnimmt; $N_2 = 1,88$ bleibt natürlich konstant, ebenso $(CO + H_2) = 1$ und $\eta_G = 0,7$. Die Molsumme wächst von 2,88 auf 3,88, und der auf 1 kmol bezogene Heizwert $\mathfrak{H}$ sinkt von 23 600 auf 17 530 kcal. Man erkennt, welche L- und W-Zufuhren für jeweils $\eta_G =$ konstant das heizwertreichste Generatorgas entstehen lassen.

Von III gelangt man mittels Luftzufuhr, wobei die Molsumme von 2 auf 3,88 steigt, ebenfalls nach V, begleitet von Zunahmen des CO_2, H_2O, N_2 und von Abnahmen des CO, H_2. Der mit Speicher- oder Fremdwärme erzielte Gasheizwert $\mathfrak{H}_{III} = 68\,000$ kcal/kmol sinkt auf den aus eigenem Vermögen geschaffenen Heizwert $\mathfrak{H}_V = 17\,530$ kcal/kmol.

Die wegen $\eta_G = 1$ wichtigen Zustände VI und VII weisen folgende Werte auf:

Punkt VI: Theoretisches Generatormischgas: $x = 1,36$; $y = 0,428$;

$$C_1H_{0,856}O_1N_{2,15}; \quad \Sigma m = 2,5 \text{ kmol}; \quad \mathfrak{H} = 39\,000 \text{ kcal/kmol};$$

$$C + 1,36\,L + 0,428\,H_2O = CO + 0,428\,H_2 + 1,074\,N_2.$$

Punkt VII: Generatormischgas: $x = 1,36$; $y = 1,428$; $C_1H_{2,856}O_2N_{2,15}$;

$$C + 1,36\,L + 1,428\,H_2O = 0,412\,CO_2 + 0,588\,CO + 0,840\,H_2$$
$$+ 0,588\,H_2O + 1,074\,N_2; \quad \Sigma m = 3,5; \quad \mathfrak{H} = 27\,900 \text{ kcal/kmol}.$$

Abb. 65 enthält außer den für den Prozeß $C + x\,L + y\,W$ wichtigen Anfangsdaten x und y noch Gerade $(x + y) =$ konst, falls die Summe der Vergasungsmittel Luft und Dampf interessiert; als $\dfrac{1}{x + y}$ bewertet erlauben diese Geraden die Bezugnahme auf 1 kmol Vergasungsmittel. Vom Ursprung ausgehende Strahlen erfassen in $y/x =$ konst die gleichbleibenden Mengenverhältnisse von W und L; als $\dfrac{y}{x + y}$ bewertet stellen sie den W-Anteil je 1 kmol Vergasungsmittel dar. Es ist $y/x = \dfrac{y/(x + y)}{1 - y/(x + y)}$.

Nach Hinzunahme der O_2-Schrägen und der N_2-Abszisse können die Fußzeichen ζC, ζH, ζO, ζN der Bruttoformel jedes Diagrammpunktes sofort abgelesen werden, z.B. für Punkt V: $C_1H_2O_2N_{3,76}$. Die entstehenden Molsummen Σm sind ebenfalls durch Gerade angegeben.

Abb. 66 gibt Auskunft, welche Molmengen der Teilgase CO, $CO_2 = 1 - CO$, H_2, $H_2O = y - H_2$, N_2 die Molsumme Σm bilden, wenn ein die Teilgasmengen ordnender Wert des Wassergasgleichgewichtes $K_W = 1$ zugrunde gelegt wird, der einer nach der Vergasung zurückbleibenden und sich regelnd auswirkenden Durchschnittstemperatur von rd. 810° C entspricht. Bei höheren Temperaturen geschähen die von größeren K_W-Werten geforderten Verschiebungen.

Trotz zahlreicher Kurven kann das hier auf zwei Abb. 65 und 66 verteilte Vergasungstrapez (evtl. mit Farbstiften bearbeitet) gute Übersicht bieten, die um so willkommener ist, als es auch die H_2O-Mole enthält, die der auf trockenes Gas beschränkten Gasanalyse nicht zugänglich sind. — Nach Abzug der H_2O-Mole von Σm sind natürlich die Raumteile des trockenen Gases leicht zu berechnen (s. Abb. 76). Andererseits findet man von der trockenen Analyse $CO_2 + CO + H_2 + N_2 = 1$ zum vollständigen Gas: Mit dem Volumen des trockenen Gases $V_t = \dfrac{1}{(CO_2 + CO)}\,RT$ kmol Gas/kmol C ist

$$\text{die Kohlendioxydmenge } m_{CO_2} = CO_2^{RT} \cdot V_t \text{ kmol/kmol C},$$
$$\text{die Kohlenoxydmenge } m_{CO} = CO^{RT} \cdot V_t \text{ kmol/kmol C},$$
$$\text{die Stickstoffmenge } m_{N_2} = N_2^{RT} \cdot V_t \text{ kmol/kmol C},$$
$$\text{die Wasserstoffmenge } m_{H_2} = H_2^{RT} \cdot V_t \text{ kmol/kmol C},$$

was W^* kmol *zersetztem* H_2O entspricht; es ist $y = W^* + m_{H_2O}$ kmol. Zu diesen ‚trockenen' Absolutmengen liefert entweder das die absoluten Molmengen enthaltende Trapez oder auch die tatsächlich gemessene, auf 1 kmol C bezogene Wasserzugabe $y\,W$ die unzersetzt gebliebene m_{H_2O}-Menge, so daß über $m_{H_2O} = y - m_{H_2}$ zur Verfügung steht

$$V_f = V_t + m_{H_2O} \text{ kmol Gas/kmol C}.$$

Umrechnungen auf kg, nm³ oder auf andere Bezugseinheiten sind nach Bedarf leicht ausführbar.

18. Kohlenstoffvergasung $C + xL + yW$ im Grenzgleichgewicht

Setzt man voraus, daß sich im Generator zwischen der Kohlenstoffmenge C und den ihr zugegebenen L- und W-Mengen die durch die Gleichgewichtskonstanten K_B und K_D bedingten Reaktionen abspielen, und zwar nur sie allein und in solchem Ausmaß, daß der Kohlenstoff jedesmal völlig aufgebraucht und von den Teilgasen übernommen, die eigentliche Vergasung somit vollendet wird, so bedingt diese Forderung eine bestimmte, als „Gleichgewichtstemperatur" oder „Reaktionstemperatur" bezeichnete Prozeßtemperatur[1]. Sie ist allerdings unter vielen Gleichgewichtstemperaturen eine Art *Grenztemperatur*, denn sowohl unterhalb stehen die beteiligten CO_2-, CO-, H_2O-, H_2-, N_2- und C-Mole als

---

[1] Im Schrifttum wird zuweilen die Bezeichnung „Reaktionstemperatur" lediglich für die adiabaten Prozesse verwendet (vgl. S. 118).

auch oberhalb die verbleibenden CO_2-, CO-, H_2O-, H_2-, N_2-Mole in unvermeidlichen Gleichgewichten. Für die Gruppierung $C_1H_2O_2N_{3,76}$ zeigt Abb. 67 die sich mit der Temperatur verändernden Teilgasmengen; bis

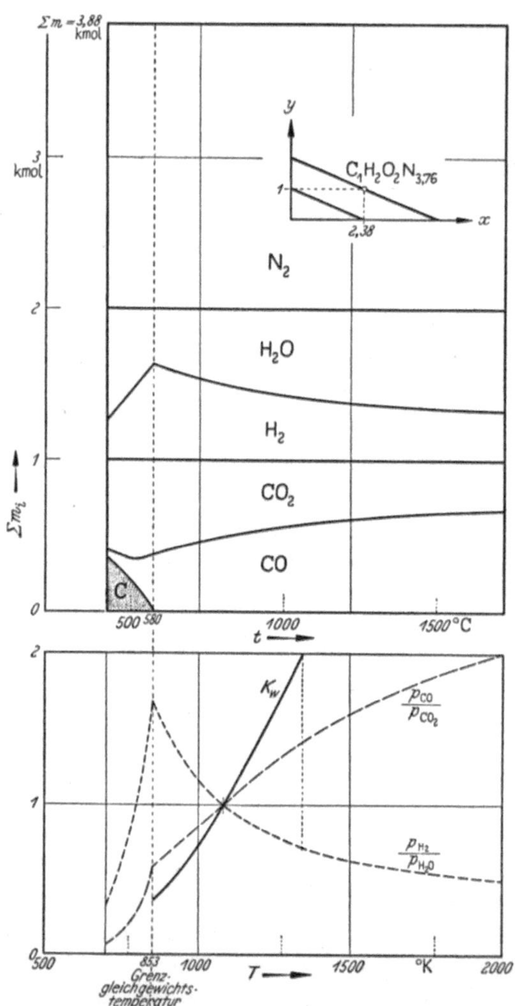

Abb. 67. Aus dem Prozeß $C + 2{,}38\,L + 1\,W$ entstehende Generatorgase unter und über der Grenzgleichgewichtstemperatur $T_{Gr} = 853°$ K

zur Grenztemperatur $t_{Gr} = 580$ °C wirken sich K_B und K_D aus, von der Grenztemperatur ab regelt das K_W-Gleichgewicht die Anteile.

Diese wichtigen Grenztemperaturen kann man für verschiedene Gruppierungen $C_1H_{2y}\,O_{0,42\,x+y}\,N_{1,58\,x}$ berechnen: Wenn C restlos in die

Teilgase übergeht, muß

$$
\left.
\begin{aligned}
p_{CO_2} + p_{CO} &= \Sigma p\, \frac{2\,\xi C}{2\,\xi C + \xi H + \xi N}\,, \\
p_{H_2O} + p_{H_2} &= \Sigma p\, \frac{\xi H}{2\,\xi C + \xi H + \xi N}\,, \\
p_{N_2} &= \Sigma p\, \frac{\xi N}{2\,\xi C + \xi H + \xi N}\,,
\end{aligned}
\right\}
\qquad (214)
$$

gelten. Wählt man eine Probetemperatur (damit auch K_B und K_D), so erhält man

$$
\left.
\begin{aligned}
p_{CO} &= -\frac{K_B}{2} + \sqrt{\left(\frac{K_B}{2}\right)^2 + (p_{CO_2} + p_{CO}) \cdot K_B}\,, \\
p_{CO_2} &= (p_{CO_2} + p_{CO}) - p_{CO}\,, \\
p_{H_2O} &= \frac{p_{H_2O} + p_{H_2}}{1 + K_D/p_{CO}}\,, \\
p_{H_2} &= (p_{H_2O} + p_{H_2}) - p_{H_2O}\,,
\end{aligned}
\right\}
\qquad (215)
$$

und prüft mit dem Quotienten

$$
\frac{P_H}{P_O} = \frac{2\,(p_{H_2O} + p_{H_2})}{2\,p_{CO_2} + p_{CO} + p_{H_2O}} = \frac{\xi H}{\xi O}\,,
$$

ob die Temperaturwahl richtig war.[1]

Aus verschiedenen längs $x =$ konst oder $y =$ konst durchgeführten Rechenreihen gewinnt man die Teilgasmole und die Grenz-Gleichgewichtstemperaturen der betreffenden Vergasungspunkte und kann auf runde Werte interpolieren (Abb. 68 und 69). Je weniger Luft während der *Luftgasprozesse* (Gebiet I bis II) zugeführt wird, eine desto höhere Temperatur wird für den Gleichgewichtsprozeß notwendig und kennzeichnend. Die Enthalpie der entstehenden CO-, CO_2- und N_2-Gemische bei der betr. Grenztemperatur besteht aus dem Heizwert des CO und aus der fühlbaren Wärme (vgl. auch S. 40).

Durch beigefügtes W werden die Reaktionsbedingungen zugunsten verminderter Temperaturen geändert. Die 700° C-Isotherme schneidet mitten durch das längliche Diagrammfeld.

In der Abb. 69, welche die Grenztemperaturen t_{Gr} und die Kurven konstanter Enthalpie enthält, bleibt rechts von der Kurve 97000 kcal den

---

[1] Da die bei der Berechnung verwendeten K_B- und K_D-Werte keine unabhängigen Größen sind, sondern im Einklang stehen mit allen sich in ‚ihren' Prozessen auswirkenden Molekelenergien, da sie deshalb maßgebend sind für das chemische Ergebnis, das aus den zwischen C, CO_2, CO bzw. C, H_2O, CO, H_2 tätigen Energien hervorgehen muß, führt die ihnen in den Prozeßberechnungen (214), (215) zuerteilte Rolle folgerichtig zu je einer Grenz-Gleichgewichtstemperatur für je eine $C + xL + yW$-Kombination.

Gemischen ein Kalorienüberschuß (Warmblasen), nach links werden die erforderlichen Zuschußbeträge immer größer (Kaltblasen). Einander

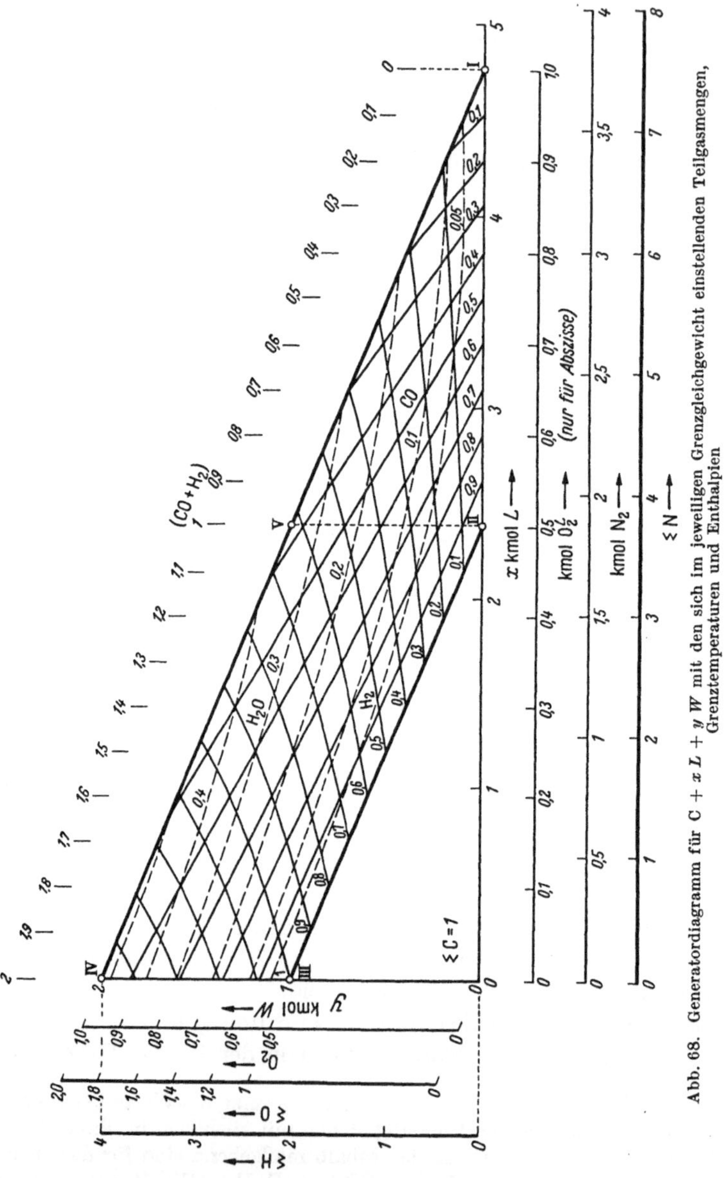

Abb. 68. Generatordiagramm für $C + xL + yW$ mit den sich im jeweiligen Grenzgleichgewicht einstellenden Teilgasmengen, Grenztemperaturen und Enthalpien

hinsichtlich Angebot und Nachfrage entsprechende Zonen sind leicht festzustellen. Für die Reaktion der vollkommenen Verbrennung $C_1O_2N_{7,52}$,

Punkt I, würde eine verhältnismäßig niedere Temperatur (rd. 450°C)
genügen: die vom mäßig heißen Erzeugnis $CO_2 + 3{,}76\,N_2$ getragene

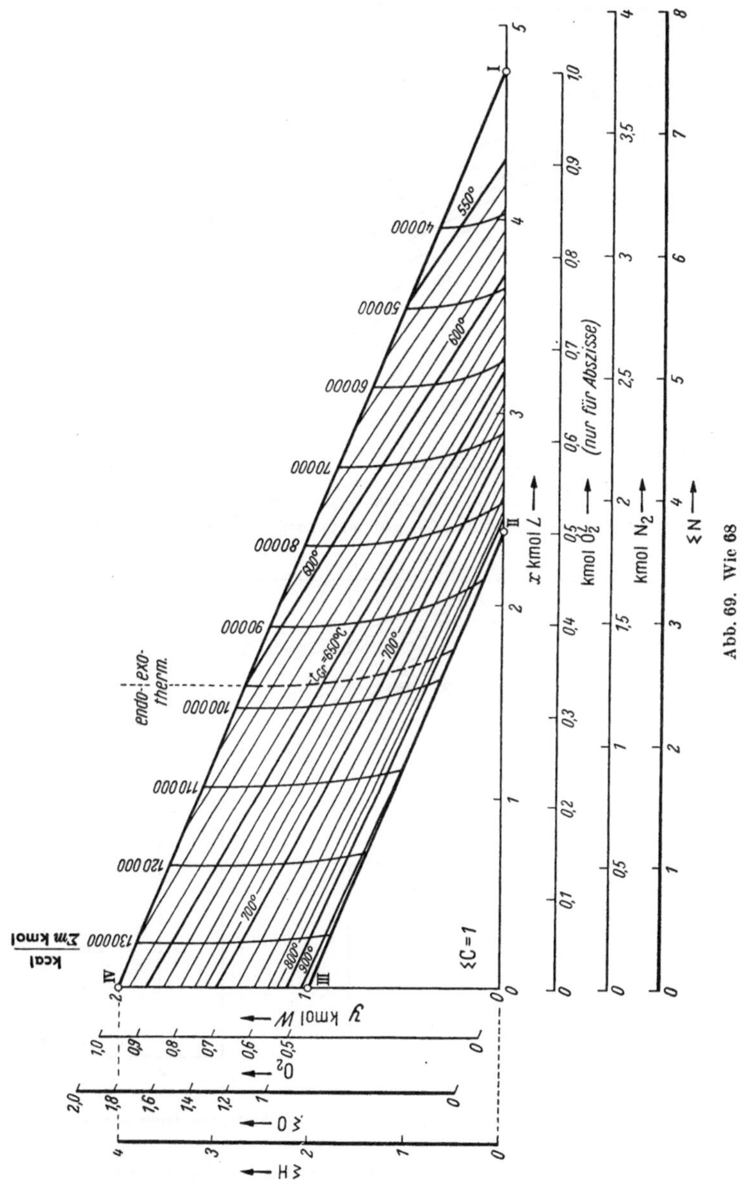

Enthalpie von rd. 17000 kcal läßt 80000 kcal übrig, die im Falle der
reinen Verbrennung das nach und nach dissoziierende Produkt auf die

sogenannte theoretische Verbrennungstemperatur 2050° C zu heben vermöchten oder in den Fällen zwischenliegender Temperaturen beacht-

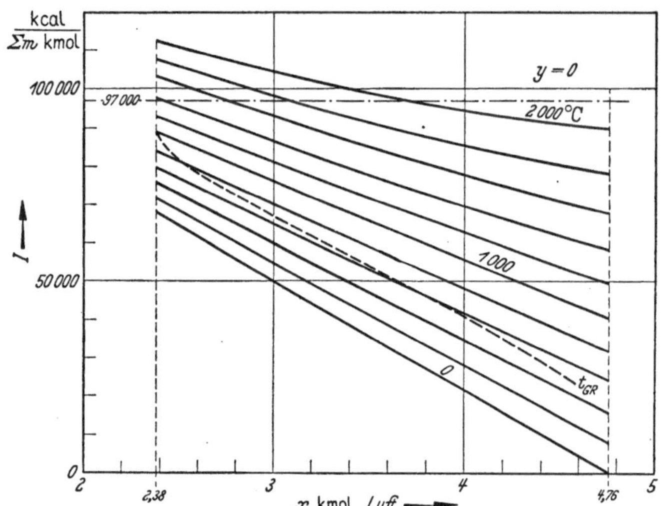

Abb. 70. Enthalpien der aus C + x L + y W stammenden Generatorgase längs y = 0

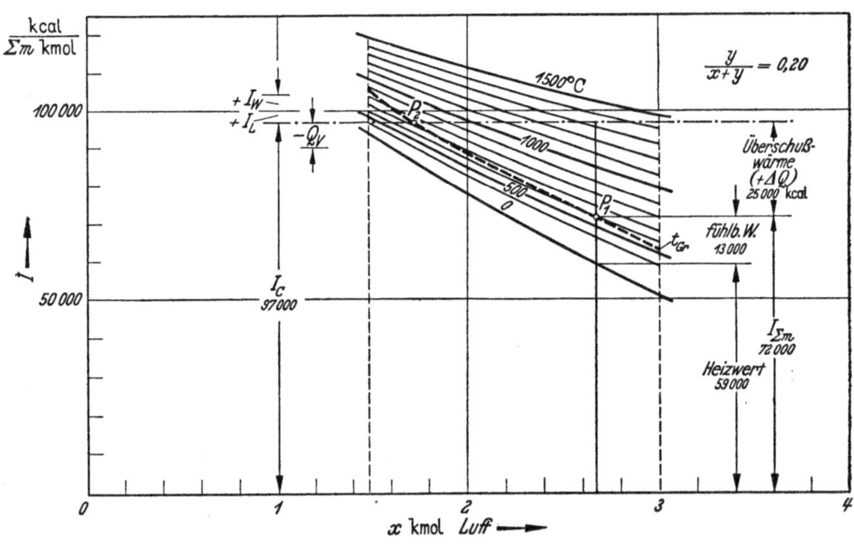

Abb. 71. Enthalpien der aus C + x L + y W stammenden Generatorgase längs y/(x + y) = 0,20

liche Wärmemengen für zweite Zwecke, eben auch für das Warmblasen, zur Verfügung stellen könnten.

In Abb. 70 sind die Enthalpien der längs II bis I liegenden Luftgase aufgetragen, vgl. auch Abb. 14. In Abb. 71 geschah das gleiche für die längs $\dfrac{y}{x+y} = 0{,}20$ liegenden Generatorgase. Beide Bilder enthalten außerdem die Kurven der charakteristischen Grenztemperaturen. Aus Abb. 72 erhält man einen Überblick über die Lage der isothermen Flächen und der die Grenztemperaturen enthaltenden Fläche.

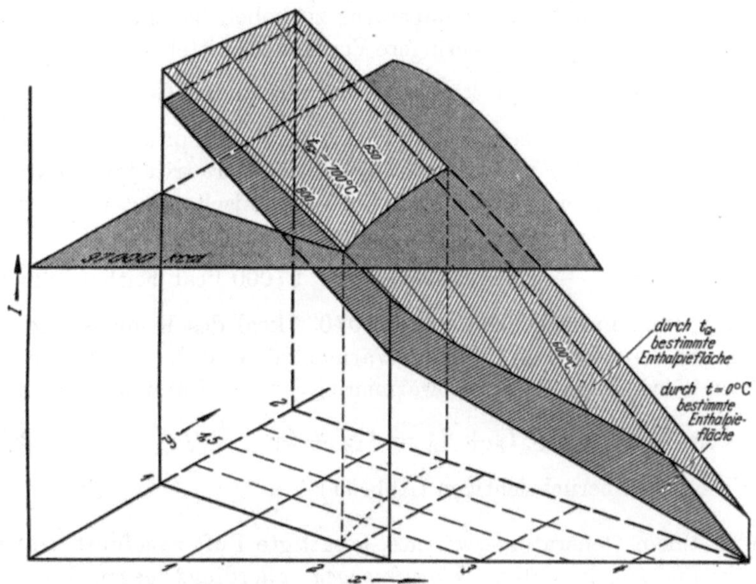

Abb. 72. Räumliche Darstellung der Enthalpiefläche, welche die Grenztemperaturen des Prozesses $C + x\,L + y\,W$ enthält

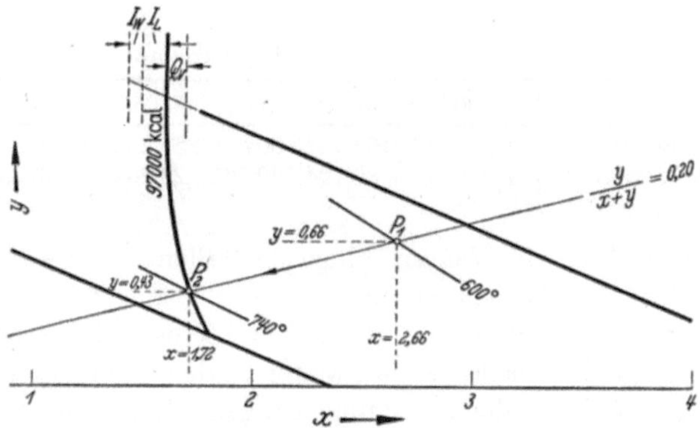

Abb. 73. Ausschnitt aus dem Diagramm des Prozesses $C + x\,L + y\,W$

Betrachtet man z. B. einen mit $x = 2{,}66$ und $y = 0{,}66$ versorgten Prozeß, Punkt P_1 in den Abb. 71 und 73, so genügt für ihn eine Grenztemperatur von 600° C; das Gasgemisch der 3,76 kmol besitzt eine

Enthalpie von $I_{\Sigma m} = 72\,000$ kcal, wovon $59\,000$ kcal auf den Heizwert der $0,88$ kmol ($CO + H_2$) entfallen und $13\,000$ kcal die fühlbare Wärme des Gemisches darstellen. Der gegenüber den $97\,000$ kcal des C-Moles bestehende Überschuß von $25\,000$ kcal könnte das Gemisch auf $1350°$ C bringen oder anderweitig zur Geltung kommen; meist wird diese Wärme die Koksfüllung auf höhere Temperatur zu heben haben. Bei höheren Grenztemperaturen genügen geringere Vergasungsmittelmengen. Behielte man $\dfrac{y}{x + y} = 0,20$ bei, so könnte man auf dieser Geraden so weit nach links gehen, bis die angebotenen und die beanspruchten Kalorien sich gleichen, etwa bei $x = 1,72$ und $y = 0,43$. Dort tritt im Punkte P_2 zum chemischen Gleichgewicht auch das thermische, der Vergasungsprozeß ist *adiabatisch*, $\triangle Q = 0$. Im theoretischen Falle liegt P_2 auf dem Schnittpunkt der $\dfrac{y}{x + y}$ -Geraden mit der $97\,000$ kcal Enthalpiekurve. Würden in den Prozeß nicht nur die $97\,000$ kcal des Kohlenstoffmoles eingebracht, sondern noch fühlbare Wärmen der Luft L und des Wasserdampfes W oder träten Verlustwärmen Q_V auf, so wären sie gemäß

$$I_C + I_L + I_W = I_{\Sigma m} + Q_V \pm \triangle Q \tag{216}$$

in der Bilanz zu berücksichtigen (Abb. 71).

Wird einem Generator erwärmte, gesättigte Luft zugeführt, so sind die mit ihr zugebrachten *Wärmemengen* allerdings gegenüber den $97\,000$ kcal des kmol C kaum beachtenswert; Tabelle 17 enthält für den Bereich bis $80°$ C die Enthalpien von 1 kmol Luft und 1 kmol Wasserdampf, beide vom Nullpunkt bei $300°$ K ausgehend.

Tabelle 17. *Enthalpien von je 1 kmol Wasserdampf und Luft*

t	°C	27	30	35	40	45	50	55	60	65	70	75	80
I_W	kcal/kmol	0	27	63	103	142	180	219	255	293	330	364	400
I_L	kcal/kmol	0	20	55	89	124	160	194	229	263	299	333	369

Die mitgebrachten *W-Mengen* hingegen fallen ins Gewicht. Im rechten Teil der Abb. 74 gelangt man von der Leiter der Sättigungstemperaturen t_s zum Randmaßstab der je kmol Trockenluft eingebrachten kmol W (vgl. y' in Tabelle 14) und weiter zu dem vom Ursprung ausgehenden Strahlenbündel der Sättigungsmengen. Man sieht mit einem Blick, daß zum theoretischen adiabatischen Prozeß (Bereich A) Sättigungstemperaturen zwischen 50 und 60 Grad gehören; rd. $0,4$ kg W je 1 kg C. Man kann auch längs einer gewählten Enthalpiekurve die Auswirkungen verschiedener Sättigungsmengen auf die Grenztemperaturen, die Gaszusammensetzungen, die Ausbeuten, die Heizwerte finden und daraus den Hinweis gewinnen, in der Praxis den Generatorgang tunlichst durch Messung der Lufttemperatur und der Luftsättigung zu verfolgen. Abb. 75 zeigt z. B. für die 97000-Enthalpie: Die absoluten CO- und H_2-Mengen behalten zwar mit ansteigender Sättigungstemperatur t_s etwa ihre Summe bei, jedoch treten mehr und mehr H_2O-Mole hinzu, bis zu 50% von H_2, sodaß der Anteil der Heizwertspender schrumpft und bei $t_s =$ 78° C nur noch 22700 kcal/kmol$_f$, 25900 kcal/kmol$_t$ zur Verfügung gestellt werden. Bei großen y-Werten ist sowohl der günstige Einfluß einer Luftvorwärmung als auch die nachteilige Wirkung von Verlusten größer als bei kleinem y. Läßt man trotz ansteigender Temperaturen die ursprünglichen x- und y-Werte bestehen, so wird Luft für Verbrennungsprozesse frei, die das Aufheizen der Füllung nachdrücklich beschleunigen.

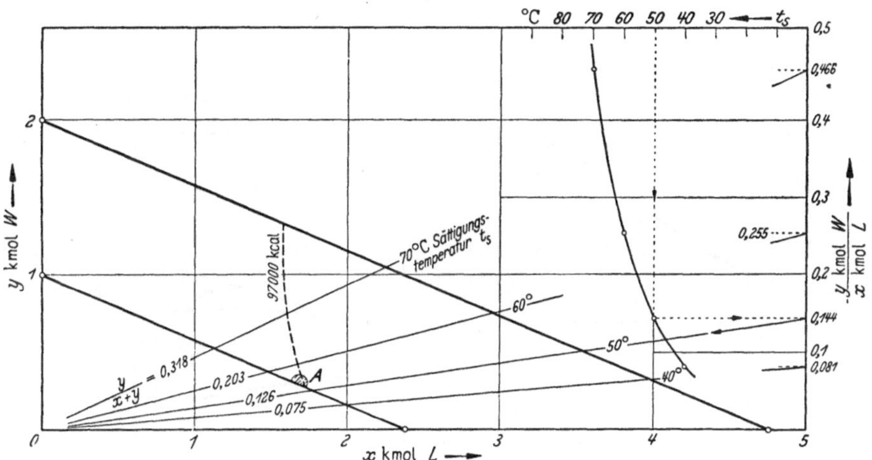

Abb. 74. Prozesse C + $x L$ mit warmer gesättigter Luft

Es wird ersichtlich, daß eine bestimmte Vergasung kein Dauervorgang sein kann, ausgenommen die Vergasung der theoretischen Prozesse auf der 97000 kcal Enthalpiekurve. Sich selbst überlassene Prozesse müssen Gebieten höherer Entropie zustreben, die jeweils in Richtung zunehmender x und y liegen oder — was das gleiche bedeutet — bei bewahrten x- und y-Werten durch mit verringerten C-Mengen erfolgende Reaktionen dargestellt werden.

Hat die Vergasung die Aufgabe, möglichst viel CO und H_2 zu liefern, so wird man auf links liegende, durch mäßiges x herbeizuführende Betriebszustände verwiesen; kann man sich außerdem mit einem Generator*mischg*as begnügen, dann ist die Grenzlinie zwischen den exo- und endothermen Bereichen der theoretische Ort. Die Enthalpie wird von x stark, von y wenig beeinflußt; y ist wichtig für die Wassergase. Man wird zwecks Beibehaltung einer ausreichend hohen Vergasungstemperatur den Wasserdampf tunlichst überhitzt (üblich 3,5 atü, 150° C) und in

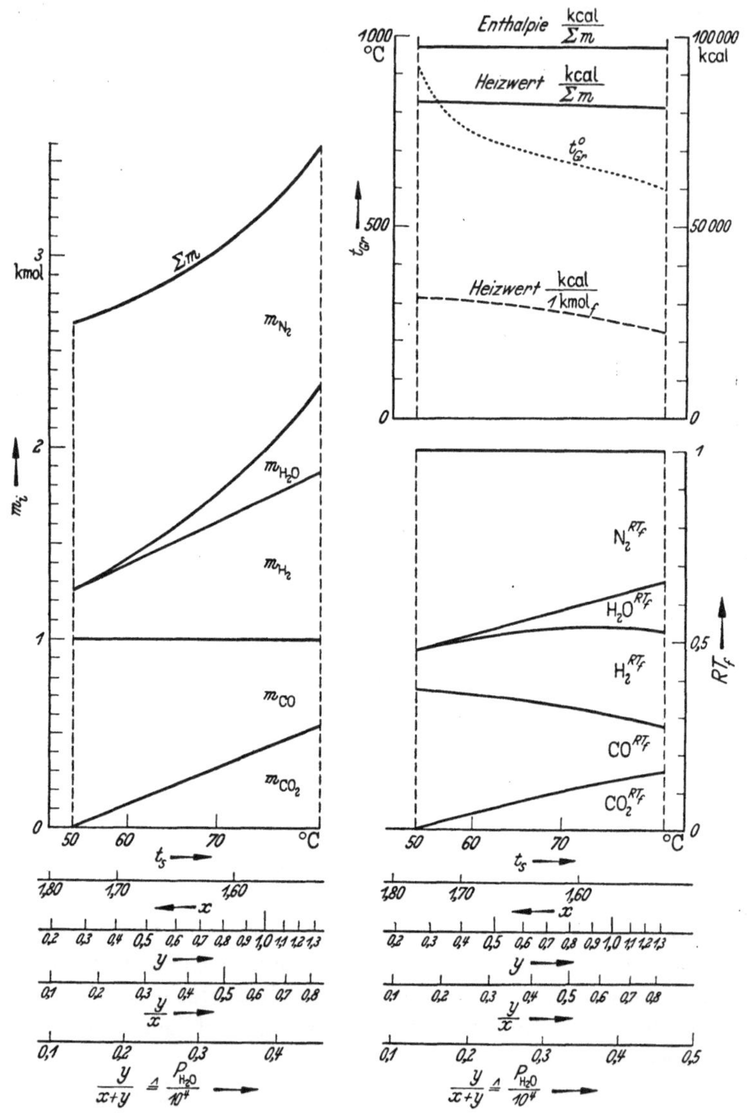

Abb. 75. Teilgase usw. des Prozesses $C + x\,L + y\,W$ längs der 97 000 kcal-Enthalpie

mäßiger Menge zugeben. Höhere Ansprüche können nur von Wassergasen des endothermen Feldes erfüllt werden. Im Bereich II bis IV bedeutet jede L-Verringerung oder W-Vermehrung eine H_2-Zunahme, zugleich jedoch eine CO-Abnahme. Die Summe ($CO + H_2$) bleibt auf den Senkrechten $x = $ konst unverändert und wächst bis zum Grenzwert 2 kmol längs der Hauptordinate. Sowohl CO/CO_2 als auch H_2/H_2O nehmen erwünscht hohe Werte nur in Gebieten heißen Generatorganges ein. Das ideale, nur aus CO und H_2 bestehende, mit bläulicher, heißer Flamme (2150° C) verbrennende und deshalb auch „Blauwassergas" genannte Erzeugnis findet man im Zustandspunkt III. Jeder Wassergasprozeß muß sich wie erwähnt auf beigestellte Kalorienmengen stützen.

Trägt man im y/x-Feld die Raumteile RT_t der *trockenen* Gasgemische ein, berechnet aus $CO^{RT}_t = m_{CO}^{kmol}/(\Sigma m - m_{H_2O})^{kmol}$ usw., so ermöglicht Abb. 76 die unmittelbare Verwertung von üblicherweise auf das trockene Volumen 1 bezogenen praktischen Gasanalysen der Kohlenstoffvergasung. Man findet etwa den Bildort eines kurzzeitigen (Größenordnung 1 min) Warmblasens, „Blasens", bei LG (Luftgas) mit $x = 3,5$ und $y = 0$ zu $CO^{RT} = 0,15$, $CO_2^{RT} = 0,12$, $N_2^{RT} = 0,73$ und kann je kmol vergasten Kohlenstoffes auf $\Sigma m = 1 + 0,79\,x = 3,76$ kmol Luftgas rechnen. Ein anschließendes längerzeitiges (Größenordnung 2 bis 3 min) Kaltblasen, „Gasen", führt zum Bildort WG (Wassergas) bei $x = 0,1$ und $y = 1,2$ mit $CO^{RT} = 0,40$, $CO_2^{RT} = 0,05$, $H_2^{RT} = 0,50$, $N_2^{RT} = 0,05$ und zur wiederum auf 1 kmol C beruhenden Wassergasmenge von $\Sigma m = 1 + 0,79 \cdot 0,1 + 1,2 = 2,28$ kmol. Stünden wirklich entwickelte Wassergas- und Luftgasmengen im Verhältnis $WG:LG$, etwa 1:2, so geschah die Aufteilung des gemessenen und insgesamt vergasten Kohlenstoffes auf eben diese Gasmengen im Verhältnis $WG \times (CO + CO_2)_{WG}: LG \cdot (CO + CO_2)_{LG}$; im Beispiel $1 \cdot (0,40 + 0,05): 2 \times (0,15 + 0,12) = 0,45:0,54$. Aus den Abb. 69 und 70 kann man entnehmen, daß die aus 1 kmol vergastem Kohlenstoff entstandenen 3,76 kmol Luftgas eine Enthalpie von rd. 53 000 kcal haben und 44 000 kcal als fühlbare Wärme verfügbar lassen; entsprechend findet man die Enthalpie der 2,28 kmol Wassergas zu rd. 133 000 kcal, also gegenüber 97 000 kcal um 36 000 kcal im Nachteil. Das Angebot von rd. 23 800 kcal aus dem exothermen Prozeß (610°C) der 0,54 LG-Kohlenstoffmole erhöht die Temperatur der Koksfüllung und reicht gespeichert für die Nachfrage nach rd. 16 200 kcal der im endothermen Prozeß bei etwa 740° C vergasten 0,45 WG-Kohlenstoffmole gut aus und läßt noch 7 600 kcal (8% von 97 000 kcal) für Verluste usw. übrig. Beim Warmblasen gilt es rechtes Maß zu halten und die Temperaturen nicht unnötig hoch zu treiben, da sonst der gleichgewichtsgebotene CO-Anteil zu stark anwächst und wertvolle an ihn gebundene Wärme wegträgt; es sei denn, das warme, mit Zweitluft versehene Luftgas wird im Verbrennungsraum eines nahen Abhitzekessels wirtschaftlich ausgenutzt.

Der ebenso geschickte wie mit einfachen Generatormodellen aus-
kommende Wechselbetrieb erfordert allerdings ausgeklügelte Umschalt-

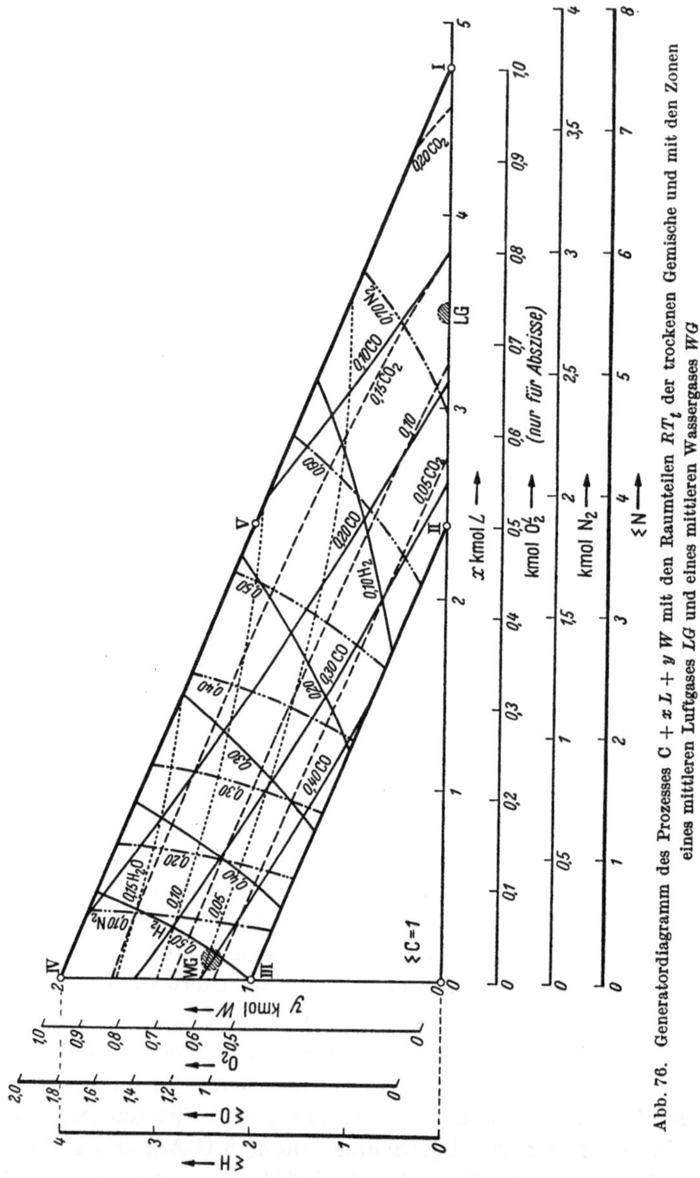

Abb. 76. Generatordiagramm des Prozesses $C + xL + yW$ mit den Raumteilen RT_t der trockenen Gemische und mit den Zonen eines mittleren Luftgases LG und eines mittleren Wassergases WG

vorrichtungen; er erlaubt auch nur Gemische begrenzter Zusammensetzungen herzustellen, die sich obendrein, falls nicht besondere Spül-

perioden zwischengeschoben werden, in der Nähe der Umschaltungen etwas miteinander vermischen. Die übliche Arbeitsfolge ist: 1. Blasen; 2. Aufwärtsgasen (Unterdampfgeben); 3. Abwärtsgasen, ,,Back Run'' (Oberdampfgeben); 4. Aufwärtsgasen (Spülen); 1. Blasen usw. Es sind deshalb zahlreiche Sonderverfahren mit Fremdgasen, mit Wälzgasen, mit Spülgasen ersonnen worden, die den Wärmebedarf der endothermen Wassergasprozesse auf besondere Weise zu decken suchen und zugleich größere Freiheit in der Zusammensetzung der angestrebten Wassergase geben [8, 14]. Mit Hilfe von stark überhitztem Dampf und von Sauerstoff kann die direkte Erzeugung eines CO_2-reichen Synthesegases erfolgen. Wie die für Luft eingerichteten Diagramme zeigen, kommt man in die Nähe des Punktes IV und in Zonen mit verhältnismäßig niedrigen Prozeßtemperaturen. Die reichliche W-Zufuhr im Synthe-eprozeß hat die erwünschte Nebenwirkung, das Vordringen der N_2-befreiten Reaktionen in überheiße Temperaturgebiete zu verhüten.

Je nach den geplanten Folgeprozessen kann man die Vergasung hinleiten entweder auf überwiegende CO- oder H_2-Mengen oder auf bestimmte Verhältnisse CO/H_2. Die einschlägigen Zonen mit ihren Luft- und Dampfzufuhren wären den Generatortrapezen zu entnehmen, wobei die Bilanz der beteiligten Energien zu beachten ist. Werden ausdrücklich andere Zusammensetzungen gewünscht, als sie der einem Diagramm entsprechende Generatorbetrieb herzugeben vermag, kann man die Druckabhängigkeit der Reduktionsvorgänge heranziehen und bei höheren Drücken die CO_2 und H_2O-Gehalte größer werden lassen, da nach deren angeschlossener Auswaschung bzw. Kondensation die verbleibenden CO- und H_2-Gehalte bedeutendes Übergewicht enthalten. Mittels des ,,Einfriereffektes'' können gewonnene Mischungen vor unerwünschten Nachänderungen bewahrt werden.

Steht reiner Sauerstoff billig zur Verfügung, so lassen sich die Prozesse dank des wegfallenden Stickstoffballastes wärmewirtschaftlich weit vorteilhafter durchführen. Ein solchem Betrieb entsprechendes Diagramm könnte für C + $x'O_2$ + yW mit der Sauerstoffabszisse x' leicht gezeichnet werden; es würde kleinere Σm-Werte und größere Heizwerte je kmol nachweisen.

Bei mit Koks beschickten Generatoren trifft die vorausgesetzte, dem Diagramm zugrunde liegende Bedingung reinen Kohlenstoffes (abgesehen von wenigen GT Asche) befriedigend gut zu. Immerhin werden sich in der Praxis die Bauart des Generators, die Erhitzungsart der Füllung, die Zeitdauer der Vergasung und das Ausmaß der Wärmeverluste auf die Gaszusammensetzung auswirken und die Analysen erst dann völlig ,,diagrammgetreu'' ausfallen lassen, wenn durch Vorversuche geklärt wurde, welche individuellen Gegebenheiten obendrein zu berücksichtigen sind.

Die am einfachen Prozeß $C + xL + yW$ durchgeführte Diskussion kann sinngemäß auf andere Vergasungen übertragen werden.

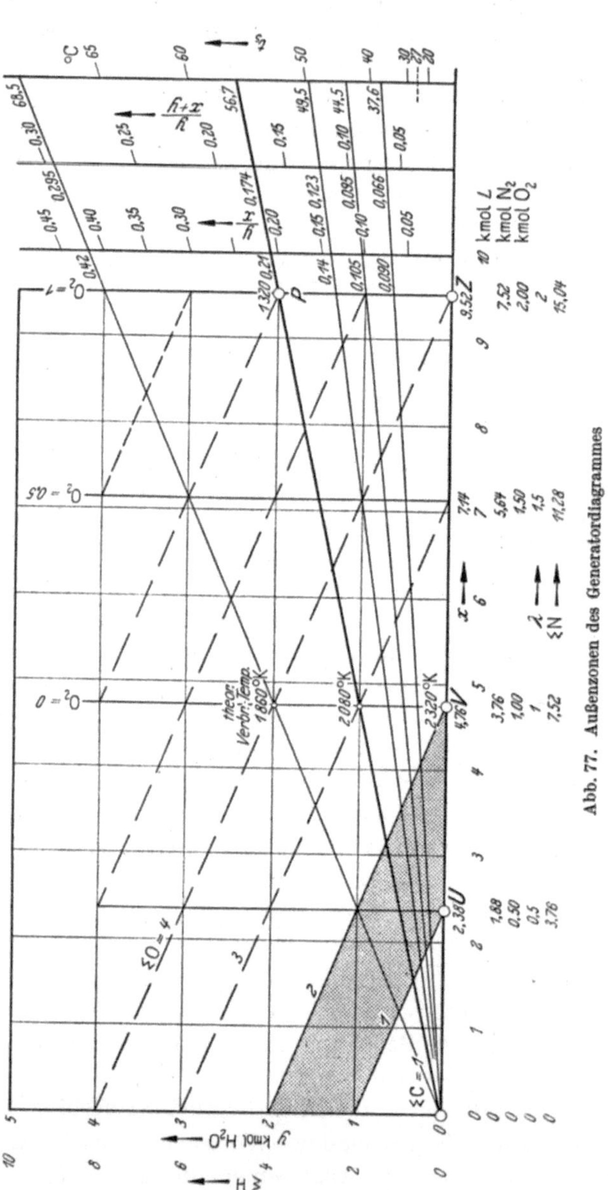

Abb. 77. Außenzonen des Generatordiagrammes

Die außerhalb des Vergasungstrapezes liegenden Bereiche des y/x-Diagrammes haben natürlich ebenfalls verbrennungstechnische Bedeutung, s. Abb. 77. Sie gestatten, neben den auf der Abszisse $\overline{OZ}$ befindlichen, mit *trockener* Luft erfolgenden Prozessen (bei U sogen. unvollkommene Verbrennung, ab V vollkommene Verbrennung mit Luftüberschuß) die oberhalb befindlichen, mit *feuchter* Luft geschehenden Prozesse zu verfolgen („Nasse Verbrennung"). Einer bei 56,7° C gesät-

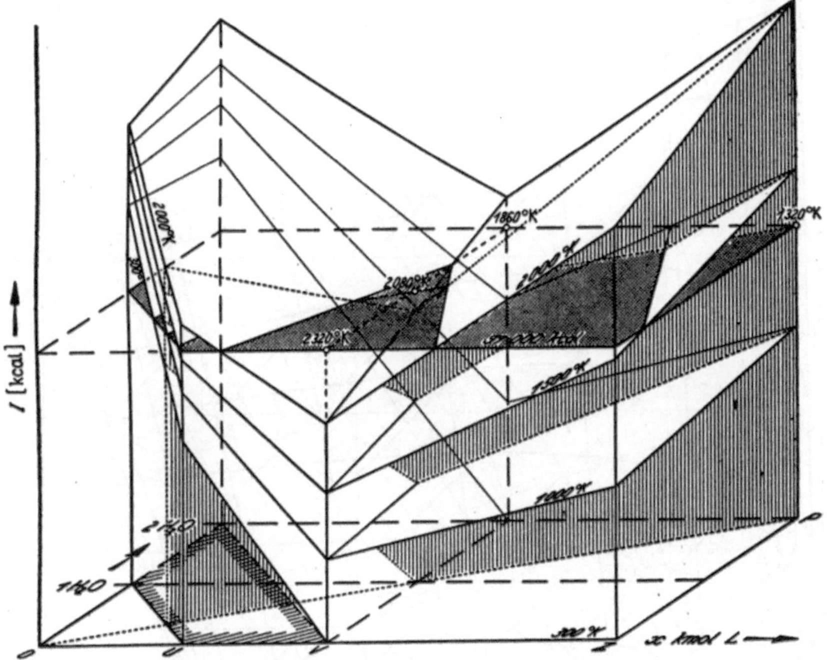

Abb. 78. Räumliches Bild der Generatorprozesse mit Isothermenflächen für 300, 1000, 1500, 2000 °K, geschnitten von der lotrechten $y/x = 0{,}21$-Ebene

tigten Verbrennungsluft ($y/x = 0{,}21$) kommt der hervorgehobene Strahl $\overline{OP}$ zu. Für den mit $\lambda = 2$ versorgten Prozeß $C + 9{,}52\,L + 2\,H_2O$ liest man bei P das undissoziierte Ergebnis ab: $CO_2 + O_2 + 2\,H_2O + 7{,}52\,N_2$; $\Sigma C = 1$, $\Sigma H = 4$, $\Sigma O = 6$, $\Sigma N = 15{,}04$.

Bezieht man die Enthalpien der entstehenden Verbrennungsprodukte in die Betrachtung ein, anschaulich gemacht im räumlichen Abb. 78 mit den Isothermenflächen 300° K bis 2000° K, so erkennt man Art und Ausmaß der Feuchtigkeitseinwirkung. Die waagerechte Ebene der mit 1 kmol C eingebrachten 97 000 kcal trennt die unterhalb befindlichen exothermen Zonen von den darüber liegenden endothermen Zonen. Die den Diagrammkörper schräg schneidende, auf $\overline{OP}$ lotrecht errichtete Ebene kennzeichnet die mit der erwähnten Feuchtluft betriebenen Prozesse. Die erreichbaren theoretischen Verbrennungstemperaturen werden von der mit λ wachsenden, kühlenden H_2O-Beimischung stark gedrückt.

Man kann übrigens auch gut verfolgen, wie das oben (S. 1) kurz erwähnte Beruhen einer jeden Verbrennung auf anfänglich bereiteten CO- und H_2-Mengen auf einen nahe Punkt U gelegenen Startort hin-

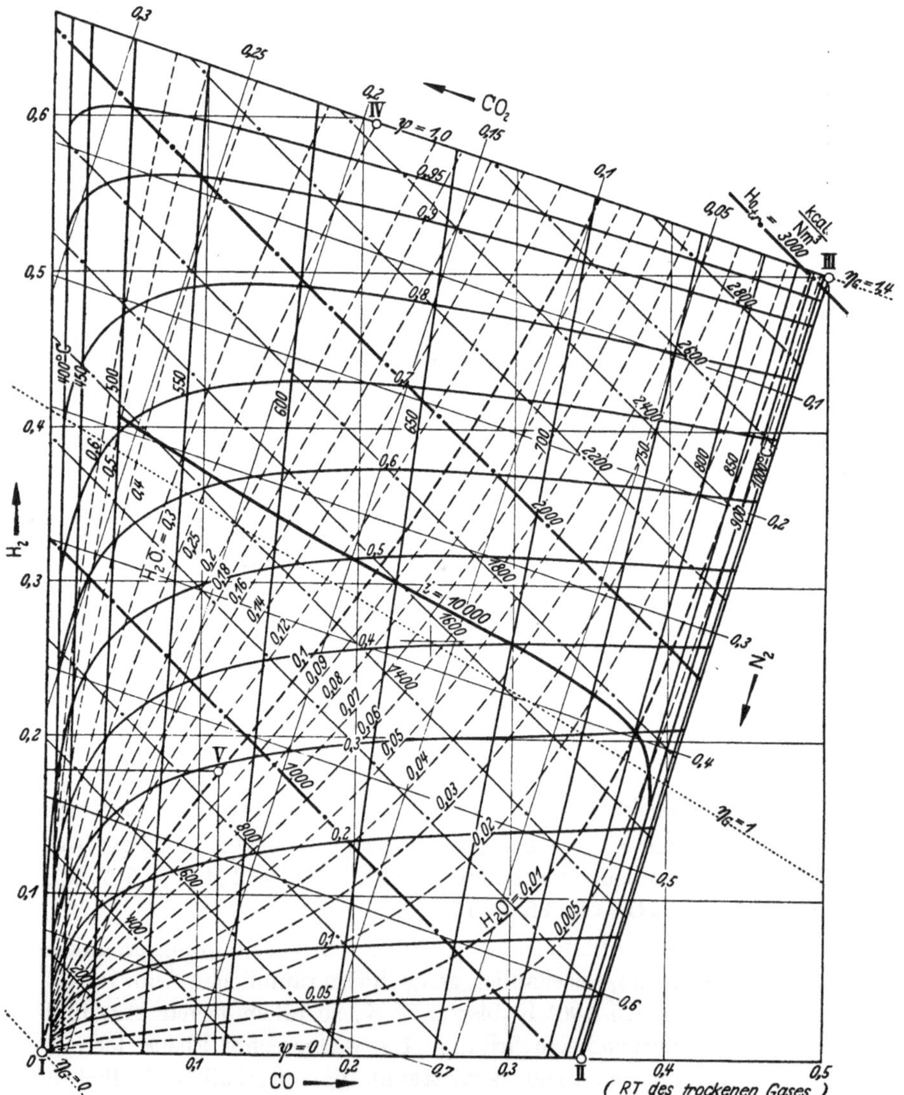

Abb. 79. Generatordiagramm HOFFMANN-BOŠNJAKOVIĆ

weist, ferner wie die dort herrschende hohe Temperatur die CO_2-Bildung beeinträchtigt und endlich, wie vermehrte Feuchtluftzufuhren dem Prozeß die Richtung auf Punkt P geben, wo niedere Temperaturen und reichliche CO_2-Bildung alle Wünsche eines an vollkommener Verbrennung interessierten Beobachters erfüllen.

19. Diagramm HOFFMANN -BOŠNJAKOVIĆ

Für Generatorgasprozesse mit völliger Zersetzung des zugeführten Wassers wurden 1907 von MOLLIER [*24*] einschlägige Berechnungsgleichungen angegeben, die 1916 HOFFMANN [*16*] in einem — auf zwei Koordinatenkreuzen H_2/CO und N_2/CO_2 beruhendem — Diagramm veranschaulichte. Es ist kürzlich von BOŠNJAKOVIĆ [*5*] durch H_2O^{RT}-Kurven ergänzt und durch Nebendiagramme, die den Kohlenstoffverbrauch

$$\zeta = \frac{1}{x + y}, \text{ die Ausgangsfeuchte } \psi = \frac{y}{x + y} \text{ des Vergasungsmittels } (L+W),$$

auf 1 kmol Vergasungsmittel bezogen, und die Enthalpie i jener Gleichgewichtsgasmenge, bei deren Erzeugung 1 kmol Vergasungsmittel beteiligt war, in zu sehr wertvollen Ausdeutungen führender Weise erweitert worden, Abb. 79 [1]. Die charakteristischen Punkte I bis V unserer Abb. 65 sind in Abb. 79 eingetragen worden; sie weisen auf den vorzugsweise in Betracht kommenden Bereich hin.

20. Brennstoffvergasung $B + x L + y' W$ (ohne Methan)

Wird der Vergasungsprozeß nicht mit 1 kmol C durchgeführt, sondern mit einem beliebigen festen Brennstoff B (s. die Abschnitte über Analysenbrennstoffe), so fügt sich die Berechnung und die diagrammatische Darstellung in das vertraute Schema, wenn nur die ‚Störglieder' h, o und w gebührend eingearbeitet werden (Abb. 80f).

Um wiederum alle Aussagen auf eine einheitliche Größe, nämlich 1 kmol Kohlenstoff bezogen zu haben, beschickt man den Generator mit $12/c$ kg Brennstoff; somit ist $\mathfrak{C}C = 1$.

Als H_2O-Bildner bringt diese Brennstoffmenge $\frac{12}{c}\,(h/2 + w/18)$ kmol mit; dazu kommen y' kmol W; insgesamt also

$$y = \frac{12}{c}\,(h/2 + w/18) + y' \text{ kmol}.$$

An O_2 besitzt die Brennstoffmenge bereits $\frac{12}{v}\,(o/32 + w/36)$ kmol; dazu kommen $0{,}21\,x$ kmol, wenn x kmol Luft eingeblasen werden, ferner $y'/2$ kmol aus der W-Menge; insgesamt stehen für CO_2, CO und H_2O zur

[1] Dies gilt in noch verstärktem Maße für das inzwischen erschienene Werk des gleichen Verfassers:

Prof. Dr.-Ing. F. BOŠNJAKOVIĆ: Wärmediagramme für Vergasung, Verbrennung und Rußbildung, Berlin/Göttingen/Heidelberg: Springer 1956.

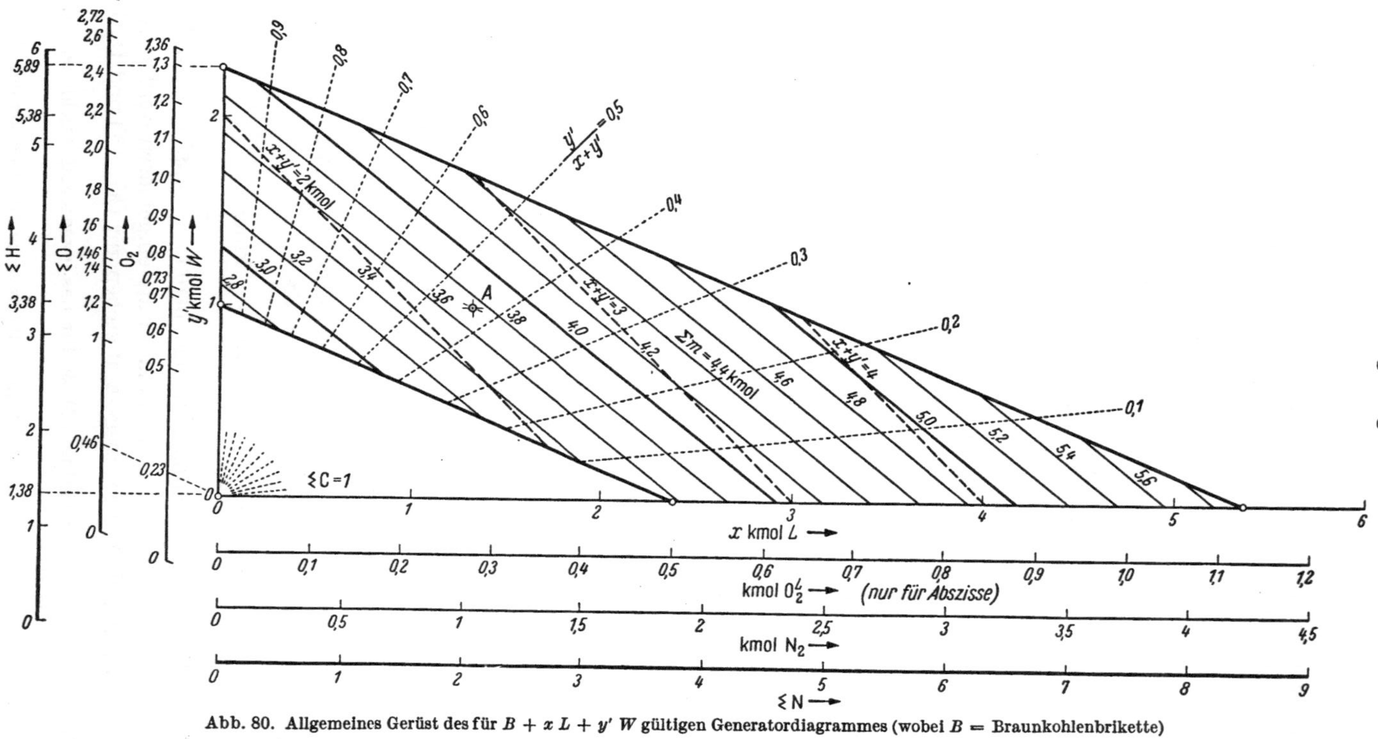

Abb. 80. Allgemeines Gerüst des für $B + xL + y'W$ gültigen Generatordiagrammes (wobei B = Braunkohlenbrikette)

Verfügung

$$\frac{12}{c}\,(o/32 + w/36) + 0{,}21\,x + y'/2 \ \text{kmol}\,.$$

Für den Vergasungsprozeß $12/c$ kg $B + x$ kmol $L + y'$ kmol W gilt somit

$$\left.\begin{aligned}
\text{\$C} &= 1\,,\\
\text{\$H} &= \frac{12}{c}\,(h + w/9) + 2\,y' = 2\,y\,,\\
\text{\$O} &= \frac{3/4\,o + 2/3\,w}{c} + 0{,}42\,x + y'\,,\\
\text{\$N} &= 1{,}58\,x\,.^{1}
\end{aligned}\right\} \tag{217}$$

Vom Diagrammursprung gehen die Skalen x und y' aus; die Ordinatenmaßstäbe werden mit verschobenen Nullpunkten zweckmäßig so angebracht, daß man sowohl die Gasmengen als auch die $\$$H- und $\$$O-Werte jedes Diagrammpunktes ablesen kann (z. B. für Punkt A: $\$$C $= 1$; $\$$H $= 3{,}38$; $\$$O $= 2$; $\$$N $= 2{,}05$). Während für 1 kmol Kohlenstoff die stöchiometrische, durch $\sigma = 1$ gekennzeichnete Sauerstoffmenge als Schräge $1 \cdot O_2$ das Trapez oben begrenzt, erscheint jetzt die durch das jeweilige $\sigma > 1$ bestimmte Schräge. Die Molsumme beträgt $\Sigma m = 1 + 0{,}79\,x + y$ kmol.

Die Abb. 80—82 sind für die Braunkohlenbrikette ($\sigma = 1{,}128$) gültig, deren Daten im Rechenbeispiel 1 auf S. 90 angegeben sind. Aus zahlreichen, netzartig über das Feld gelegten Berechnungen wurden die Kurven runder Molmengen interpoliert. Die beigeschriebenen Temperaturen sind wieder Grenz-Gleichgewichtstemperaturen, von denen ab der feste Kohlenstoff von der Reaktion völlig aufgezehrt und den Gasen übergeben wird. Von der Brennstoffmenge, welche neben 1 kmol C noch gewisse Mengen Wasserstoff, Sauerstoff usw. enthält, werden $\frac{12}{c}\,\mathfrak{H}_u$ Kilokalorien geboten; sie bestimmen, gegebenenfalls nach Berücksichtigung von Luft-, Wasserdampf- oder Verlustwärmen, die adiabatische, exo- und endotherme Bereiche scheidende Enthalpiekurve mit 108 400 kcal Bei 300° K stellen die an m_{CO} und m_{H_2} gebundenen Kalorien (67 640 und 57 800 je kmol) nach Division durch Σm den von 1 kmol Gasgemisch gebotenen *Heizwert* dar.

Vergleicht man Prozesse gleicher L- und W-Zufuhr in den Vergasungstrapezen des reinen Kohlenstoffes und der Braunkohlenbrikette, so erkennt man, daß die Brikettprozesse bei niedrigeren Temperaturen ab-

---

[1] Die y'-freien $\$$-Werte sind natürlich das $12/c$-fache der auf S. 11 für 1 kg Brennstoff angegebenen $\$$-Werte, $\lambda = 1$. — y' ist nicht identisch mit dem Sättigungswert y' der Tabelle 14, auch x ist selbstverständlich nicht identisch mit dem Feuchtigkeitsgehalt x kg $H_2O/kg\ L_t$.

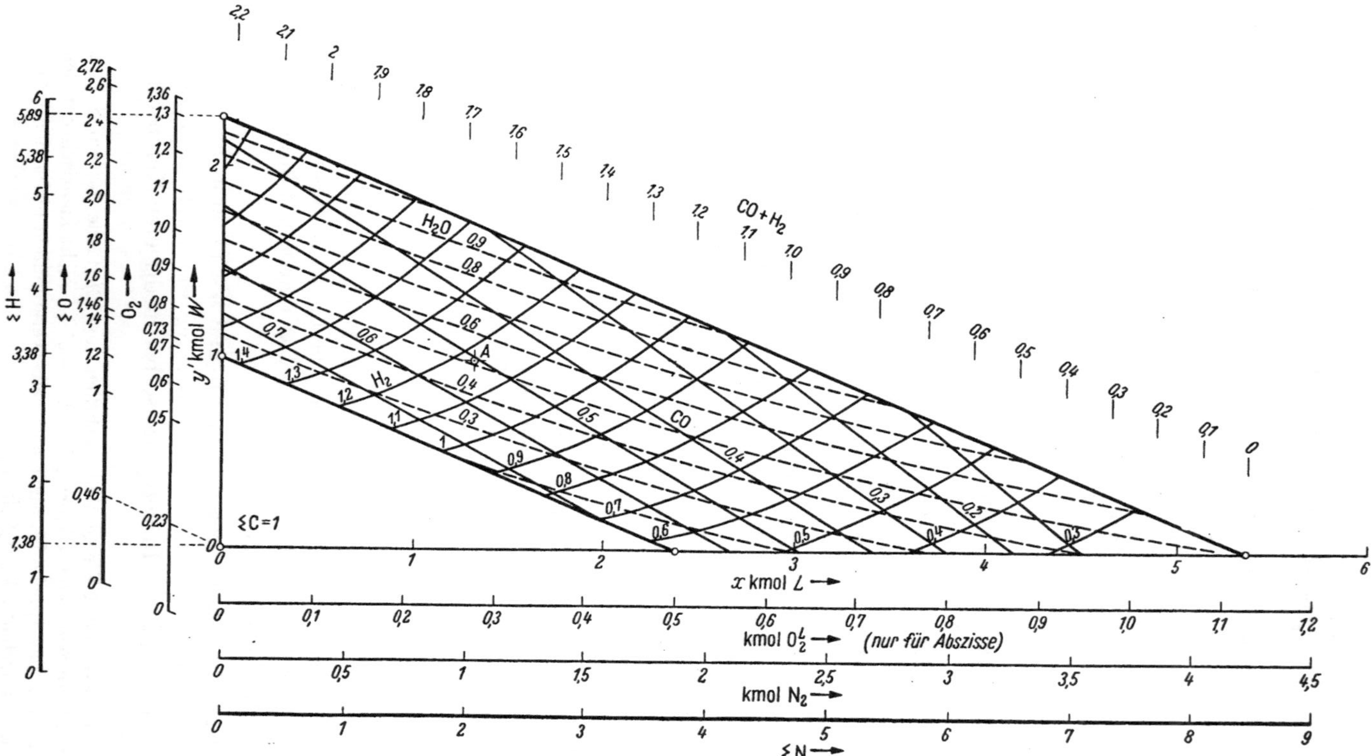

Abb. 81. Generatordiagramm mit den aus $B + xL + y'W$ entstehenden Teilgasen

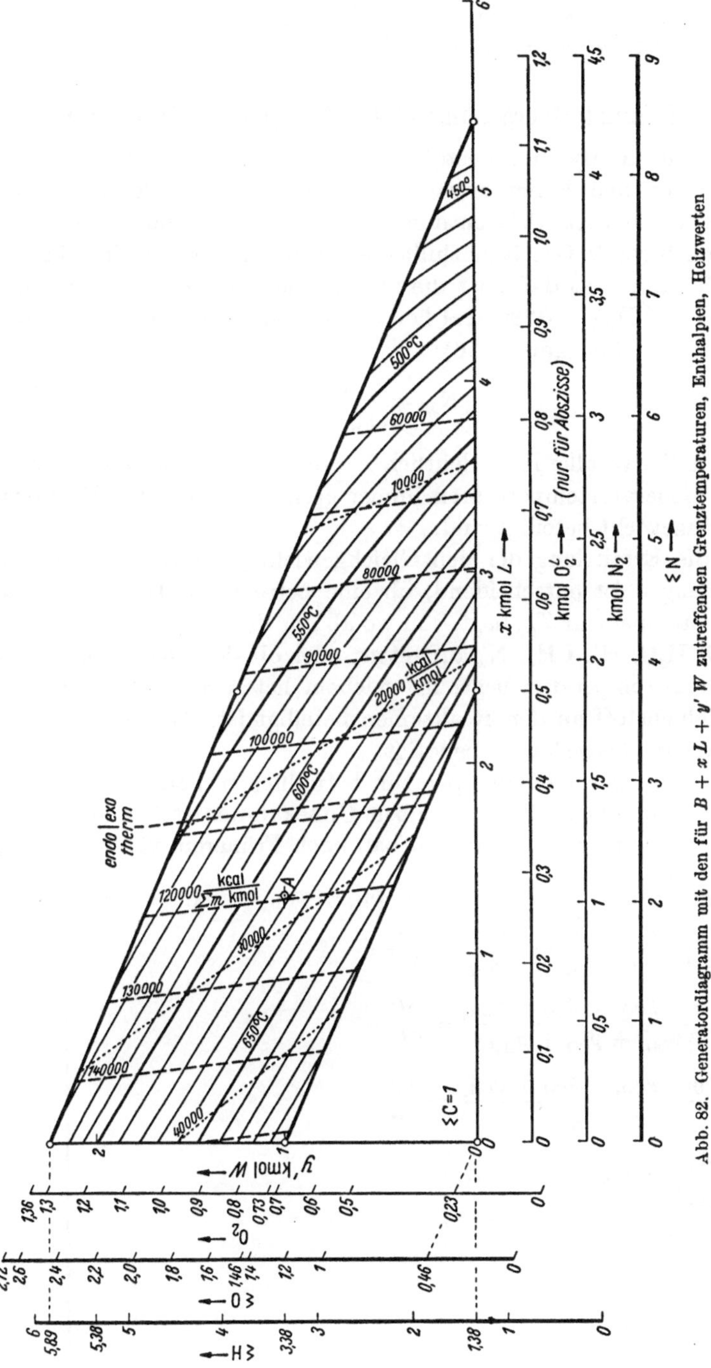

Abb. 82. Generatordiagramm mit den für $B + xL + y'W$ zutreffenden Grenztemperaturen, Enthalpien, Heizwerten

laufen, weniger CO, aber beträchtlich mehr H_2 liefern; selbst lediglich mit L beschickte Prozesse ergeben deutliche H_2-Mengen.

21. Brennstoffvergasung $B + xL + y'W$ (mit Methan)

Aus mit Analysenbrennstoffen beschickten Generatoren werden häufig neben den bisher erwähnten Gasen noch Kohlenwasserstoffe, vornehmlich *Methan* CH_4 entnommen. Dieses wertvolle, zuweilen bis 3 RT einnehmende Gas beeinflußt die Zusammensetzung des Endgases erheblich. Ein Maß dafür ist die aus der heterogenen Methanreaktion $CH_4 = C + 2\,H_2 - 20\,880$ kcal hervorgehende Gleichgewichtskonstante K_M (s. Abb. 61 und Tabelle 16):

$$K_M = \frac{p_{CH_4}}{p_{H_2}^2}, \tag{218}$$

aus deren Kurve allerdings deutlich hervorgeht, daß bei mittleren und höheren Generatortemperaturen immer geringer werdende CH_4-Mengen am Gleichgewicht beteiligt sind.

Für die Ermittlung der den Gleichgewichtsgesetzen unterliegenden Teilgasmengen ist entscheidend, ob eine betrachtete Temperatur *über* der Grenztemperatur T_{Gr} liegt, von wo ab nur die sechs homogenen Gase CO_2, CO, H_2O, H_2, CH_4, N_2 auftreten; oder ob sie *unter* dieser charakteristischen Temperatur liegt, in welchem heterogenen Bereiche noch fester Kohlenstoff an den Reaktionen beteiligt ist. Es werden deshalb zwei Berechnungsverfahren benötigt.

Dem *unter* der Grenztemperatur befindlichen Bereiche kann man wie folgt beikommen: Für die sieben Unbekannten stehen sieben Gleichungen zur Verfügung, deren Aufbau nach Früherem verständlich ist:

$$\left.\begin{aligned}
&1)\ \ p_C + p_{CO_2} + p_{CO} + p_{H_2O} + p_{H_2} + p_{CH_4} + p_{N_2} = \Sigma p\,,\\[4pt]
&2)\ \ \frac{p_C + p_{CO_2} + p_{CO} + p_{CH_4}}{2\,p_{H_2O} + 2\,p_{H_2} + 4\,p_{CH_4}} = \frac{\mathfrak{C}}{\mathfrak{H}}\,,\\[4pt]
&3)\ \ \frac{p_C + p_{CO_2} + p_{CO} + p_{CH_4}}{2\,p_{CO_2} + p_{CO} + p_{H_2O}} = \frac{\mathfrak{C}}{\mathfrak{O}}\,,\\[4pt]
&4)\ \ \frac{p_C + p_{CO_2} + p_{CO} + p_{CH_4}}{2\,p_{N_2}} = \frac{\mathfrak{C}}{\mathfrak{N}}\,,\\[4pt]
&5)\ \ \frac{p_{CO}^2}{p_{CO_2}} = K_B\,,\\[4pt]
&6)\ \ \frac{p_{CO}\,p_{H_2}}{p_{H_2O}} = K_D\,,\\[4pt]
&7)\ \ \frac{p_{CH_4}}{p_{H_2}^2} = K_M\,.
\end{aligned}\right\} \tag{219}$$

Der Kunstgriff, in 1) beiderseits des Gleichheitszeichens $2\,p_{CH_4}$ hinzuzufügen, verhilft zu den sehr nützlichen Zwischengleichungen

$$\left.\begin{aligned}
p_C + p_{CO_2} + p_{CO} + p_{CH_4} &= (\Sigma p + 2\,p_{CH_4})\,\frac{2\,\varsigma C}{2\,\varsigma C + \varsigma H + \varsigma N} = \mathsf{P_C}\,,\\
p_{H_2O} + p_{H_2} + 2\,p_{CH_4} &= (\Sigma p + 2\,p_{CH_4})\,\frac{\varsigma H}{2\,\varsigma C + \varsigma H + \varsigma N} = 0{,}5 \cdot \mathsf{P_H}\,,\\
p_{N_2} &= (\Sigma p + 2\,p_{CH_4})\,\frac{\varsigma N}{2\,\varsigma C + \varsigma H + \varsigma N} = 0{,}5 \cdot \mathsf{P_N}\,.
\end{aligned}\right\}(220)$$

Nunmehr berechnet man für eine gewisse Temperatur T:

$$\left.\begin{aligned}
p_{CH_4} &= \text{wählen,}\\
p_{H_2} &= \sqrt{\frac{p_{CH_4}}{K_M}}\,,\\
p_{H_2O} &= 0{,}5\,\mathsf{P_H} - p_{H_2} - 2\,p_{CH_4}\,,\\
p_{CO} &= -\frac{K_B}{4} + \sqrt{\left(\frac{K_B}{4}\right)^2 + \frac{K_B}{2}\left(\frac{\mathsf{P_C}}{\varsigma C/\varsigma O} - p_{H_2O}\right)}\,,\\
p_{CO_2} &= \frac{p_{CO}^2}{K_B}\,,\\
p_C &= \mathsf{P_C} - (p_{CO_2} + p_{CO} + p_{CH_4})\,,\\
p_{N_2} &= 0{,}5\,\mathsf{P_N}\,.
\end{aligned}\right\}(221)$$

Die nicht benutzte Beziehung 6) dient zur Kontrolle, ob p_{CH_4} zutreffend gewählt worden war.

Das „Unterverfahren" führt in der Regel über zwei angenommene p_{CH_4}-Werte mittels des K_D-Kriteriums zu sieben zueinander passenden Teildrücken, wovon jedoch — je nachdem, ob die -der Berechnung zugrunde gelegte Probetemperatur *unter* oder *über* der vorerst unbekannten Grenztemperatur liegt — der p_C-Wert *positiv* oder *negativ* ausfällt. Die graphische Interpolation auf $p_C = 0$ führt

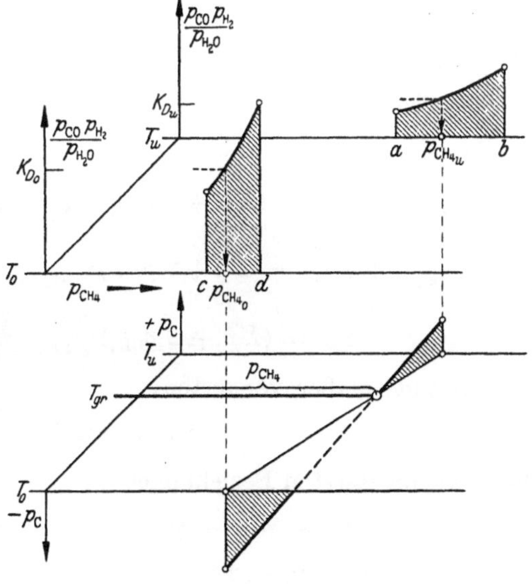

Abb. 83. Skizze zum Rechengang (221)

zwangsläufig zur Grenztemperatur. Abb. 83 veranschaulicht die einzelnen Schritte des Verfahrens (s. auch Rechenbeispiel 14, S. 96):

Für ein gewähltes T_u wird mit Hilfe zweier p_{CH_4}-Annahmen (a und b) der K_{Du}-gebotene Teildruck $p_{CH_4\,u}$ gewonnen.

Für ein gewähltes T_o führt der gleiche Weg (über c und d) zum K_{Do}-gebotenen Teildruck $p_{CH_4\,o}$.

Aus den mit $p_{CH_4\,u}$ bzw. $p_{CH_4\,o}$ gleichzeitig anfallenden Druckwerten $+p_C$ bzw. $-p_C$ folgen für $p_C = 0$ die gesuchten Schlüsselwerte T_{Gr} und p_{CH_4}, die rasch zu den fünf übrigen bei der Grenzgleichgewichtstemperatur bestehenden Teilgasen verhelfen.

Auch für die sechs Unbekannten des *über* der Grenztemperatur liegenden Bereiches kann man aus sechs Grundbeziehungen, in denen jetzt die C-gebundenen Konstanten nicht erscheinen, sondern nur die auf homogene Gase abgestimmten Werte K_W und K_{CH_4}, aus

$$
\left.
\begin{aligned}
&1) \quad p_{CO_2} + p_{CO} + p_{H_2O} + p_{H_2} + p_{CH_4} + p_{N_2} = \Sigma p,\\[2mm]
&2) \quad \frac{p_{CO_2} + p_{CO} + p_{CH_4}}{2\,p_{H_2O} + 2\,p_{H_2} + 4\,p_{CH_4}} = \frac{\xi C}{\xi H},\\[2mm]
&3) \quad \frac{p_{CO_2} + p_{CO} + p_{CH_4}}{2\,p_{CO_2} + p_{CO} + p_{H_2O}} = \frac{\xi C}{\xi O},\\[2mm]
&4) \quad \frac{p_{CO_2} + p_{CO} + p_{CH_4}}{2\,p_{N_2}} = \frac{\xi C}{\xi N},\\[2mm]
&5) \quad \frac{p_{CO} \cdot p_{H_2O}}{p_{CO_2} \cdot p_{H_2}} = K_W,\\[2mm]
&6) \quad \frac{p_{CH_4} \cdot p_{CO_2}}{p_{CO}^2 \cdot p_{H_2}^2} = K_{CH_4},
\end{aligned}
\right\} \tag{222}
$$

die Zwischengleichungen bilden

$$
\left.
\begin{aligned}
p_{CO_2} + p_{CO} + p_{CH_4} &= (\Sigma p + 2\,p_{CH_4})\,\frac{2\,\xi C}{2\,\xi C + \xi H + \xi N} = \mathsf{P_C},\\[2mm]
p_{H_2O} + p_{H_2} + 2\,p_{CH_4} &= (\Sigma p + 2\,p_{CH_4})\,\frac{\xi H}{2\,\xi C + \xi H + \xi N} = 0{,}5 \cdot \mathsf{P_H},\\[2mm]
p_{N_2} &= (\Sigma p + 2\,p_{CH_4})\,\frac{\xi N}{2\,\xi C + \xi H + \xi N} = 0{,}5 \cdot \mathsf{P_N},
\end{aligned}
\right\} \tag{223}
$$

und folgendermaßen verwerten:

$$
p_{CH_4} = \text{wählen};
$$

die in 5) eingesetzten Beziehungen

$$
\left.
\begin{aligned}
p_{CO_2} &= \mathsf{P_C} - p_{CH_4} - p_{CO},\\[2mm]
p_{H_2O} &= \mathsf{P_C}\,\frac{\xi O - 2\,\xi C}{\xi C} + 2\,p_{CH_4} + p_{CO},\\[2mm]
p_{H_2} &= 0{,}5\,\mathsf{P_H} - \mathsf{P_C}\,\frac{\xi O - 2\,\xi C}{\xi C} - 4\,p_{CH_4} - p_{CO}
\end{aligned}
\right\} \tag{224}
$$

führen über

$$p_{CO}^2 + p_{CO}\, \frac{\mathsf{P_C}\, \dfrac{\xi O - 2\,\xi C}{\xi C}\,(K_W - 1) - K_W\,(\mathsf{P_C} + 0,5\,\mathsf{P_H}) + p_{CH_4}\,(5\,K_W - 2)}{K_W - 1}$$

$$+\ \frac{K_W\,(\mathsf{P_C} - p_{CH_4})\left(0,5\,\mathsf{P_H} - \mathsf{P_C}\,\dfrac{\xi O - 2\,\xi C}{\xi C} - 4\,p_{CH_4}\right)}{K_W - 1} = 0$$

zu p_{CO} und zu den übrigen Teildrücken. Die Prüfung mittels 6) leitet zu einem anderen Wahl-p_{CH_4} und sodann zum interpolierten endgültigen p_{CH_4}-Ausgangswert, s. Abb. 84.

Für die Grenz-Gleichgewichtstemperatur T_{Gr} geben beide Verfahren Gl. (221) und Gl. (224) das gleiche Ergebnis.

Abb. 85 zeigt für die Braunkohlen-brikette des Rechenbeispiels 1 (S. 90) und zwar für die unabhängigen Veränderlichen $x = 2,38$ und $y' = 0,5$, d. h. $y = 1,19$, also für $C + 2,38$ $L + 0,5\,W$, $(C_1\,H_{2,38}\,O_{1,96}\,N_{3,76})$ die temperaturbedingten Mengen der anteiligen Gase. Die Grenztemperatur

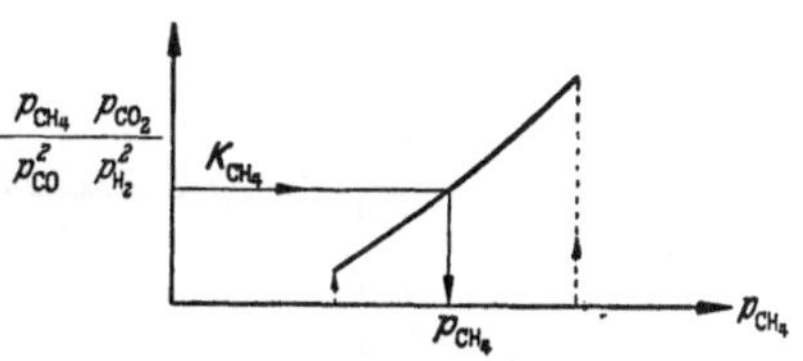

Abb. 84. Interpolationsdiagramm für das ‚Oberverfahren'

beträgt $843\,°K \triangleq 570\,°C$. Die Summe $m_{CO_2} + m_{CO} + m_{CH_4} + m_C$ ergibt natürlich stets 1 kmol. Die Gesamtmolsumme kommt auf

$$\Sigma m = 1 + 0,79\,x + y - 2\,m_{CH_4} = 4,07 - 2\,m_{CH_4}\ \text{kmol.} \tag{225}$$

Zur besseren Verdeutlichung sind die für die Brikettvergasung berechneten Gasarten auf Einzelblätter verteilt worden: Abb. 86: CO, H_2, CH_4; Abb. 87: CO_2, H_2O; Abb. 88: Σm, t_{Gr}, Enthalpien, Heizwerte. Die Berücksichtigung der Methan-Teilmengen hat starke Verschiebungen der übrigen Gasmengen zur Folge. (Diese Auswirkungen erschienen geringer, wenn aus Versuchen ermittelte ,,Vollkommenheitsbeiwerte" die Gleichgewichtskonstanten K_M für Hochtemperaturkoks, Magerkohle, Schwelkoks, Trockenbraunkohle der Reihe nach auf $0,115\,K_M$, $0,281\,K_M$, $0,436\,K_M$, $0,570\,K_M$ herabmindern [14]). Erwartungsgemäß liegen die kleinsten CH_4-Mengen in der Nähe der Hauptabszisse, dort sind infolgedessen auch die anderen Kurven (z. B. CO_2, H_2) am wenigsten verändert. Mit größer werdendem y' wachsen jedoch die CH_4-Molmengen beträchtlich und zwingen die CO_2- und H_2-Kurven sogar in geänderte Richtungen; die unzersetzt gebliebenen Wasserdampfmengen, die m_{H_2O}-Kurven, nehmen rasch zu, der Generator wird zusehends kühler, der Heizwert des Gases schlechter. Die Gradzahlen der das Feld durchlaufenden t_{Gr}-Isothermen sind geringer als im CH_4-freien Fall;

niedrige Reaktionstemperaturen befördern die CH_4-Bildung. Die nach links geneigten Enthalpiekurven I räumen in höheren y'-Zonen den exothermen Prozessen einen größeren Bereich ein als in Abb. 82; die adiabatische Grenzkurve verläuft längs $\frac{12}{0{,}511} \cdot 4615 = 108\,400$ kcal. Den gleichen

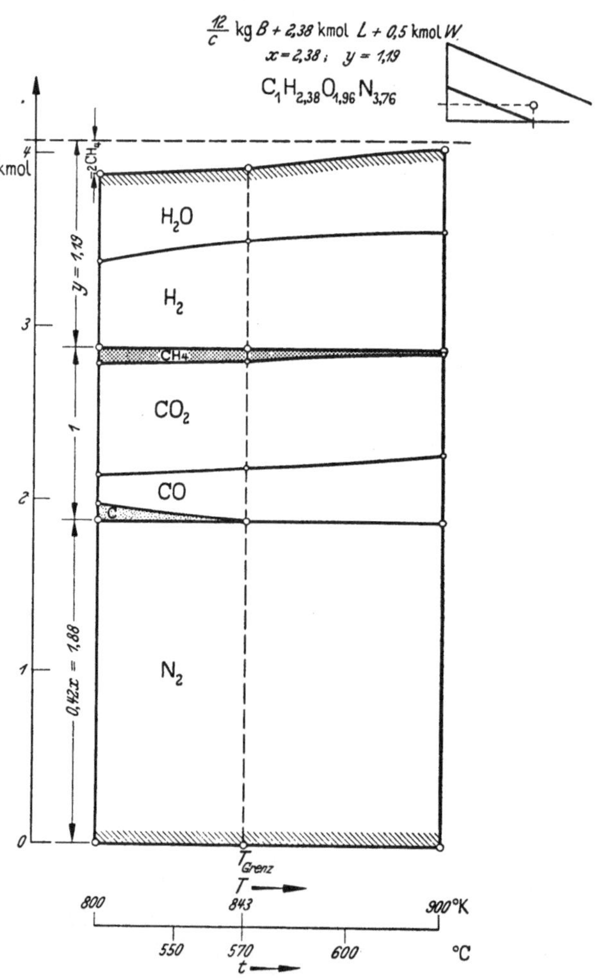

Abb. 85. Die aus dem Vergasungsprozeß $c/12$ kg B + 2,38 L + 0,5 W hervorgehenden Teilgase unterhalb und oberhalb der Grenztemperatur T_{Gr} = 843 °K

links gerichteten Anstieg zeigen die CO-, H_2-, CH_4-bestimmten Heizwertkurven. Die Enthalpiekurve 100000 kcal — herausgegriffen nach Anrechnung von 7,8% Wärmeverlust auf 108400 kcal — enthält in P den günstigsten adiabatischen Zustandspunkt: der nämliche Prozeß

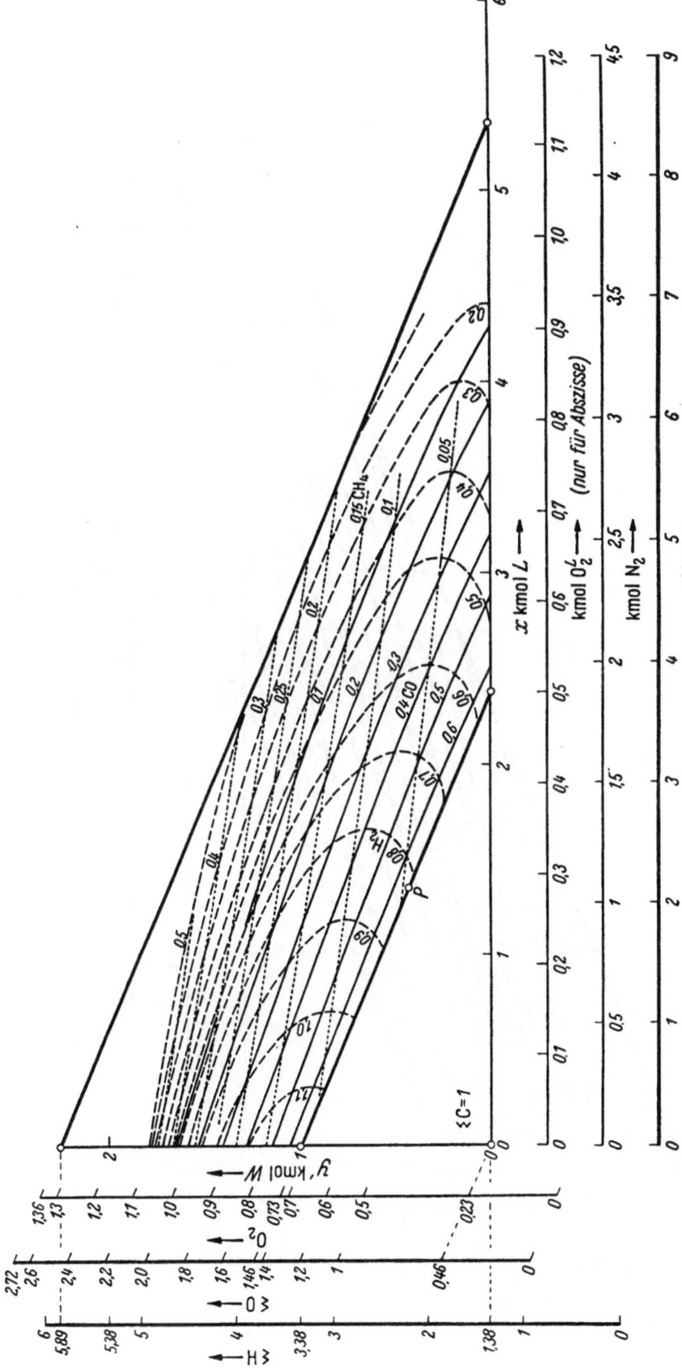

Abb. 86. Aus dem Vergasungsprozeß $B + xL + y'W$ (B = Braunkohlenbrikette, $\sigma = 1{,}128$) entstehende Teilgasmengen CH₄, CO, H₂, N₂ kmol

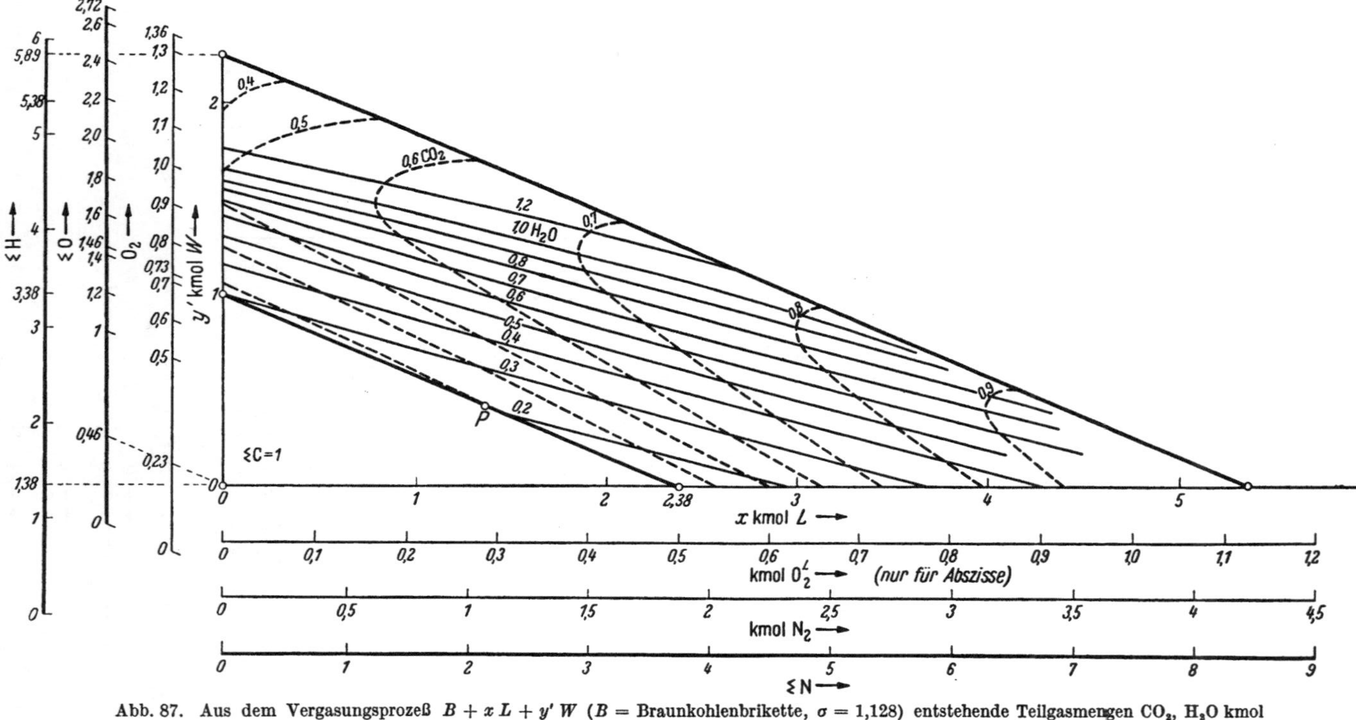

Abb. 87. Aus dem Vergasungsprozeß $B + xL + y'W$ (B = Braunkohlenbrikette, $\sigma = 1{,}128$) entstehende Teilgasmengen CO_2, H_2O kmol

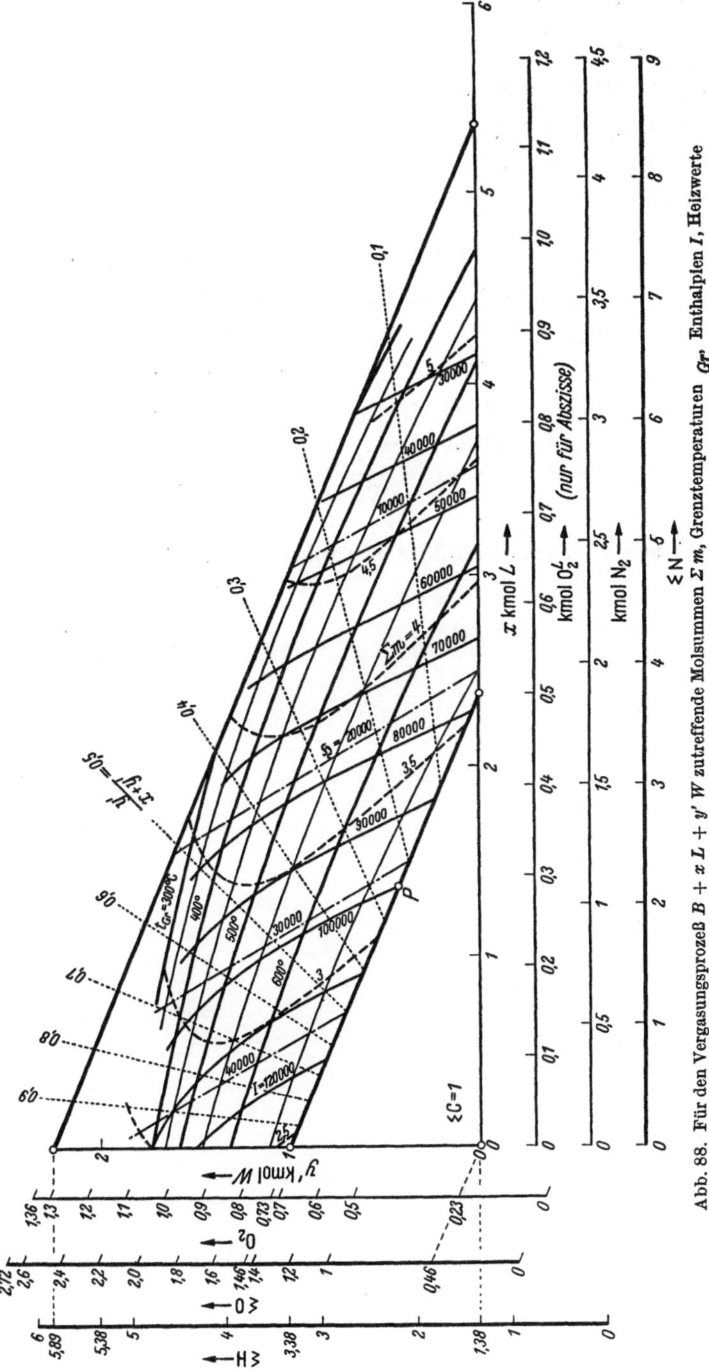

Abb. 88. Für den Vergasungsprozeß $B + x L + y' W$ zutreffende Molsummen Σm, Grenztemperaturen G_r, Enthalpien I, Heizwerte

$B + 1{,}36\,L + 0{,}43\,W$ ist durch $x = 1{,}36$, $y' = 0{,}43$, $y = 1{,}12$; $\xi C = 1$, $\xi H = 2{,}24$, $\xi O = 1{,}46$, $\xi N = 2{,}15$ charakterisiert. Der Feuchtigkeitsgehalt $\dfrac{y'}{x + y'} = 0{,}24$ des Vergasungsmittels entspricht einer Sättigungstemperatur $t_s = 58\ ^\circ\mathrm{C}$. Die Grenztemperatur beträgt $T_{Gr} = 945\ ^\circ\mathrm{K} \triangleq 672\ ^\circ\mathrm{C}$. Das entstehende Gas weist nachstehende Teildrücke und Teilmole auf:

$$
\begin{aligned}
p_{\mathrm{CH_4}} &= 0{,}0137\ \text{at} \triangleq m_{\mathrm{CH_4}} = 0{,}0427\ \text{kmol}\,,\\
p_{\mathrm{H_2}} &= 0{,}267\ \text{at} \triangleq m_{\mathrm{H_2}} = 0{,}832\ \text{kmol}\,,\\
p_{\mathrm{H_2O}} &= 0{,}066\ \text{at} \triangleq m_{\mathrm{H_2O}} = 0{,}206\ \text{kmol}\,,\\
p_{\mathrm{CO}} &= 0{,}219\ \text{at} \triangleq m_{\mathrm{CO}} = 0{,}682\ \text{kmol}\,,\\
p_{\mathrm{CO_2}} &= 0{,}089\ \text{at} \triangleq m_{\mathrm{CO_2}} = 0{,}277\ \text{kmol}\,,\\
p_{\mathrm{N_2}} &= 0{,}345\ \text{at} \triangleq m_{\mathrm{N_2}} = 1{,}075\ \text{kmol}\,,\\
\hline
\Sigma p &= 1{,}00\ \text{at} \qquad \Sigma m = 3{,}11\ \text{kmol}\,.
\end{aligned}
$$

Es besitzt einen Heizwert von 33000 kcal/kmol $\triangleq$ 1472 kcal/Nm³.

Tabelle 18. *Feste Brennstoffe*

Brennstoffart	Mittl. Zusammensetzung							Kennziffern		Max. CO$_2$-Geh.
	c	h	s	o	n	w	a	σ $\dfrac{\text{kmol O}_2}{\text{kmol C}}$	ν $\dfrac{\text{kmol N}_2}{\text{kmol C}}$	CO$_2$ *max*
	Gewichtsteile									RT
Holz	0,425	0,051	—	0,372	—	0,15	0,002	1,049	—	0,202
Torf	0,37	0,035	—	0,223	0,022	0,25	0,10	1,057	0,0254	0,201
Braunkohle	0,532	0,037	0,007	0,218	0,007	0,154	0,045	1,062	0,0056	0,199
Braunkohle-brikett	0,511	0,042	0,018	0,180	—	0,150	0,100	1,128	—	0,191
Gasflamm-kohle	0,760	0,048	0,010	0,069	0,015	0,065	0,033	1,162	0,0085	0,185
Fettkohle	0,796	0,045	0,010	0,035	0,014	0,04	0,06	1,158	0,0075	0,187
Eßkohle	0,807	0,040	0,009	0,026	0,013	0,062	0,043	1,141	0,0069	0,189
Magerkohle	0,820	0,036	0,008	0,023	0,013	0,04	0,06	1,125	0,0068	0,191

Mindest-Sauerstoff-menge	Mindest-Luft-menge	Trokkene Abgas-menge	Abgaszusammensetzung ($\lambda = 1$)				Heizwert		Atomsummen des Brennstoff-Luftgemisches			
O$_2$ *min*	L *min*	V_t ($\lambda=1$)	CO$_2$	SO$_2$	N$_2$	H$_2$O $\{$feucht / trocken$\}$	H_o	H_u	$\mathfrak{C}$	$\mathfrak{H}$	$\mathfrak{O}$	$\mathfrak{N}$
kmol/kg			Raumteile				$\dfrac{\text{kcal}}{\text{kg}}$		(für 1 kg B u. bei $\lambda = 1$)			
0,0372	0,177	0,177	0,169 / 0,202	— / —	0,669 / 0,798	0,162 / 0	4090	3730	0,0354	0,068	0,106	0,273
0,0326	0,155	0,154	0,167 / 0,201	— / —	0,663 / 0,799	0,170 / 0	3610	3260	0,0308	0,063	0,093	0,247
0,0470	0,224	0,223	0,177 / 0,199	0,001 / —	0,714 / 0,801	0,108 / 0	4810	4520	0,0443	0,054	0,116	0,355
0,0478	0,228	0,223	0,169 / 0,191	0,001 / —	0,715 / 0,809	0,115 / 0	4935	4620	0,0426	0,059	0,115	0,360
0,0735	0,350	0,342	0,171 / 0,185	0,001 / —	0,753 / 0,815	0,075 / 0	7550	7255	0,0633	0,055	0,155	0,554
0,0768	0,366	0,357	0,175 / 0,187	0,001 / 0,001	0,760 / 0,812	0,064 / 0	7800	7530	0,0663	0,049	0,158	0,578
0,0768	0,366	0,356	0,177 / 0,189	0,001 / —	0,760 / 0,811	0,062 / 0	7810	7560	0,0672	0,047	0,159	0,578
0,0768	0,366	0,358	0,181 / 0,191	— / —	0,765 / 0,809	0,054 / 0	7785	7570	0,0683	0,040	0,157	0,579

Tabelle 19.

Brennstoff	Formel	Mol. Gew. M $\frac{kg}{kmol}$	Zusammensetzung c (Gew.-Teile)	h (Gew.-Teile)	Kenn-ziffer σ $\frac{kmol\,O_2}{kmol\,C}$	Spez. Gew. γ_{15} kg/dm³	Siedetemp. t °C
Alkohol	C_2H_5OH	46	0,52	0,13	1,500	0,794	78,3
Spiritus 90%			0,468	0,117	1,500	0,823	78,7
Benzol	C_6H_6	78	0,922	0,078	1,250	0,884	80,5
Toluol	C_7H_8	92	0,912	0,088	1,285	0,870	110
Xylol	C_8H_{10}	106	0,905	0,095	1,313	0,868	140
Handelsbenzol (50)	0,43 C_6H_6 0,46 C_7H8 0,11 C_1H_{10}		0,916	0,084	1,300	0,876	bis 100° verdampfen 50%
Pentan	C_5H_{12}	72	0,832	0,168	1,600	0,627	37
Hexan	C_6H_{14}	86	0,836	0,164	1,584	0,658	65
Heptan	C_7H_{16}	100	0,839	0,161	1,571	0,683	98
Oktan	C_8H_{18}	114	0,841	0,159	1,562	0,700	125
Benzin	$(C_{7,08}H_{15})$	(100)	0,85	0,15	1,530	0,72	60—120
Naphthalin	$C_{10}H_8$	128	0,937	0,063	1,200	0,977(80°)	218
Tetralin	$C_{10}H_{12}$	132	0,908	0,092	1,300	0,975	205
Gasöl			~0,87	~0,13	1,45	~0,86	
Braunk.Teeröl (Diesel)			~0,85	~0,11	1,39	~0,88	
Steink.Teeröl			~0,90	~0,06	1,20	~1,08	
Heizöl			~0,85	~0,12	1,40	~0,95	

Flüssige Brennstoffe

Heizwert		Sauer-stoff-bedarf	Luft-bedarf	Abgasmengen		Atomsummen des Brennstoff-Luftgemisches			
$\mathfrak{H}o$	$\mathfrak{H}u$	$O_{2\,min}$	L_{min}	CO_2	H_2O	ΣC	ΣH	ΣO	ΣN
kcal/kg		Nm³/kg		Nm³/kg		(für 1 kg B u. bei $\lambda = 1$)			
7090	6390	1,46	7,00	0,97	1,46	0,0435	0,130	0,152	0,489
6380	5690	1,32	6,30	0,88	1,44	0,039	0,128	0,144	0,443
10030	9620	2,16	10,3	1,72	0,86	0,077	0,077	0,192	0,723
10180	9720	2,19	10,5	1,70	0,97	0,076	0,087	0,196	0,736
10280	9770	2,22	10,6	1,69	1,06	0,0755	0,094	0,198	0,743
10100	9650	2,20	10,6	1,70	0,98	0,076	0,084	0,196	0,739
11550	10650	2,49	11,9	1,55	1,87	0,0695	0,167	0,222	0,835
11500	10630	2,47	11,8	1,56	1,82	0,0698	0,163	0,221	0,831
11470	10610	2,46	11,8	1,57	1,79	0,0700	0,160	0,220	0,827
11420	10570	2,46	11,8	1,57	1,78	0,0702	0,158	0,219	0,823
11000	10200	2,43	11,6	1,59	1,68	0,0708	0,150	0,217	0,816
9615	9280	2,10	9,99	1,75	0,70	0,0782	0,0625	0,187	0,705
10150	9660	2,20	10,5	1,70	1,02	0,0758	0,0909	0,197	0,741
~10700	~10000	2,36	11,2	1,62	1,46	0,0725	0,13	0,211	0,795
~10100	~ 9510	2,20	10,5	1,59	1,23	0,0708	0,11	0,197	0,742
~ 9350	~ 9020	2,00	9,5	1,68	0,67	0,0750	0,06	0,179	0,673
~10700	~10050	2,22	10,6	1,59	1,35	0,0708	0,12	0,198	0,745

Tabelle 20. Gase und

Gasart	Formel	Atomzahl	Molek. Gew. M (kg/kmol)	Gaskonst. R (mkg/kg grd)	Spez. Gew. γ (kg/Nm³)	Spezifische Wärme (20° C) c_p (kcal/kg grd)	c_v	C_p (kcal/kmol grd)	C_v	$\varkappa = \frac{c_p}{c_v}$	t (° C)	T (° K)	γ (kg/dm³)	r (kcal/kg)
Stickstoff	N_2	2	28,02	30,26	1,251	0,25	0,18	6,99	4,99	1,40	—195,8	77,4	0,810	47,6
Sauerstoff	O_2	2	32,00	26,50	1,429	0,22	0,16	6,99	4,99	1,40	—183,0	90,2	1,131	51
Luft	—	—	29	29,27	1,293	0,24	0,17	6,97	4,98	1,40	—194,0	79,2	0,875	47
Kohlendioxyd	CO_2	3	44	19,27	1,977	0,20	0,16	8,89	6,86	1,30	— 78,5	194,7	1,56	137
Schwefeldioxyd	SO_2	3	64,07	13,24	2,928	0,15	0,12	9,68	7,68	1,25	— 10,0	263,2	1,460	96
Wasserstoff	H_2	2	2,016	420,6	0,0899	3,41	2,42	6,87	4,88	1,41	—252,8	20,4	0,071	110
Kohlenoxyd	CO	2	28	30,29	1,25	0,25	0,18	7,01	5,02	1,40	—191,5	81,7	0,801	51,6
Methan	CH_4	5	16,03	52,90	0,717	0,53	0,41	8,51	6,51	1,31	—161,7	111,5	0,415	131
Äthan	C_2H_6	8	30	28,21	1,356	0,41	0,35	12,41	10,34	1,20	— 88,6	184,6	0,546	129
Propan	C_3H_8	11	44	19,24	2,019	0,37	0,32	16,2	14,2	1,14	— 42,6	230,6	0,585	107
Butan	C_4H_{10}	14	58	14,59	2,669	—	—	—	—	—	— 10,2	263,0	0,595	94,4
Äthylen	C_2H_4	6	28,03	30,25	1,261	0,37	0,29	10,23	8,19	1,25	—103,5	169,7	0,568	125
Propylen	C_3H_6	9	42	20,18	1,915	—	—	—	—	—	— 47,0	226,2	0,609	109
Butylen	C_4H_8	12	56	15,13	2,5	—	—	—	—	—	—	—	—	—
Acetylen	C_2H_2	4	26	32,59	1,171	0,40	0,32	10,46	8,41	1,24	— 83,8	189,4		164

	Gasart	M	γ	Zusammensetzung H_2'	CO'	CH_4'	C_2H_4'	CO_2'	N_2'
				Vol.-%					
Ent.-Gas	Koksofengas	11,85		50	8	29	4	2	7
	Stadtgas (Leuchtg.)	11,0		56	13	23	2,5	2	3,5
	Steinkohlenschwelgas	15,7		27	7	48	13	3	2
	Mischgas	25,1		12	28	3	0,2	3	54
Vergas.-Gas	Gichtgas	28,2	~1,28	4	28	—	—	8	60
	Luftgas	26,6		6	23	3	0,2	5	62
	Generator-Mischgas (Koks)	25,0	~1,15	12	28	3	0,2	3	54
	Wassergas (Koks)	15,9	~0,70	49	42	0,5	—	5	3
	Mondgas	23,7		25	12	4	0,3	16	43
	Faulgas	25,0		3,3	0,4	61	—	32,4	2,9

145

gasförmige Brennstoffe

| Heizwerte | | | | Kennziffern | | Mindestmengen | | | Abgasmengen bei $\lambda = 1$ | | | CO_{2max} | Atomsummen des Brenngas-Luftgemisches | | | |
H_o $\frac{\text{kcal}}{\text{kmol}}$	H_u	H_o $\frac{\text{kcal}}{\text{Nm}^3}$	H_u	σ $\frac{\text{kmolO}_2}{\text{kmol C}}$	ν $\frac{\text{kmolN}_2}{\text{kmol C}}$	Sauerstoff O_{2min} $\frac{\text{kmol}}{\text{kmol }B}$	Luft L_{min} $\frac{\text{kmol}}{\text{kmol }B}$	Abgas V_{tmin} $\frac{\text{kmol}}{\text{kmol }B}$	CO_2	H_2O	N_2 $\frac{\text{kmol}}{\text{kmol }B}$	RT	ΣC	ΣH	ΣO	ΣN bei $\lambda = 1$ für 1 kmol B
68 350	57 590	3 050	2 570	—	—	0,5	2,38	1,88	0	1	1,88	—	0	2	1	3,76
67 700	—	3 020	—	0,50	—	0,5	2,38	2,88	1	0	1,88	0,347	1	0	2	3,76
212 800	191 290	9 520	8 550	2,0	—	2,0	9,52	8,52	1	2	7,52	0,117	1	4	4	15,04
372 800	340 530	16 820	15 370	1,75	—	3,5	16,7	15,2	2	3	13,2	0,131	2	6	7	26,36
530 600	487 580	24 320	22 350	1,67	—	5,0	23,8	21,8	3	4	18,8	0,142	3	8	10	37,60
687 900	634 120	32 010	29 510	1,625	—	6,5	31,0	28,8	4	5	24,4	0,136	4	10	13	48,80
340 000	318 490	15 290	14 320	1,5	—	3,0	14,3	13,3	2	2	11,3	0,150	2	4	6	22,56
495 000	462 730	22 540	21 070	1,5	—	4,5	21,4	19,9	3	3	16,9	0,150	3	6	9	33,84
652 000	608 980	29 110	27 190	1,5	—	6,0	28,6	26,6	4	4	22,6	0,150	4	8	12	45,12
313 000	302 240	14 090	13 600	1,25	—	2,5	11,9	11,4	2	1	9,4	0,175	2	2	5	18,8
115 200	102 600	5 140	4 580	2,11	0,15	0,99	4,72	4,27	0,47	1,63	3,80	0,110	0,47	2,32	2,10	7,59
104 400	93 000	4 660	4 150	2,05	0,08	0,88	4,18	3,78	0,43	1,07	3,34	0,114	0,43	2,14	1,93	6,69
169 700	153 800	7 580	6 870	1,81	0,02	1,52	7,24	6,58	0,84	1,48	5,74	0,128	0,84	2,98	3,17	11,47
34 300	32 100	1 530	1 430	0,78	1,57	0,27	1,27	1,87	0,34	0,18	1,54	0,182	0,34	0,37	0,87	3,08
21 700	21 300	970	950	0,445	1,67	0,16	0,76	1,57	0,36	0,04	1,20	0,229	0,36	0,08	0,76	2,40
26 900	25 300	1 200	1 130	0,68	1,97	0,21	1,00	1,73	0,31	0,12	1,41	0,179	0,31	0,25	0,75	2,82
34 700	32 500	1 550	1 450	0,78	1,57	0,27	1,27	1,88	0,34	0,18	1,54	0,181	0,34	0,37	0.87	3,08
63 000	58 300	2 810	2 600	0,97	0,06	0,47	2,21	2,26	0,48	0,50	1,78	0,210	0,48	1,00	1,45	3,56
34 700	31 100	1 550	1 390	0,83	1,32	0,27	1,30	1,77	0,33	0,34	1,46	0,184	0,33	0,67	0,98	2,89
133 500	119 600	5 960	5 340	1,32	0,03	1,24	5,92	5,64	0,94	1,25	4,71	0,167	0,94	2,51	3,13	9,38

Schrifttum

[1] AUFHÄUSER, D.: Brennstoff und Verbrennung. Berlin 1926.

[2] BEHRENS, H.: Elementarvorgänge der Verbrennung und Vergasung der Kohle. Chem.-Ing.-Techn. 1952, S. 349.

[3] BOŠNJAKOVIĆ, F.: Brennstoffanalyse mit Bombe, Manometer und Orsatapparat. Arch. f. Wärmewirtschaft 1928.

[4] BOŠNJAKOVIĆ, F.: Technische Thermodynamik. Dresden u. Leipzig 1937.

[5] BOŠNJAKOVIC, F.: Vergasungsdiagramme. Forsch.-Arb. Ing.-Wes. H. 432.

[6] BOIE, W.: Berechnung eines I-H_u-t-Diagrammes der Brennstoffe aus neuen statistischen Gleichungen. Die Wärme 1935.

[7] DAMKÖHLER-EDSE: Zusammensetzung dissoziierender Verbrennungsgase und die Berechnung simultaner Gleichgewichte. Z. f. Elektrochem. Bd. 49 (1943) S. 178.

[8] DOLCH, P.: Wassergas. Leipzig 1936.

[9] DUBBEL, H.: Taschenbuch für den Maschinenbau, 9. Aufl. Berlin: Springer 1943.

[10] EDSE, R.: Gleichgewichtszusammensetzung dissoziierender Verbrennungsgase und Verbrennungstemperaturen. Manuskript Braunschweig 1945.

[11] EGGERT, J.: Lehrbuch der physikalischen Chemie, 4. Aufl. Leipzig 1937.

[12] GRAF, E. G.: Technologie der Brennstoffe, 4. Aufl. Wien 1955.

[13] GUMZ, W.: Kurzes Handbuch der Brennstoff- und Feuerungstechnik, 2. Aufl., Berlin/Göttingen/Heidelberg: 1953.

[14] GUMZ, W.: Gas Producers and Blast Furnaces. New York and London 1950.

[15] HENSCHELHEFT Nr. 12, Febr. 1937. Henschel & Sohn AG., Kassel.

[16] HOFFMANN, F.: Die volumetrische Konstitution des Generatorgases. J. Gasbeleuchtg. Bd. 59 (1916) S. 189.

[17] HOLLECK, L.: Physikalische Chemie und ihre rechnerische Anwendung. Berlin/Göttingen/Heidelberg: Springer 1950.

[18] HOTTEL, WILLIAMS, SATTERFIELD: Thermodynamic Charts for Combustion Processes. New York and London 1949.

[19] HÜTTE: Des Ingenieurs Taschenbuch. 26. 27. Aufl. Berlin 1931 u. 1942.

[20] JUSTI, E.: Spezifische Wärme, Enthalpie, Entropie und Dissoziation technischer Gase. Berlin 1938.

[21] KRUSCHIK, J.: Die Gasturbine. Wien 1952.

[22] LEYE, A. R.: Der disponible Wasserstoff- und Schwefelgehalt bei brennstofftechnischen Berechnungen. Brennst.-Chemie Bd. 31 (1950), 278—80.

[23] LUTZ, O.: Enthalpien, Entropien und Gleichgewichtskonstanten von Verbrennungsgasen. Ing. Arch. Bd. 16 (1948).

[24] MOLLIER, R.: Gleichungen und Diagramme zu den Vorgängen im Gasgenerator. ZVDI 1907, S. 532.

[25] MOLLIER, R.: Ein neues Diagramm für Dampfluftgemische ZVDI 1923.

[26] MOLLIER, R.: Das ix-Diagramm für Dampfluftgemische. ZVDI 1929.

[27] NEUMANN, K.: Die Vorgänge im Gasgenerator auf Grund des zweiten Hauptsatzes der Thermodynamik. Forsch.-Arb. Ing.-Wes.-H. 140.

[28] ROSIN-FEHLING: Das it-Diagramm der Verbrennung. Berlin 1929.

[29] Ruhrkohlen-Handbuch, 3. Aufl. Berlin 1937.

[30] SCHMIDT, E.: Einführung in die Technische Thermodynamik, 6. Aufl. Berlin, Göttingen/Heidelberg: Springer 1956.

[31] SCHMIDT, E.: Das I, λ- und S, λ-Diagramm für Verbrennungsgase, ein neues Hilfsmittel für die Berechnung thermodynamischer Prozesse, insbesondere bei Gasturbinen. Forsch. Ing.-Wes. 16 (1949) S. 19.

[32] SCHÜLE, W.: Technische Thermodynamik. Berlin 1923.

[33] SCHÜLE, W.: Neue Tabellen und Diagramme für technische Feuergase. Berlin 1929.

[34] v. STACKELBERG, M.: Kalorisch-chemische Rechenaufgaben. Berlin/Göttingen/ Heidelberg: Springer 1952.

[35] v. STEIN, M.: Verfahren und Berechnung der Flammentemperaturen, der Enthalpie und Entropie von Feuergasen. Forsch. Ing.-Wes. Bd. 14 (1943) S. 113.

[36] TRAUSTEL, S.: Über die Kinetik der Vergasung fester Brennstoffe. Techn. Mitt. 46 (1953) d. Hauses d. Technik Essen, S. 74/82.

[37] ULICH, H.: Kurzes Lehrbuch der physikalischen Chemie, 2. Aufl. Dresden u. Leipzig 1940.

[38] ZEISE, H.: Neuere Werte für die Gleichgewichtskonstanten einiger organischer Reaktionen in der Gasphase. Öl u. Kohle 1944, S. 242.

Namen- und Sachverzeichnis